华东师范大学出版社

PINGMIANSHEJI

平面设计 Photoshop CS4

职业教育多媒体应用技术专业教学用书

主编 王维

华东师范大学出版社
上海

图书在版编目(CIP)数据

平面设计 Photoshop CS4/王维主编. —上海:华东师范大学出版社,2010.3
ISBN 978-7-5617-7620-9

Ⅰ.①平… Ⅱ.①王… Ⅲ.①平面设计-图形软件,Photoshop CS4-专业学校-教材 Ⅳ.①TP391.41

中国版本图书馆 CIP 数据核字(2010)第 047677 号

平面设计 Photoshop CS4

职业教育多媒体应用技术专业教学用书

主　　编　王　维
责任编辑　李　琴
审读编辑　蒋梦婷
装帧设计　冯　笑

出版发行　华东师范大学出版社
社　　址　上海市中山北路 3663 号　邮编 200062
网　　址　www.ecnupress.com.cn
电　　话　021-60821666　行政传真 021-62572105
客服电话　021-62865537　门市(邮购)电话 021-62869887
地　　址　上海市中山北路 3663 号华东师范大学校内先锋路口
网　　店　http://hdsdcbs.tmall.com

印 刷 者　上海新华印刷有限公司
开　　本　787毫米×1092毫米　1/16
印　　张　22.25
字　　数　420 千字
版　　次　2010 年 5 月第 1 版
印　　次　2024 年 2 月第 13 次
书　　号　ISBN 978-7-5617-7620-9/G·4413
定　　价　42.20 元

出 版 人　王　焰

(如发现本版图书有印订质量问题,请寄回本社客服中心调换或电话 021-62865537 联系)

出版说明

CHUBANSHUOMING

本书是职业学校多媒体应用技术专业的教学用书。

本书以 Adobe Photoshop CS4 软件为教学平台，以项目教学和任务驱动为总原则，任务设计贴近学生的生活，生动有趣，在吸引学生的同时培养其实际的操作能力。

具体栏目设计如下：

知识点和技能 简要介绍各章要求掌握的知识要点和操作技能。

范例 针对知识点和操作技能设计的范例项目，加以详细的解题分析。

范例项目小结 每个范例项目的归纳小结。

初露锋芒 综合的活动项目，以此来考察学生的实践能力。

小试身手 模仿范例的活动项目，使学生巩固通过范例所学到的知识和技能。

设计结果 每个项目首先给出任务目标，以效果图的方式展示项目完成后的效果。

设计思路 讲解完成项目的大致思路，培养学生对项目的理解和设想能力。

范例解题导引 图文并茂的讲解，引导学生从模仿、体会，到熟练完成项目任务。

小贴士 在栏目讲解过程中适时出现的提示。

教学资源请至 have.ecnupress.com.cn 搜索“CS4”下载。

华东师范大学出版社

2010 年 5 月

编者的话

BIANZHEDEHUA

在当今社会，平面设计已经广泛地深入到我们生活的各个领域，人们不再单纯地从文字、声音来获得信息，各种音、图、像作品使得我们的信息来源更为广泛，文化生活更为丰富，而平面设计，也不再只是少数专业人士才能涉足的领域。

党的二十大报告强调，“素质教育是教育的核心，教育要注重以人为本、因材施教，注重学用相长、知行合一”。适合的教育是最好的教育，每个学生的禀赋、潜质、特长不同，学校要坚持以学生为本，注重因材施教。

Photoshop 是一款优秀的平面设计软件，CS 系列的诞生，更使它上升到了“图像处理中心”的地位。Photoshop 除了具有强大的功能之外，还具备了人性化、易操作的特点，这使其不但成为专业人员的最爱，也使许多非专业人士借助它实现了平面设计的梦想。

本书以目前应用最广泛的图形、图像处理软件 Photoshop CS4 为介绍对象，使学习者掌握图形、图像的基本操作。按照图形、图像设计的应用大类和知识技能学习的渐进性，本书分成“基础篇”、“提高篇”和“扩展篇”三篇共九章。

软件的发展更新很快，随着每一款新版本软件的面市，各种新的功能也不断出现。本书在结构设计中并不专门为新版本的新功能设置章节，而是将这些新功能、新特点融合在相应章节的项目中。

在章节和内容的安排上，本书试图打破“重理论、轻实践”的传统教材模式，也试图打破只讲操作、不明道理的“百例”模式，将理论和实践有机地结合起来。虽然不刻意追求知识点的系统性、完整性，但也注重知识和技能在学习上的循序渐进性。每个章节介绍一种知识技能，安排 3 个实训项目。在项目的设计上，强调任务驱动的教学理念，通过项目的完成，让学生在实践过程中领会知识点，操练各种不同的技能，创造出具有自己特色的设计风格。

本书在编写过程中充分考虑了中等职业学校学生的实际状况和今后的就业需求，教材中所设计的实训项目尽量贴近生活，贴近实际应用。内容安排上尽量做到寓教于乐，使学生在实现一个个具体的项目过程中，充分感受到设计、创作的满足感和成就感，从而使他们在学习和实践的过程中逐步加深对一些图像处理基本概念的理解，逐步熟练有关的技巧和技能，做到举一反三，融会贯通，在学习和模仿的基础上，勇于自我探索，用自己的创意、自己的方法设计相关的平面作品。

在章节的栏目设计上我们做了这样一些安排：

（1）知识点和技能：本书作为教材，不同于其他纯粹以操作步骤为内容的参考书籍，而是在每个章节的开头，通过本栏目简要介绍将要涉及的知识要点和操作技能。目的是使学生在实践的过程中不但要“知其然”，更是要尽可能地“知其所以然”。

(2) 范例：每节安排一个针对知识点和设计技能的范例项目，并作详细解题分析。

(3) 范例项目小结：在每个范例项目完成后，适时地对其进行归纳小结。由于这项工作是在学生已经顺利完成范例项目的基础上进行的，因此教师可以给予学生结论性的指导意见。

(4) 小试身手：在每个范例项目之后，再安排一个模仿范例的“小试身手”活动项目，使学生巩固通过范例所学到的知识和技能。

(5) 初露锋芒：在完成范例项目和“小试身手”项目的基础上，进一步安排一个略为综合的活动项目，以此来考察学生的“实战”能力。

(6) 设计结果：每个项目首先给出任务目标，以效果图的方式展示项目完成后的效果。

(7) 设计思路：设计的灵魂在于创意，制作的技能只是手段。在每个项目中，我们都通过讲解项目的设计创意培养学生“创意是灵魂”的理念，使学生在完成项目的过程中不只是简单模仿，更要有自己对项目的理解和设想。

(8) 范例解题导引：这是每个项目任务中的主体部分，通过图文并茂的讲解引导学生从模仿到体会、到熟练。直至顺利地完成项目所规定的任务。在范例的讲解过程中，又通过“Step”将任务分解为若干个环节，使学生理清思路。而在“小试身手”和“初露锋芒”项目中，本栏目又变成“操作提示”，引导学生按照提示顺利完成项目。

(9) 小贴士：在项目导引的过程中，根据需要适时出现“小贴士”提示窗口，给予学生一些关键性的提示信息。

本教材的目标是让学生不仅仅会 Photoshop CS4 的基本操作，而且要对图形、图像设计的理念和方法有一个基本的印象。图像处理本身就是一个很“感性”的工作，同一个效果或许可以用不同的方法来实现。方法的不唯一性可能会造成一些学生在学习中的困惑。解决的办法是多实践、多练习。在学习的过程中，不要拘泥于具体的步骤，而是要想一想：我要达到什么目的？我该如何做才能达到目的？有没有其他更好或更方便的方法可以达到目的？

学习需要模仿，但不能仅限于模仿。只有不断尝试、不断思考，灵活应用而不机械刻板，才能有所进步和提高。这也就是我们经常要问“做什么”、“怎么做”、“为什么这样做”的原因。

本书由王维主编和统稿，参加本书编写的有：何颖（第 1～3 章）、杨佩玉（第 4 章）、董佳文（第 5～6 章）、王维（第 7～9 章）。

由于时间仓促，作者的学识有限，本书中难免还存在一些不妥之处，敬请广大读者批评指正。

王　维

2024 年 2 月

目　录

MULU

基　础　篇

提　高　篇

基础篇

第一章 Photoshop CS4 初探

Photoshop CS4 是 Adobe 公司推出的优秀的图像处理软件，它被广泛地应用于平面设计、图像处理、网页设计制作等诸多领域。可以说，利用 Photoshop 编辑图像，只有想不到的，没有做不到的。

下面，我们就从最基本的操作入手，由浅入深地开始 Photoshop CS4 的探索之旅。

1.1 图像文件格式

知识点和技能

图像文件格式有很多，例如，我们在数码摄影中常用的 JPEG、GIF 等数码图像文件的存储格式。不同的文件格式，有不同的文件扩展名，代表压缩程度、图像深度等不同的图像信息。

图像文件反映了图像的大小、分辨率、图像模式等信息。我们可以利用 Photoshop CS4 所提供的保存文件命令把图像文件存储成不同的数字图像格式。

范例——制作“花之四君子”图像完成效果

设计结果

梅、兰、竹、菊合称“花之四君子”，梅之傲、兰之幽、竹之坚、菊之淡，各有特色。合而观之，它们都清华其外，澹泊其中，不作媚世之态。

本项目效果如右图所示。（参见下载资料“第 1 章\第 1 节”文件夹下的“花之四君子. psd”文件。需要的图像素材为下载资料“第 1 章\第 1 节”文件夹下的“SC1-1-1. jpg”～“SC1-1-4. jpg”。）

设计思路

首先打开图像素材，通过“图像大小”和“画布大小”两个命令，将所有素材调整到合适的大小。然后，使用“复制”和“粘贴”命令，将所有素材图像合成到新建的空白文件中。最后添加标题文字及效果，用“存储”和“存储为”命令以正确的格式保存文件。

Step 1

首先要进行的工作是打开四个素材图片，并统一它们的尺寸。

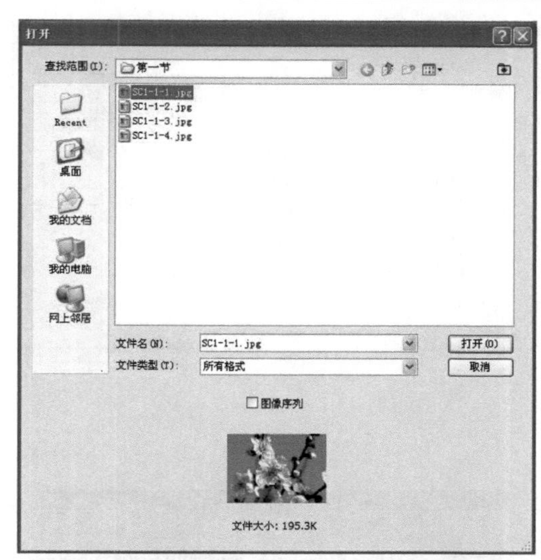

（1）启动 Photoshop CS4，执行“文件/打开”命令，在弹出的“打开”对话框中搜寻下载资料“第 1 章\第 1 节”文件夹，选中文件“SC1-1-1. jpg”，单击“打开”按钮，如左图所示。

■ 小贴士

双击 Photoshop CS4 空白区域可以快速弹出“打开”对话框。

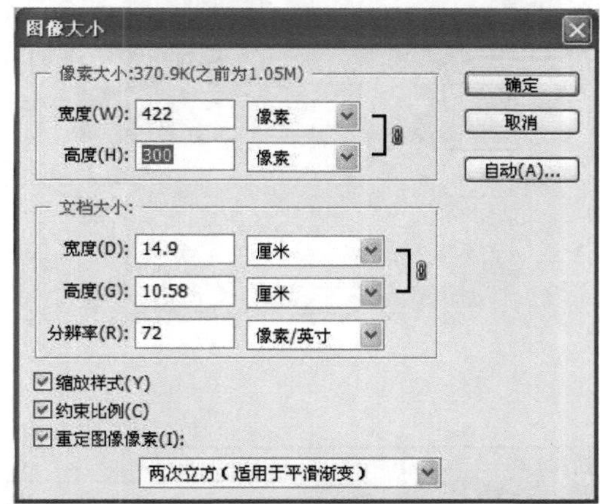

（2）执行“图像/图像大小”命令，勾选“约束比例”复选框，使图像进行保持长宽比不变的等比例缩放。将图像高度设定为 300 像素，然后点击对话框的“确定”按钮，如左二图所示。

■ 小贴士

如果只需要图片中的某一部分，可先使用“裁剪工具”选定需要的部分，然后再根据需要调整图像的大小。

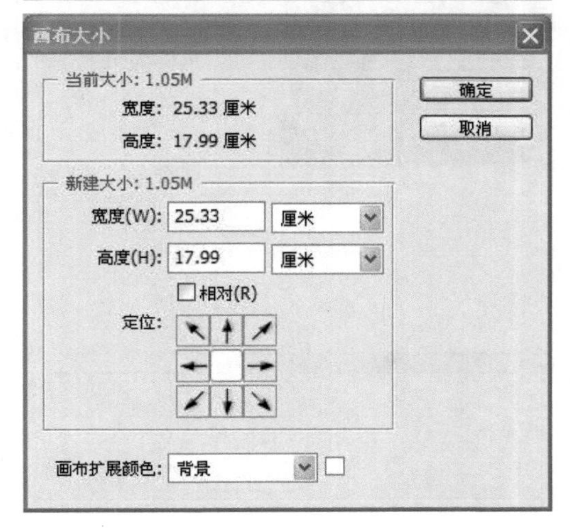

（3）执行“图像/画布大小”命令，设置宽度为 400 像素，根据图像本身的构图，在“定位”栏点击某个方格以指示现有图像在新画布上的位置，然后点击对话框的“确定”按钮，如左下图所示。

■ 小贴士

“画布大小”命令可以让用户修改当前图像周围的工作空间，即画布尺寸的大小。也可以通过减小画布尺寸来裁剪图像。

（4）重复步骤（1）～（3），处理图像“SC1-1-2. jpg”～“SC1-1-4. jpg”，将它们的大小改为 400 像素×300 像素。

Step 2

下面我们要进行的工作是新建一个空白文件，并将所有素材合成到该空白文件中。

（1）执行“文件/新建”命令，在弹出的“新建”对话框中，设置文件名称为“花之四君子”，图像大小为800×600像素，8位RGB模式，白色背景，然后点击“确定”按钮，如右图所示。

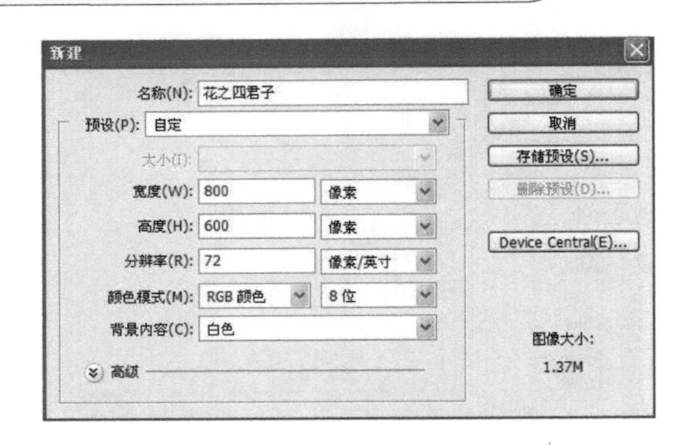

（2）激活已经改变大小的图片素材“SC1-1-1.jpg”，执行“选择/全部”命令（或按快捷键Ctrl+A），选取整个图像文件。

（3）在确保图像被选取的状态下执行“编辑/拷贝”命令（或按快捷键Ctrl+C），复制被选取的内容。

（4）激活步骤（1）中新建的空白文件“花之四君子”，执行“编辑/粘贴”命令（或按快捷键Ctrl+V）。此时“图层”面板中将新增加一个“图层1”，如右图所示。

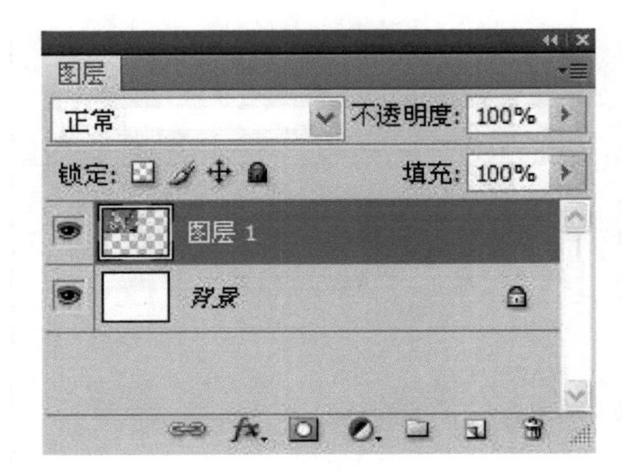

■ 小贴士

图像的复制和粘贴也可直接利用“移动工具”，将处理后的素材源文件拖入新文件中。

（5）使用“移动工具”，将粘贴的图像移动到文件的左上角，如右图所示。窗口上方的蓝色标题区域显示了文件的基本属性，图像名称“花之四君子”之后的“50%”为当前文件的显示比例。

■ 小贴士

可以通过工具箱的“缩放工具”（即放大镜）单击图像或者拖曳一个放大框来调整显示比例，也可以通过窗口左下角的数字来设置。

（6）重复步骤（2）～（5），将其余三个已经调整过尺寸和模式的图像素材粘贴到新文件中，并放在适当的位置。

Step 3

接下来我们要为新建立的图像文件配上标题文字。

（1）选择工具栏中的“横排文字工具”，输入标题文字“花之四君子”，如左图所示。

（2）选择输入的文字，在位于窗口上方的工具选项中将字体设置为楷体，字体大小为 100 点。单击文字工具栏选项右侧的✔按钮，以提交所有当前编辑，结束文本输入。然后使用“移动工具”，将文本移至合适的位置。

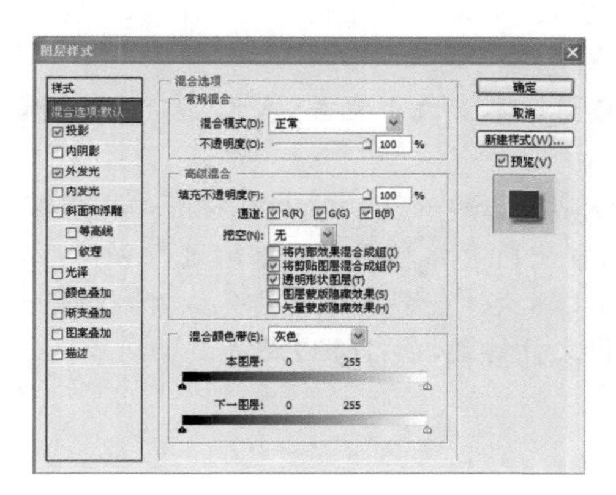

■ 小贴士

对于已经提交编辑的文本，可以通过在“图层”面板中双击文本图层左侧的 T 字缩览图，重新进入编辑状态。

（3）右击“图层”面板中的文字图层，选择“混合选项”，在弹出的“图层样式”对话框中，勾选“投影”和“外发光”两种样式，使用其默认参数，如左图所示。设置完成后，点击“确定”按钮。

Step 4

最后，千万不要忘了保存制作完成的图像文件。

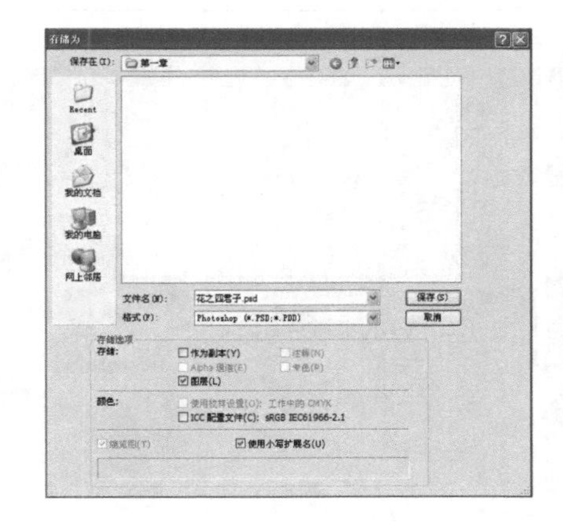

（1）执行“文件/存储”命令，在弹出的“存储为”对话框中，选择合适的保存位置，然后在文件名栏中输入“花之四君子”，格式选择“Photoshop（＊.PSD;＊.PDD）”，点击“保存”按钮，如左图所示。

（2）执行“文件/存储为”命令，在弹出的“存储为”对话框中，选择合适的保存位置，然后在文件名栏中输入“花之四君子”，格式选择“JPEG（＊.JPG;＊.JPEG;＊.JPE）”，点击“保存”按钮。

■ 小贴士

“存储”是直接对编辑过的文件进行保存。“存储为”可以把编辑过的文件存储在其他位置，存储的格式可以与编辑前的不同。

范例项目小结

在本范例项目中，我们主要进行了新建、打开和保存图像文件等基本操作。同时，我们也练习了如何复制与粘贴图像，如何新建图层，如何为图像添加文本并对文本进行编辑。

其中，新建文件时，图像的色彩模式指的是我们要用到的颜色类型。一般彩色图像常用 RGB 模式，没有颜色的图像常用灰度色彩模式，而需要打印输出时则往往要转换成 CMYK 颜色模式。

文件的显示比例仅仅指的是观察的大小，与图像本身大小无关，我们可以通过“抓手工具”和“缩放工具”来调整观察点。

保存文件时，不同的格式代表不同的文件信息。PSD 是 Photoshop 特有的图像文件格式，它可以将 Photoshop 中所编辑的图像文件中所有信息不带压缩地进行存储，以便今后再次编辑。但当图层较多时，文件也会随之增大。一般图像制作完成，除保存一个 PSD 文件之外，通常会另存为一个通用的图像文件格式，如：JPEG 格式。

小试身手——“岁寒三友”效果制作

路径指南

本例作品参见下载资料“第 1 章\第 1 节”文件夹下的“岁寒三友.psd”文件。需要的图像素材为下载资料“第 1 章\第 1 节”文件夹下的“SC1-1-5.jpg”～“SC1-1-8.jpg”。

设计结果

本项目效果如右图所示。

设计思路

利用“图像大小”和“画布大小”命令，调整素材图像大小后进行合成。本项目的解题方案参考范例项目。

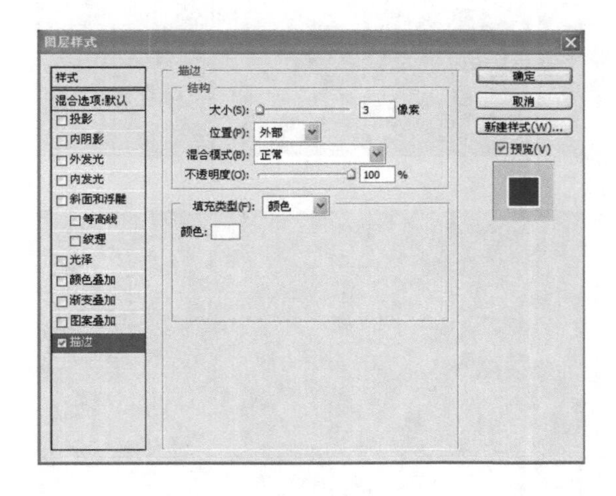

操作提示

（1）打开下载资料“第 1 章\第 1 节”文件夹下的“SC1-1-5. jpg”。执行“图像/画布大小”命令，将文件大小调整为 800×600 像素。

（2）分别打开下载资料“第 1 章\第 1 节”文件夹下的“SC1-1-6. jpg”～“SC1-1-8. jpg”，执行“图像/图像大小”命令，调整素材图片的大小。

（3）依次将调整好大小的素材用“移动工具”直接拖入到打开的“SC1-1-5. jpg”文件中，并放置在合适的位置，如左上图所示。

（4）鼠标右击相应图层名称，执行“混合选项”命令，在弹出的“图层样式”对话框中勾选“描边”。设置“大小”为 3 像素，“位置”为“外部”，“颜色”为白色，如左图所示。

（5）使用“横排文字工具”，输入文字“岁寒三友”，设置字体为“华文彩云”。在“图层样式”对话框中，勾选“内发光”、“外发光”、“斜面和浮雕”和“描边”，对文字进行处理。

（6）将作品存储为“岁寒三友. jpg”。

初露锋芒——“千娇百媚”效果制作

路径指南

本例作品参见下载资料“第 1 章\第 1 节”文件夹下的“千娇百媚. psd”文件。需要的图像素材为下载资料“第 1 章\第 1 节”文件夹下的“SC1-1-9. jpg”～“SC1-1-17. jpg”。

设计结果

本项目效果如右图所示。

设计思路

合成图像后利用“自由变换”命令调整图像在新文件中的大小、位置和方向。本项目的制作方案可参考范例项目。

操作提示

（1）打开下载资料“第1章\第1节”文件夹中的“SC1-1-9.jpg”文件。执行“图像/图像大小”命令，将文件大小调整为800×600像素。

（2）打开素材“SC1-1-10.jpg”，使用“移动工具”直接将素材拖入到打开的文件中。执行“图像/自由变换”命令，通过图片周围的8个小方框调整素材的大小和方向，如右图所示。

（3）参照范例，执行“混合选项”命令，对素材图像设置“描边”样式。

（4）重复步骤（2）～（3），依次放入素材“SC1-1-11.jpg”～“SC1-1-17.jpg”，效果如右图所示。

（5）使用“横排文字工具”输入文字“千娇百媚”，设置字体为“华文隶书”。

（6）在文字图层的“图层样式”对话框中，勾选“外发光”样式。

（7）将作品存储为“千娇百媚.jpg”。

1.2 选区制作

知识点和技能

在利用Photoshop对图像进行处理的过程中，若要对某个部分进行调整，可以通过选区来选定下一步所要操作的范围。选区用于分离图像的一个或多个部分，通过选择特定区域，可以编辑图像的局部，同时保持未选定区域不被改动。

在创建选区时，我们可以利用矩形、椭圆形等常用选框工具制作规则选区，也可以利用

"套索工具"制作不规则选区,或者通过工具选项栏中的不同方式对选区进行增加、删除或相交等组合。如果创建出的选区不合要求,还可以通过执行菜单中的相应命令修改或变换选区。

范例——制作"梦幻雪景"图像效果

设计结果

远处,巍巍雪山层峦叠嶂,镶银点翠;而眼前银装素裹的小木屋却显得亦真亦幻,如梦似诗。

本项目效果如左图所示。(参见下载资料"第 1 章\第 2 节"文件夹中的"梦幻雪景. psd"文件。需要的图像素材为下载资料"第 1 章\第 2 节"文件夹中的"SC1 - 2 - 1. jpg"。)

设计思路

首先,使用选框工具选取素材图片的中心部分,然后执行"调整边缘"命令,对"羽化"等进行设置,形成"梦幻雪景"效果。设置过程中可以选中预览查看图片效果,不断地完善设置,实现"梦幻雪景"的效果。

范例解题导引

Step 1

首先要进行的工作是打开素材图片。

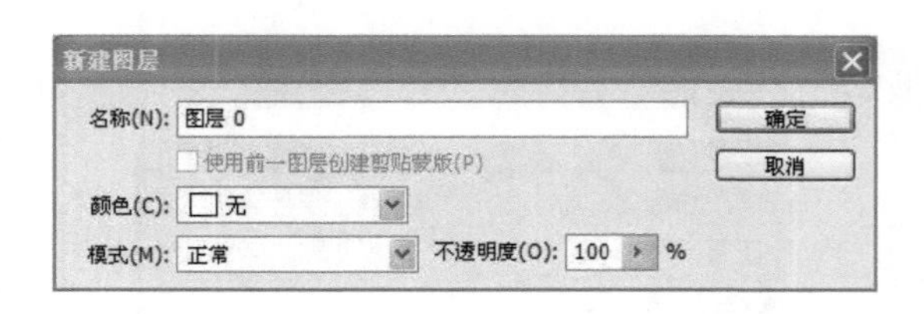

(1) 启动 Photoshop CS4,执行"文件/打开"命令,打开下载资料"第 1 章\第 2 节"文件夹中的"SC1-2-1. jpg"文件。

(2) 此时的背景图层是锁定的,可以在"图层"面板中双击锁定的"背景"图层,在弹出的"新建图层"对话框中点击"确定"按钮,从而将其转换为普通图层,如左图所示。

Step 2

使用"椭圆选框工具"选定图片区域,对选定区域进行边缘效果设置,最后对处理后的图片进行保存。

（1）鼠标左键按住工具栏中的“矩形选框工具”按钮不放，从中选择“椭圆选框工具”，如右图所示。

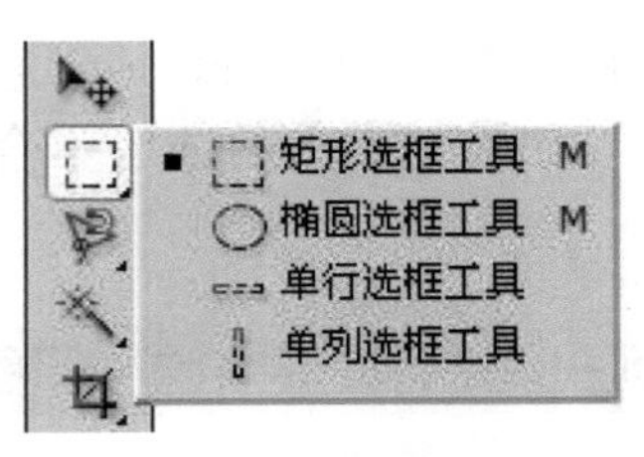

■小贴士

凡工具箱中右下角有三角形符号的按钮，表示该工具有多种操作模式。按住鼠标左键不放或点击右键，可看到所有其他操作模式。

（2）在图像上方按下鼠标左键进行拖曳，选取一个椭圆形区域，如右图所示。

■小贴士

如果选择区域位置不合适，可以在选框工具激活的状态下，将选框拖动到合适的位置。此时不会影响到图像内容。若激活的是“移动工具”，则将移动图像内容。

（3）在窗口上方的选框工具栏中，点击右侧的“调整边缘”按钮，打开“调整边缘”对话框。设置“平滑”为23，“羽化”为250.0像素，“扩展”为31%。点击“确定”按钮，完成对所选区域的边缘修饰，如右图所示。

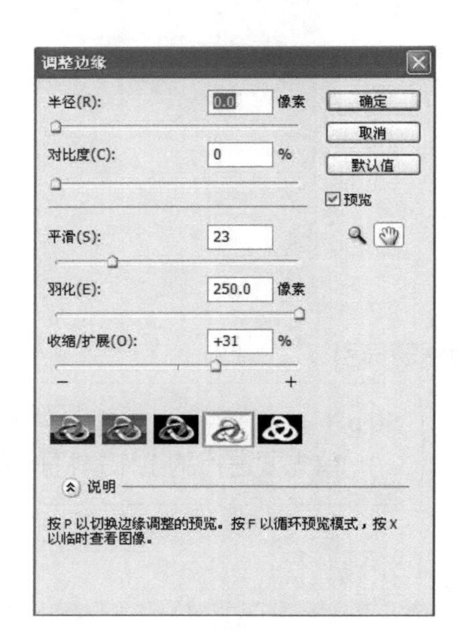

■小贴士

调整过程中，勾选“预览”项可在原文件上看到调整后的图片效果，可以根据自己需要和喜好进行设置。

（4）在选框选中区域点击鼠标右键，选择弹出菜单中的“通过剪切的图层”，自动生成“图层1”，如右图所示。此时相当于对选区执行了剪切和粘贴命令。

■小贴士

也可以单击鼠标右键，选择弹出菜单中的“通过复制的图层”。此时相当于对选区执行了复制和粘贴命令。

（5）点击“图层 0”前的隐藏图层图标 👁，完成本例制作，透明的背景色将以灰色棋盘格显示，效果如左图所示。

■ 小贴士

可在图像所在图层的下方新建一个图层作为背景层，根据需要填充颜色。背景透明的图像另存成 JPG 格式时，透明的背景将以白色显示。

（6）将作品存储为“梦幻雪景.jpg”。

在本范例项目中，我们主要利用选框工具选取形状比较规整的图像，除本例用到的“椭圆选框工具”外，常用的还有“矩形选框工具”。

如果对选取的区域不满意，可以调整选区的位置。然后利用“调整边缘”工具对选区进行边缘效果的设置，在设置过程中，可以通过预览在原文件中看到当前设置的效果。

小试身手——“花样年华”效果制作

路径指南

本例作品参见下载资料“第 1 章\第 2 节”文件夹中的“花样年华.psd”文件。需要的图像素材为下载资料“第 1 章\第 2 节”文件夹中的“SC1-2-2.jpg”～“SC1-2-4.jpg”。

设计结果

本项目效果如左图所示。

设计思路

首先打开准备好的素材，用“魔棒工具”选取并删除每幅素材中不需要的部分。然后通过“自由变换”和图层的“混合选项”完成本例的制作。

操作提示

（1）首先打开下载资料“第 1 章\第 2 节”文件夹下的“SC1-2-2. jpg”素材文件，执行“文件/存储为”命令，将图像另存为“花样年华. psd”。

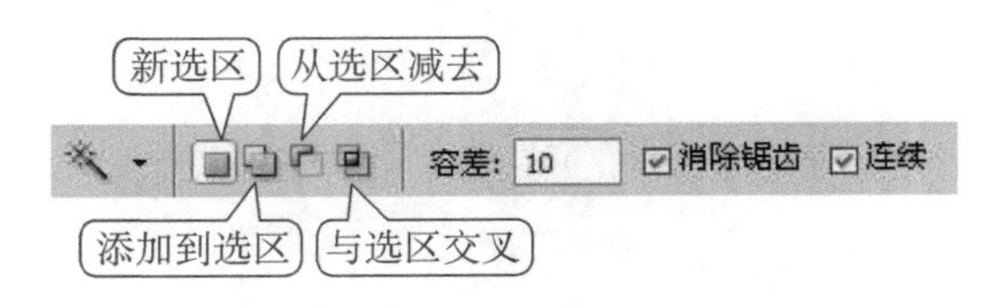

（2）执行“图像/图像大小”命令，将图像大小调整为 600 像素×800 像素。同时在“图层”面板中双击被锁定的“背景”图层，使其转换成普通的图层“图层 0”。

（3）选用“魔棒工具”，设置容差为 10，同时勾选“连续”项，如右上图所示。

小贴士

勾选“消除锯齿”可以创建边缘较平滑的选区。勾选“连续”的目的是只选择使用相同颜色的邻近区域，否则会选择整个图像中使用相同颜色的所有像素。

（4）用鼠标选择不需要的部分，按 Delete 键删除选中部分，效果如右二图所示。

（5）打开“第 1 章\第 2 节”文件夹中的“SC1-2-3. jpg”素材文件。

（6）使用“椭圆选框工具”选中第一朵花，按下 Shift 键，再选择另一朵花，获得加选交叉选区，选出一个大概的区域，如右图所示。在选区中点击鼠标右键，执行“通过剪切的图层”命令提取选区内容。

小贴士

按住 Alt 键和 Shift 键的作用分别是添加到选区和从选区中减去。可以在窗口上方的选框工具选项中进行相应的设置。

（7）在“图层”面板中隐藏“背景”图层。使用“魔棒工具”，设置容差为 50，选取花朵外围，如右图所示。按 Delete 键删

除花朵以外的部分，效果如左图所示。

■ 小贴士

使用“魔棒工具”进行选择和删除时，色差明显的区域应增大容差值，不明显的区域应减小容差值。这样重复多次，直到清除干净。也可使用“快速选择工具”，通过调整的圆形画笔笔尖，按下鼠标左键，可以快速画出选区。

(8) 点击空白处取消选区，使用“移动工具”将处理完的花朵图案复制到“花样年华.psd”中。调整图层各要素内容的位置和大小。

(9) 复重步骤(5)～(8)，处理下载资料“第1章\第2节”文件夹下的“SC1-2-4.jpg”文件，如左图所示。

(10) 在“图层”面板中新建一个图层，填充为白色，置于最底层，作为图像背景。调整图层的上下顺序，使人物图层置于最顶层。

(11) 参考效果图，多次复制花朵图层，并在“图层”面板中调整图层的不透明度。最后将制作完成的图像存储为“花样年华.jpg”。

初露锋芒——“别有洞天”效果制作

路径指南

本例作品参见下载资料“第1章\第2节”文件夹中的“别有洞天.psd”文件。需要的图像素材为下载资料“第1章\第2节”文件夹中的“SC1-2-5.jpg”～“SC1-2-7.jpg”。

设计结果

本项目效果如左图所示。

设计思路

首先打开准备好的素材，利用“磁性套索工具”选取门内部分进行删除。然后通过“移动工具”、“魔棒工具”和选框工具选取校园和海鸥素材并合成到图像中。

最后通过“自由变换”和“波浪滤镜”命令的综合应用对海鸥进行设置，完成水中倒影制作。

操作提示

（1）首先打开“第1章\第2节”文件夹下的“SC1-2-5.jpg”素材文件，执行“文件/存储为”命令，将图像另存为“别有洞天.psd”。

（2）执行“图像/图像大小”命令，将图像大小调整为800像素×600像素。同时在“图层”面板中双击被锁定的“背景”图层，使其转换成普通图层“图层0”。

（3）使用“磁性套索工具”在图像中点击选区起点，沿门框边缘拖动鼠标，也可在拐角处点击。若要删除先前建立的紧固点，可以使用Delete键。要结束命令，可在起点处单击或在终点处双击，完成选区创作，如右上图所示。

（4）按Delete键删除选中的门内部分，效果如右图所示。如果删除不彻底，可以使用“魔棒工具”或“橡皮擦工具”进行更细致的删除。

■ 小贴士

“磁性套索工具”特别适用于快速选择与背景对比强烈且边缘复杂的对象。

（5）打开“第1章\第2节”文件夹下的“SC1-2-6.jpg”文件，使用“移动工具”将校园美景素材复制到正在编辑的图像文件中。

（6）执行“编辑/变换/自由变换”命令，改变图像大小，调整两个图层之间的位置关系，使校园美景图层位于门框图层下方，效果如右图所示。

(7) 打开"第 1 章\第 2 节"文件夹下的"SC1-2-7. jpg"素材文件，以"魔棒工具"、"橡皮擦工具"或"磁性套索工具"等的组合运用选取海鸥，如左图所示。

(8) 在选区中单击鼠标右键，执行"选择/反向"命令，用 Delete 键删除海鸥以外的部分，如左图所示。

(9) 使用"移动工具"将海鸥拖入到文件中，调整图层顺序，使海鸥位于图像最上层。

(10) 执行"编辑/自由变换"命令，调整海鸥的大小和角度，如左图所示。

■ 小贴士

也可以选中海鸥所在图层，按下快捷键 Ctrl + T，调整海鸥的大小和方向。

(11) 复制海鸥图层，选中复制的图层，执行"编辑/变换/垂直翻转"命令，使复制的海鸥倒影置于水面上，如左图所示。

(12) 再次执行"编辑/自由变换"命令调整海鸥倒影的大小和位置。

■ 小贴士

在调整海鸥倒影的时候，可以点击鼠标右键，选择"斜切"、"扭曲"等调整，使倒影效果立体感更强，更真实。

(13) 执行“滤镜/模糊/动感模糊”命令,模糊的角度和距离采用默认参数,点击“确定”按钮,效果如右图所示。

(14) 重复上述制作海鸥倒影的步骤,再制作一个略小的海鸥及其倒影,在视觉上产生近大远小的效果。

(15) 制作完毕,将文件存储为“别有洞天.jpg”。

1.3 选区调整与填充

知识点和技能

在前面的项目中,我们已经了解到如何利用各种形状的选框工具、“魔棒工具”和“套索工具”等创建一个选区。事实上,我们在图像中创建一定选区之后,还可以通过“扩边”、“羽化”等命令作进一步的修改和编辑。同时,对于选定的区域,我们也可以描绘其轮廓或者填充其内部区域。

范例——制作“花季少女”图像合成效果

设计结果

花季少女的世界纯真、烂漫。她们的相框,自然要用鲜花来点缀。

本项目效果如右图所示。(参见下载资料“第1章\第3节”文件夹中的“花季少女.psd”文件。需要的图像素材为下载资料“第1章\第3节”文件夹中的“SC1-3-1.jpg”和“SC1-3-2.jpg”。)

设计思路

首先利用前景色填充获得一个矩形边框,然后利用图案填充效果完成边框图案,再利用扭曲滤镜产生不规则边框效果,最后将照片图像粘贴到框内,完成镜框图像合成效果。

Step 1

首先要进行的工作是利用前景色填充来获得一个相框雏形。

（1）启动 Photoshop CS4，执行“文件/新建”命令，新建一个名为“花季少女. psd”、600×800 像素大小、8 位 RGB 模式、透明背景的图像文件。

（2）在工具箱中设置前景色为 RGB（185，125，150）。执行“编辑/填充”命令（或按快捷键 Alt + Delete），用刚才设置的前景色填充图像。

（3）选取“矩形选框工具”，在工具选项栏中设置其“羽化”为 0 px，“样式”为“正常”。在图像左上角配合 Shift 键拖曳出一个大小合适的正方形，如左上图所示。

（4）执行“选择/变换选区”命令，按住 Shift 键的同时拖曳编辑控制点，将选区旋转 45 度，按回车键确认操作，同时调整大小。也可在上方的选项栏中输入相应数值，结果如左图所示。

（5）选区大小形状调整好后，执行“编辑/填充”命令，将选区填充为白色。

（6）再次选择“矩形选框工具”，设置其“羽化”为 0 px，“样式”为“正常”。在图像中框选白色菱形周边的适当区域，执行“编辑/定义图案”命令，在弹出的对话框中将选中图像命名为“菱形填充图案”，点击“确定”按钮，完成自定义图案。

（7）在图像空白处点击以取消选区。执行“编辑/填充”命令，设置填充内容为上一步骤中定义的“菱形填充图案”，点击“确定”按钮。此时的图像内容如左图所示。

(8) 接下来我们要将图像中心区域选取并清除。执行“选择/全部”命令，选取整个图像。执行“选择/变换选区”命令，在拖动变换编辑控点的同时，按住键盘上的 Shift 和 Alt 键，当大小基本合适时按回车键确认。

■ 小贴士

“变换选区”命令不会影响图像内容，在变换的同时按住 Shift 键可保证变换过程中保持长宽比不变；而按住 Alt 键则使变换的中心位置不变。

(9) 按 Delete 键删除选区内的图像，通过“选择/取消选择”（或按快捷键 Ctrl + D）取消选区。此时将得到一个矩形框，如右图所示。

Step 2

接下来我们要通过滤镜和图层的样式设置使得镜框更有质感。

(1) 打开下载资料“第 1 章\第 3 节”文件夹下的“SC1-3-1. jpg”，使用“魔棒工具”选取花朵，并将其复制到镜框中。

(2) 选取镜框图层，执行“滤镜/扭曲/波浪”命令，设置“波长”为 20～80，“波幅”为 2～8，水平和垂直比例均为 100%，如右图所示。单击“确定”按钮，图像将被扭曲。

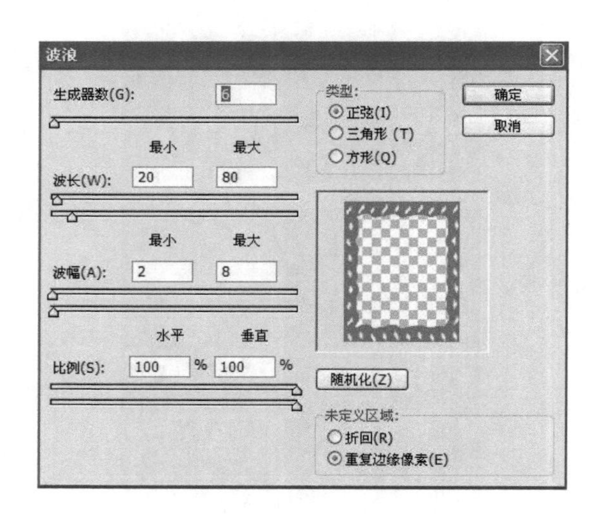

■ 小贴士

滤镜的效果在后续的学习中将会详细讲解，可以根据个人喜好尝试使用“波浪”以外的其他效果，或许会有意想不到的收获。

(3) 执行“滤镜”命令后，为了增加镜框的立体感，我们还要对镜框设置相应的效果。鼠标右击“图层”面板中镜框所在的图层，在弹出的菜单中选择“混合选项”。在弹出的“图层样式”对话框中勾选“斜面和浮雕”。

(4) 同样，对花朵也添加“斜面和浮雕”样式，效果如左图所示。

Step 3

最后我们要在镜框内配上相应的“照片”。

(1) 打开下载资料“第 1 章\第 3 节”文件夹下的“SC1-3-2. jpg”，如左图所示。

(2) 使用“移动工具”，将“SC1-3-2. jpg”复制到镜框所在的图像文件中。

(3) 在“图层”面板中调整图层的上下位置，使得镜框位于图像上方，并通过“编辑/自由变换”命令调整照片图像到合适的大小。

(4) 将作品存储为“花季少女. jpg”。

范例项目小结

在本范例项目中，我们通过“选框工具”建立选区，通过“变换选区”等命令自由调整选区，这些选区的调整命令对图像本身没有影响。

对于选区的修改，除变换选区外，还可修改羽化参数，可以根据需要进行边界扩展和收缩、平滑、反选操作等。此外，对图案进行定义和填充，往往会产生意想不到的效果。这些大家都可以在不断的尝试与使用中慢慢体会。

小试身手——“机器人”效果制作

路径指南

本例作品参见下载资料“第 1 章\第 3 节”文件夹中的“机器人.psd”文件。需要的图像素材为下载资料“第 1 章\第 3 节”文件夹中的“SC1-3-3.jpg”。

设计结果

本项目效果如右图所示。

设计思路

首先使用选框工具的“与选区交叉”创建选区，画出机器人的头部。然后使用选框工具的“从选区减去”创建选区，画出机器人的身体和手。

操作提示

（1）启动 Photoshop CS4，执行“文件/新建”命令新建一个文件，保存为“机器人.psd”。

（2）任意设置文件的背景色，然后执行“视图/标尺”命令显示标尺。拖动标尺到图像，可看见形成了一根蓝色的标尺线，方便我们对图像定位。若要删去，则可直接用“移动工具”将标尺线移到工作窗口外。根据人物比例，定出头部和身体部分的比例为 1∶2。新建“图层 2”，选择“椭圆选框工具”，按住 Shift 键绘制一个圆形，如右图所示。

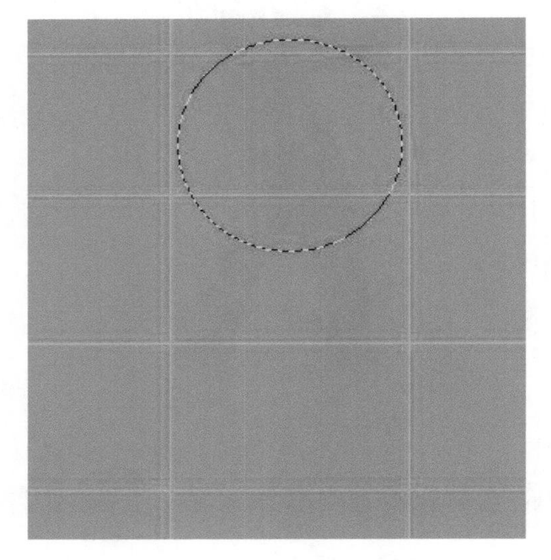

（3）在“椭圆选框工具”的工具选项栏中，选择“与选区交叉”模式，如右图所示。

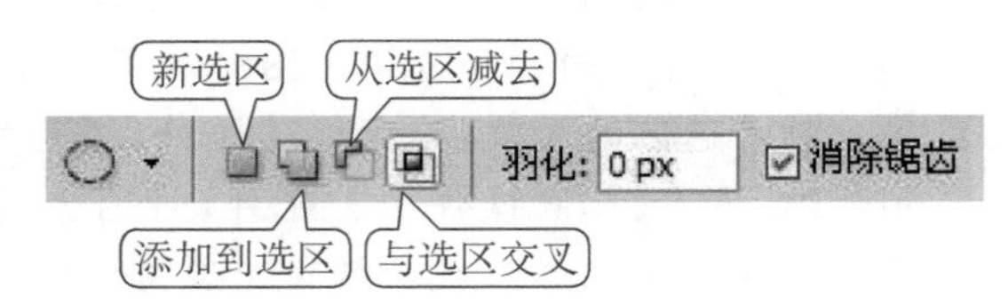

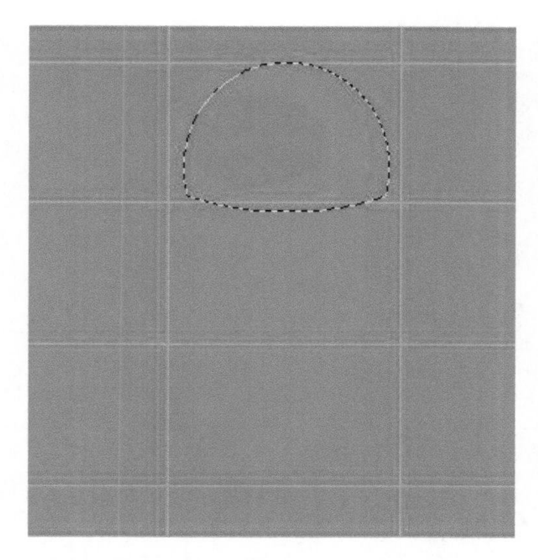

(4) 继续绘制一个椭圆选区，最终的选区范围是两个选区的重叠部分，如左图所示。

(5) 通过“编辑/填充”命令，将选区部分填充为白色，作为机器人的头部。

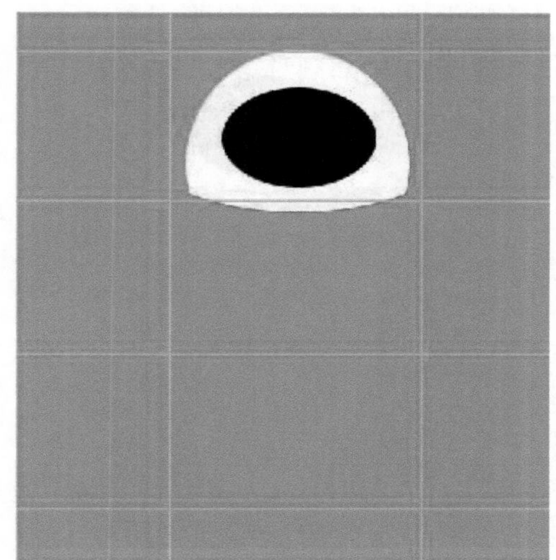

(6) 新建“图层 3”，在头部图形上绘制一个略小椭圆，填充为黑色，作为机器人的脸部，效果如左图所示。

(7) 新建“图层 4”，绘制一个小椭圆，填充为 RGB(40,112,117)的蓝色，执行“编辑/自由变换”命令调整椭圆的大小和方向。

(8) 复制“图层 4”，并执行“编辑/变换/水平翻转”命令，对“图层 4 副本”进行水平翻转。调整两图层的位置，作为机器人的眼睛，效果如左图所示。

(9) 新建"图层 5",继续使用"椭圆选框工具",在工具选项栏中设置"从选区减去"模式,先绘制一个细长型的椭圆,然后再绘制一个大的椭圆,与细长椭圆的上端相交,最终的选区范围是从第一个选区中去除两个选区的重叠部分。为选区填充白色,作为机器人的身体,效果如右图所示。

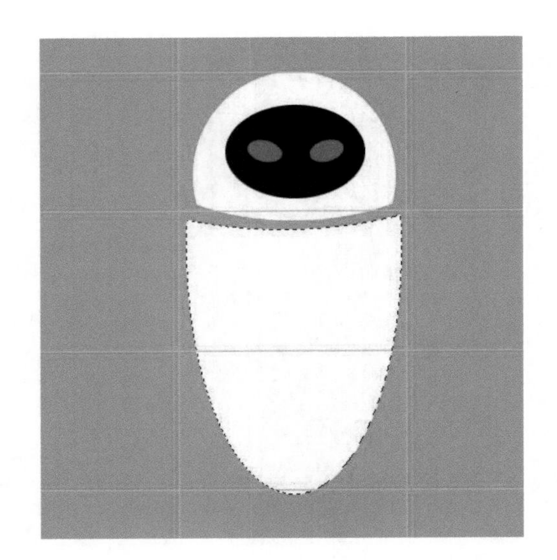

■ 小贴士

在"新选区"模式下,按 Shift 键将实现添加到选区功能;按 Alt 键为从选区减去;而同时按 Alt + Shift 键将实现与选区交叉的功能。

(10) 新建"图层 6",使用"椭圆选框工具"的"从选框减去"模式创建选区,填充为白色,作为机器人的手臂。复制手臂图层,对手臂的副本进行水平翻转后平移,效果如右图所示。

(11) 新建"图层 7",按住 Shift 键的同时用"椭圆选框工具"创建圆形选区并填充为蓝色,形成机器人胸部的扫描点。复制"图层 7",形成 3 个相同的点,效果如右图所示。

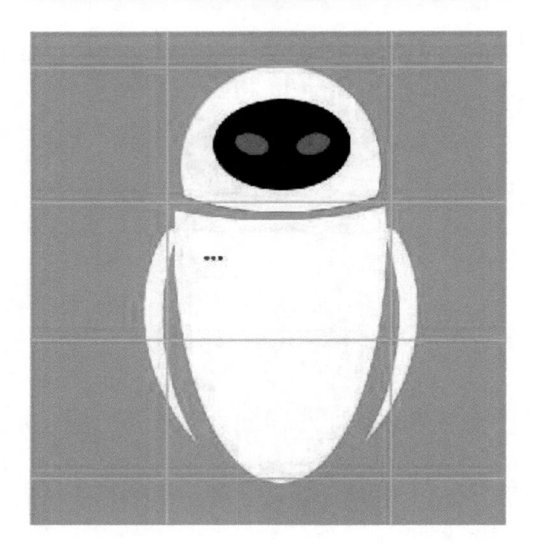

(12) 删除背景图层,使用"移动工具"将下载资料"第 1 章\第 3 节"文件夹中的"SC1-3-3. jpg"复制到"机器人. psd",调整图层顺序,使其作为背景图像。

(13) 制作完毕,将文件存储为"机器人. jpg"。

初露锋芒——“温馨信纸”效果制作

路径指南

本例作品参见下载资料“第 1 章\第 3 节”文件夹下的“温馨信纸.psd”文件。需要的图像素材为下载资料“第 1 章\第 3 节”文件夹下的“SC1-3-4.jpg”和“SC1-3-5.jpg”。

设计结果

本项目效果如左图所示。

设计思路

通过对选框填充颜色，用滤镜进行扭曲，完成信纸外框。利用选框工具和羽化功能实现信纸配图的效果。

操作提示

(1) 启动 Photoshop CS4，执行“文件/新建”命令，新建一个 600×800 像素大小的文件，保存为“温馨信纸.psd”。

(2) 新建“图层 1”，按快捷键 Ctrl + A 选取整个图像区域，设置前景色为 RGB (251，205，137)，执行“编辑/填充”命令填充选区。

(3) 参照范例，执行“选择/全部”和“选择/变换选区”命令，选取中间的矩形区域。执行“选择/修改/羽化”命令，设置“羽化半径”为 20 像素，使得选取边界柔化，按 Delete 键删除中间部分，如左图所示。

（4）执行“滤镜/扭曲/波浪”命令，设置“波长”为 3～30，“波幅”为 3～30，水平和垂直比例均为 100%，单击“确定”按钮，图像将被扭曲，效果如右图所示。

（5）参照 1.2 节范例，打开下载资料“第 1 章\第 3 节”文件夹下的“SC1-3-4 . jpg”，使用“椭圆选框工具”，设置“羽化”为 20 px，选取花朵区域，如右下图所示。

（6）使用“移动工具”将处理后的“SC1-3-4. jpg”复制到“温馨信纸”中，然后通过“编辑/自由变换”命令将图像缩放到合适大小并置于图像右下角。在“图层”面板中调整图层位置，并设置图层的“不透明度”为 50%。

（7）依照同样的方法对“SC1-3-5. jpg”进行处理，导入到“温馨信纸”中，将图像缩放到合适大小并置于图像左上角。在“图层”面板中设置图层的“不透明度”为 50%。

（8）制作完毕，将作品存储为“温馨信纸. jpg”。

1.4　存储历史记录功能

知识点和技能

在前面的项目中，我们如果一不小心误操作或者效果不理想，可以回到前面的步骤重新来过。在 Photoshop 的“编辑”菜单中，“还原”和“重做”、“前进一步”和“后退一步”命令就可以让我们轻松地对编辑过程进行控制，我们不但能够对编辑的内容进行重复性撤销和返回，还能进行多次的还原和重做。

事实上，Photoshop 还提供了更方便的编辑过程控制方法，那就是“历史记录”面板。对于图像每一次的应用更改，图像的新状态都将会添加到该面板中。通过该面板，我们可以轻松地跳转到图像任一最近状态。

同时，结合“历史记录画笔”，我们还可以根据某个状态或快照来恢复或处理图像。

范例——制作“江南水乡”图像合成效果

设计结果

碧波荡漾，黛瓦白墙——走进江南水乡，呈现在眼前的是一幅朦胧的水墨画，让习惯了城市喧嚣的人们，即刻回归久违的宁静和安详。

本项目效果如左图所示。（参见下载资料“第 1 章\第 4 节”文件夹中的“江南水乡. psd”文件。需要的图像素材为下载资料“第 1 章\第 4 节”文件夹中的“SC1-4-1. jpg”和“SC1-4-2. jpg”。）

设计思路

首先执行“亮度/对比度”命令调整图像的颜色，并创建快照。然后利用“历史记录艺术画笔”使图像艺术化。最后选取招幌，导入到图像中，并制作水中倒影效果。

范例解题导引

Step 1

首先执行“亮度/对比度”命令调整图像的颜色，并创建快照。

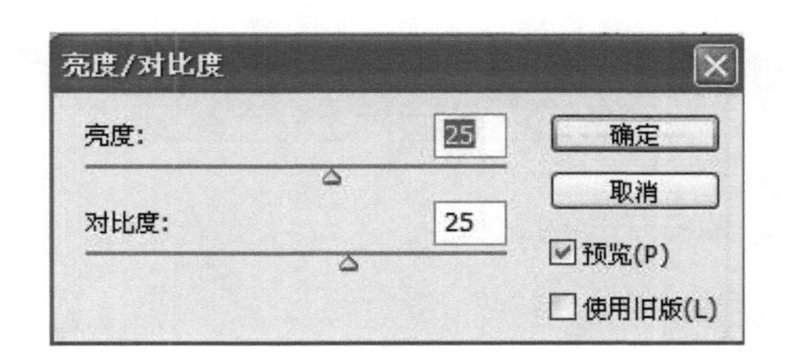

（1）启动 Photoshop CS4，执行“文件/打开”命令，打开下载资料“第 1 章\第 4 节”文件夹中的“SC1-4-1. jpg”，存储为“江南水乡. psd”。

（2）执行“图像/调整/亮度/对比度”命令，在弹出的对话框中设置“亮度”为 25，“对比度”为 25，如左图所示。调整后的图片效果如下页右上图所示。

■小贴士

除了对图像进行“亮度/对比度”调整外，在“图像/调整”命令下还可以对图像进行其他的调整。

(3) 勾选“窗口/历史记录”，打开“历史记录”面板，点击面板上的“创建新快照”按钮，为当前状态建立一个新的“快照1”。快照的缩览图会在“历史记录”面板的上半部分显示，而其下半部分则为对图像所作的每一步操作。

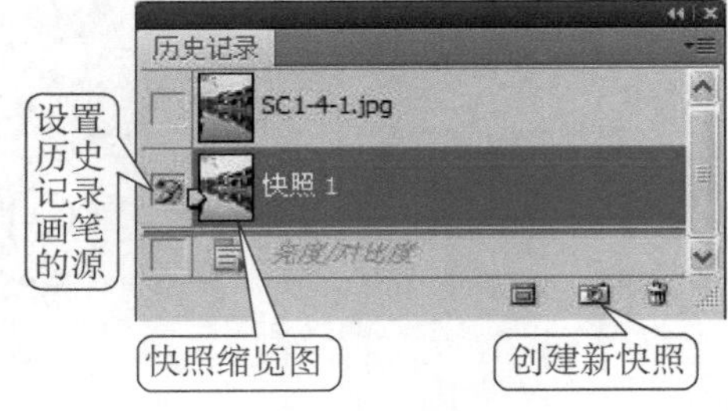

(4) 将“快照1”设置为历史记录画笔的源，此时的“历史记录”面板如右图所示。

(5) 在“历史记录”面板中单击选取历史记录状态的第一步“打开”操作，或者单击选取最初的“SC1-4-1. jpg”，图像将恢复最初的状态。

Step 2

利用“历史记录艺术画笔”艺术化图像。

(1) 在工具箱中选取“历史记录艺术画笔”，如右图所示。在窗口上方的选项栏中，设置画笔大小为 40 px，“模式”为“正常”，“不透明度”为 100%，“样式”为“绷紧短”，“区域”为 50 px，“容差”为 0%。

（2）用刚刚设置好的“历史记录艺术画笔”在图像上进行任意涂抹，注意保留左上角的树叶部分，效果如左图所示。

■ 小贴士

涂抹过程中，可以改变画笔的大小和样式，以便在不同区域形成不同的涂抹效果。

（3）如果涂抹效果不理想，可以设置“SC1-4-1.jpg”历史记录作为历史记录画笔的源，选用“历史记录画笔工具”进行恢复。

Step 3

最后导入招幌，并制作倒影。

（1）打开下载资料“第1章\第4节”文件夹中的“SC1-4-2.jpg”，参照1.2节范例，使用“魔棒工具”选取招幌，如左图所示。

（2）将招幌复制粘贴到“江南水乡.psd”，并调整其位置。

（3）复制招幌图层，执行“编辑/变换/垂直翻转”、“编辑/自由变换”和“滤镜/模糊/动感模糊”等三个命令，制作招幌在水中的倒影。详细步骤可参考1.2节范例。

（4）将作品存储为“江南水乡.jpg”。

范例项目小结

在本范例项目中，我们执行“亮度/对比度”命令调整图像色彩之后，利用“历史记录”面板创建当前状态的快照。然后，又通过“历史记录”面板回到图像打开时的状态，通过设置不同的历史记录状态源，利用“历史记录画笔工具”和“历史记录艺术画笔”在图像上进行描绘，形成不同的艺术效果。同时，我们还使用“魔棒工具”选取招幌并导入到文件中，并制作其在水中的倒影效果。

小试身手——“点缀”效果制作

路径指南

本例作品参见下载资料“第 1 章\第 4 节”文件夹中的“点缀.psd”文件。需要的图像素材为下载资料“第 1 章\第 4 节”文件夹中的“SC1-4-3.jpg”。

设计结果

本项目的效果如右图所示。

设计思路

首先设置图片的对比度。然后使用“历史记录艺术画笔”设置不同的画笔大小，对图片树叶部分进行处理，调整画笔大小时注意对之前的操作创建“快照”。最后使用“减淡工具”对花朵进行涂抹。

操作提示

(1) 启动 Photoshop CS4，打开下载资料“第 1 章\第 4 节”文件夹中的“SC1-4-3.jpg”，保存为“点缀.psd”。

(2) 执行“图像/调整/亮度/对比度”命令，在弹出的对话框中设置“对比度”为 100，调整后的效果如右图所示。

(3) 通过“历史记录”面板的“创建新快照”为当前状态建立一个新的“快照 1”。在“历史记录”面板中将“快照 1”设置为历史记录的源。然后将图像恢复到“打开”状态。

(4) 在工具箱中选取“历史记录艺术画笔”，设置画笔大小为 90 px，“模式”为“正常”，“不透明度”为 100%，“样式”为“绷紧短”，“区域”为 50 px，“容差”为 0%，对树叶部分进行涂抹，效果如右图所示。

(5) 重复步骤(3)和(4),建立不同画笔效果的快照。将画笔大小改为 15 px,重新对树叶部分涂抹后的效果如左图所示。在所有快照中选择最好的快照。

■ 小贴士

涂抹过程中,注意花朵周围树叶的涂抹。为了达到更好的效果,可以重复涂抹多次,但注意每次都要建立快照,便于选择。

(6) 使用"减淡工具"涂抹花朵部分,使得绿叶和花朵对比更鲜明,如左图所示。

(7) 使用"横排文字工具"对处理后的图片添加文字"点缀",并在文字图层的混合选项中设置"描边"图层样式。

(8) 制作完毕,将作品存储为"点缀.jpg"。

初露锋芒——"双胞胎"效果制作

路径指南

本例作品参见下载资料"第 1 章\第 4 节"文件夹中的"双胞胎.psd"文件。需要的图像素材为下载资料"第 1 章\第 4 节"文件夹中的"SC1-4-4.jpg"。

设计结果

本项目效果如左图所示。

设计思路

在对素材的"对比度/亮度"、"色阶"、"曲线"等的调整过程中,建立多个快照,选择两个最好的快照,完成图片的制作。

操作提示

（1）启动 Photoshop CS4，执行“文件/打开”命令，打开下载资料“第 1 章\第 4 节”文件夹中的“SC1-4-4. jpg”。

（2）执行“图像/调整/曲线”命令，曲线设置如右图所示。

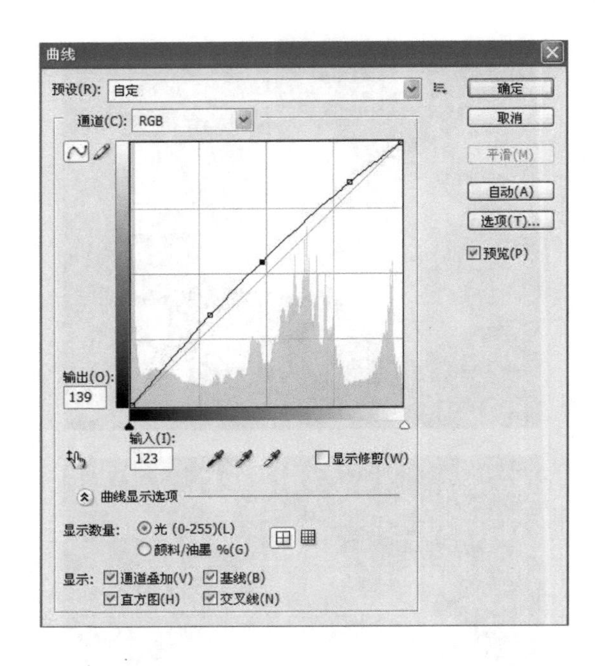

（3）通过“历史记录”面板中的“创建新快照”对当前操作建立快照。然后把图像恢复到“打开”状态。

（4）重复步骤（2）和（3），分别将“曲线”命令改为“图像/调整”中的“亮度/对比度”、“色阶”等命令，建立多个不同的快照，如右图所示。

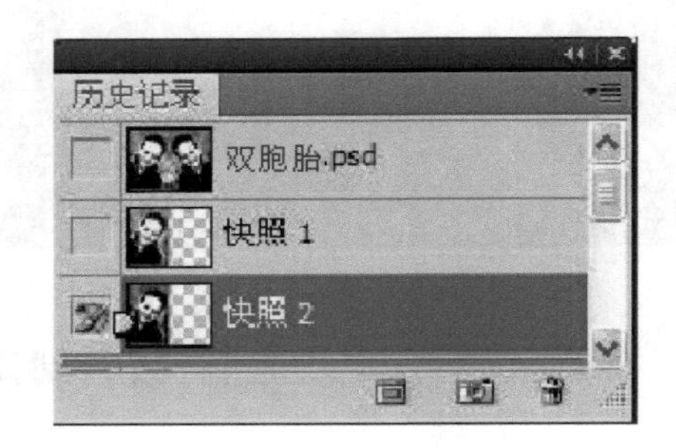

（5）新建一个 600×800 像素大小的文件，设置背景为透明。

（6）选中原图片中的“快照 1”，将“快照 1”下的照片复制并粘贴到新建的文件中。

（7）选择“快照 2”，执行“图像/图像旋转/水平翻转画布”命令，然后复制并粘贴到新建的文件中。

（8）在新文件中调整图片的大小和位置，效果如右图所示。

（9）使用“直排文字工具” T 添加标题文字“双胞胎”，并在文字图层的混合选项中设置发光和阴影样式。

（10）制作完毕，将文件存储为“双胞胎. jpg”。

第二章　图像绘制和修饰

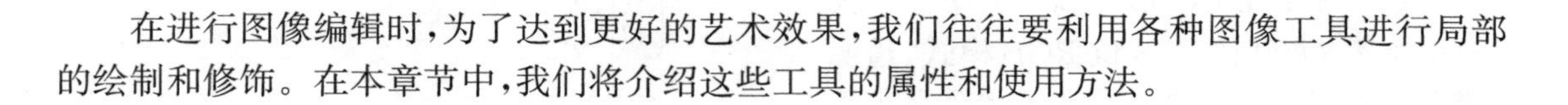

在进行图像编辑时，为了达到更好的艺术效果，我们往往要利用各种图像工具进行局部的绘制和修饰。在本章节中，我们将介绍这些工具的属性和使用方法。

2.1　画笔、铅笔和橡皮擦工具的应用

知识点和技能

画笔、铅笔和橡皮擦工具是最基本的绘图工具。

我们可以使用已有的画笔形状，也可以自定义画笔；可以使用较“实”的画笔绘制较为生硬的线条，也可以用较“虚”的画笔绘制较为柔和的线条。

同样的，对于多余的、需要去除的部分，我们也可以选用不同形状和虚实的橡皮擦抹去，在使用方法上与画笔类似。

范例——制作“樱花季节”图像效果

设计结果

在那阳光明媚、万物复苏的季节里，樱花满树烂漫、如云似霞，将全部的美丽毫无保留地奉献给了这一季的春天。

本项目效果如左图所示。（参见下载资料“第 2 章\第 1 节”文件夹中的“樱花季节.psd”。需要的图像素材为下载资料“第 2 章\第 1 节”文件夹中的“SC2-1-1.jpg”。）

设计思路

首先使用“渐变工具”绘制天空背景，使用“椭圆选框工具”和“填充”命令绘制草坪，使用形状工具绘制太阳，用“画笔工具”绘制白云和房子。然后将草帽添加到图片中。最后用“铅笔工具”绘制树枝，用“画笔工具”绘制樱花，再使用“横排文字工具”添加文字即可。

Step 1

首先绘制天空、草坪、太阳、白云和房子。

(1) 在 Photoshop 中新建一个大小为 800 像素×600 像素、8 位 RGB 模式、透明背景的图像文件，将图像保存为“樱花季节. psd”。

(2) 在工具箱下方的拾色器中设置前景色为 RGB(142,209,255)的蓝色，背景色为白色，如右上图所示。

(3) 在工具箱中选择“渐变工具”，由图像的上方向下拖动鼠标，绘制出由前景色向背景色渐变的天空背景，将图层命名为“天空”。

(4) 新建图层“草地 1”，设置前景色为 RGB(63,216,28)。在工具箱中选择“椭圆选框工具”，设置“羽化”为 5 px。创建椭圆选区，并按快捷键 Alt + Delete 完成前景色的填充，形成图像前方的草地。

(5) 重复步骤(4)，分别新建图层“草地 2”和“草地 3”，用 RGB(12,158,67)的颜色填充椭圆选区，形成图像后方的草地。在“图层”面板中调整图层顺序，效果如右二图所示。

(6) 接下来，我们选择工具箱中的“自定形状工具”绘制太阳(可按住“矩形工具”来选择)。在窗口上方的工具选项栏中，选择“填充像素”模式，单击“形状”右侧图形，在弹出的自定形状面板中点击左上角的三角形按钮打开扩展菜单，选取“自然”形状库，在自定形状面板中选择最左上角的“太阳 2”形状，如右三图所示，颜色设置为 RGB(255,240,73)。新建图层“太阳”，在图像相应位置绘制太阳形状，并执行“编辑自由变换”命令(或使用快捷键 Ctrl + T)对太阳图层进行形状调整，效果如右图所示。

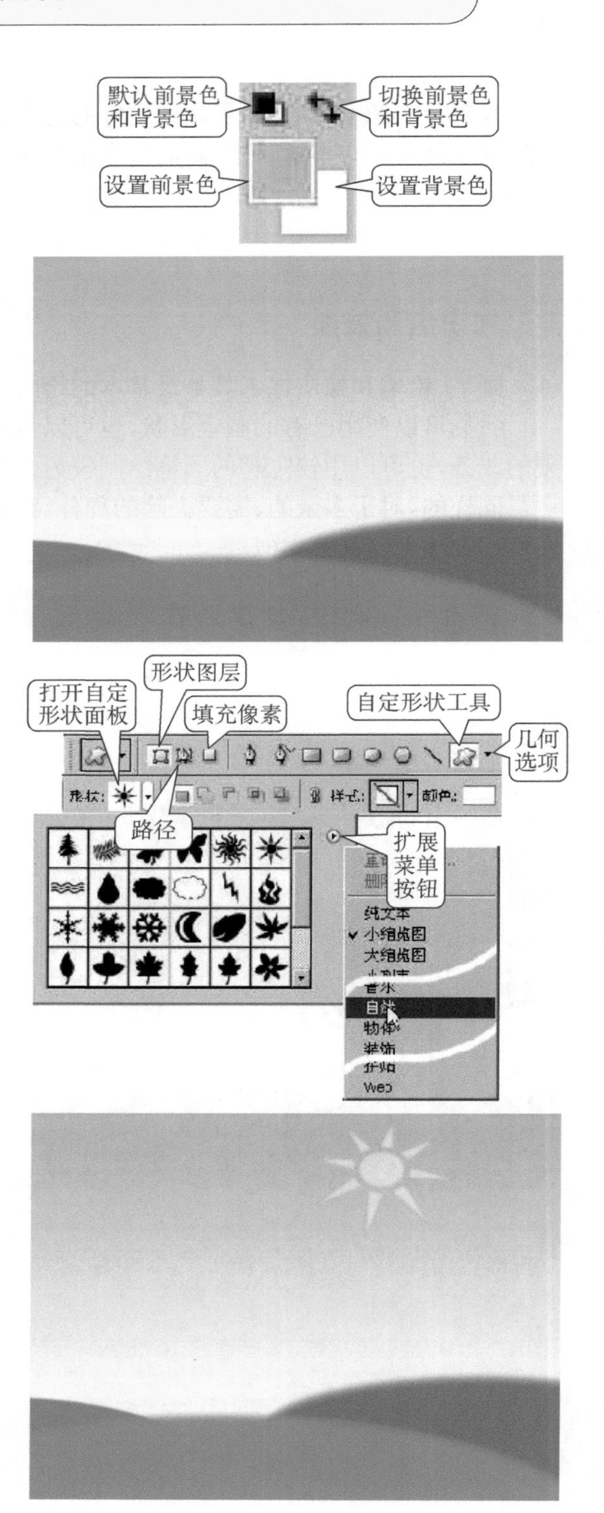

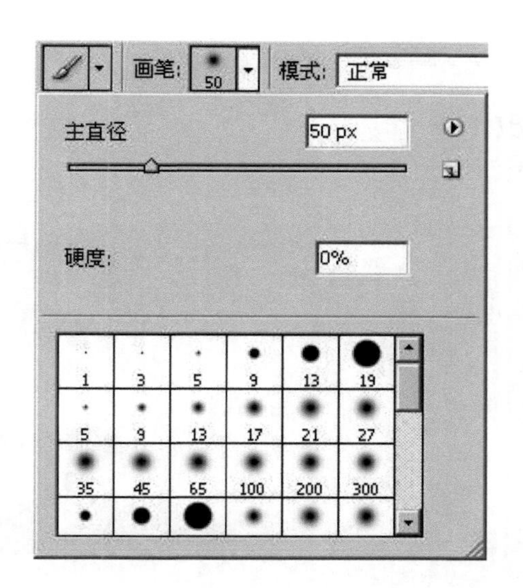

(7) 下面我们要使用"画笔工具"绘制云朵。设置前景色为白色，选择工具箱中的"画笔工具"，点击工具选项中的"画笔"，在弹出的面板中设置画笔的"主直径"为 50 px，"硬度"为 0%，如左图所示。设置"不透明度"为 100%，"流量"为 50%。

■ 小贴士

画笔是绘图中常用的工具，在使用上具有很大的灵活性。它可以绘制平滑或毛糙的边缘，也可以绘制草、树叶等形状。铅笔笔刷跟画笔相差不大，但相比之下铅笔绘制的痕迹偏硬，没有平滑的边缘。

(8) 在"图层"面板中新建图层"云朵"，用设置完毕的画笔在天空绘制云朵。确保云朵所在图层为当前图层，执行"滤镜/模糊/高斯模糊"命令，设置模糊"半径"为 2 像素。效果如左图所示。

(9) 选中"太阳"图层，按快捷键 Ctrl + F，为太阳图层添加模糊效果。

(10) 新建图层"房子"，参照步骤(7)～(9)，使用不同大小的笔刷绘制房子，并使用模糊滤镜。在"图层"面板调整图层顺序，使"草地 1"图层遮挡住"房子"图层的一部分，效果如左图所示。

■ 小贴士

用画笔绘制时，先以鼠标单击起点，然后按住 Shift 键单击终点，可形成直线效果。

Step 2

插入素材图像，并对素材图像进行修改。

打开下载资料“第 2 章\第 1 节”文件夹中的“SC2-1-1.jpg”，使用相应的选择工具选取“草帽”素材并添加到原图中。使用快捷键 Ctrl + T 调整草帽的大小、位置和角度。调整图层顺序，使“草坪 2”图层遮挡住“草帽”图层的一部分，效果如右图所示。

Step 3

接下来我们要使用“画笔工具”绘制树枝和樱花。

（1）新建图层“树枝”。设置前景色为 RGB(170，103，32)，选择“铅笔工具”，分别设置画笔主直径为 25 px、15 px、10 px，绘制树枝，如右图所示。

（2）自定义“花朵”画笔。首先新建一个大小约为 100 × 100 像素、8 位 RGB 模式、透明背景的文件。

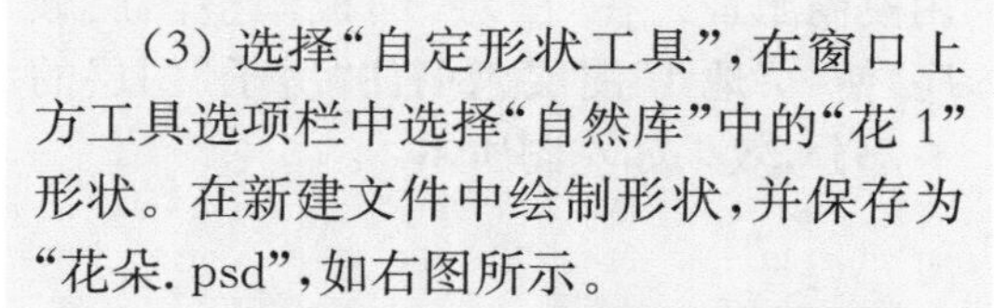

（3）选择“自定形状工具”，在窗口上方工具选项栏中选择“自然库”中的“花 1”形状。在新建文件中绘制形状，并保存为“花朵. psd”，如右图所示。

（4）执行“编辑/定义画笔预设”命令，在弹出的对话框中为画笔命名为“花朵”，点击“确定”按钮完成自定义画笔。

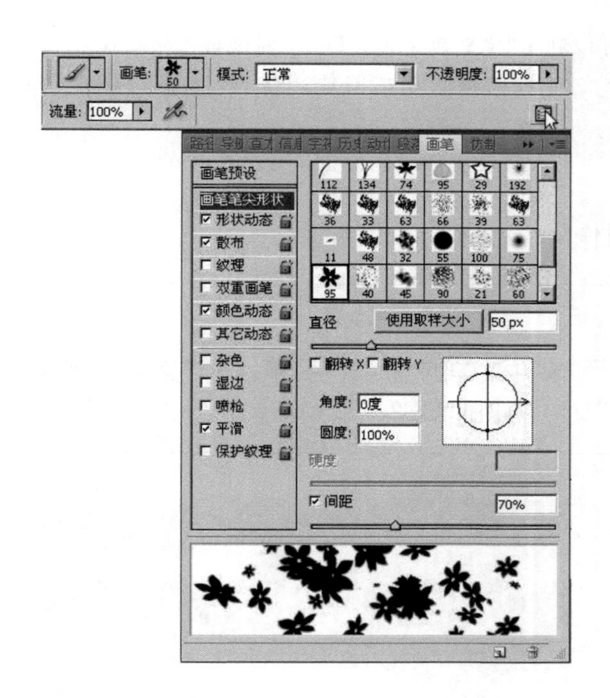

(5) 回到“樱花季节.psd”,新建图层“花朵”。设置前景色为 RGB(253,172,225)的粉红色,背景色为白色。选择“画笔工具”,在窗口上方工具选项栏中选择笔尖形状为刚刚自定义的“花朵”,设置“不透明度”为 100%,“流量”为 100%。

(6) 点击工具选项栏最右侧的“切换画笔调板” 按钮,打开“画笔调板”。单击“画笔笔尖形状”选项,在右侧面板中设置画笔的“直径”为 50 px,“间距”为 70%,如左图所示。单击“形状动态”项,设置“大小抖动”为 100%,“最小直径”为 1%,“角度抖动”为 100%,“圆度抖动”为 56%,“最小圆度”为 25%。单击“散布”项,勾选“两轴”,设置“散布”为 603%,“数量”为 3,“数量抖动”为 100%。单击“颜色动态”项,设置“前景/背景抖动”为 70%。勾选“平滑”选项。在“图层”面板中选择“花朵”图层,用设置完的画笔在图片中沿树枝方向绘制花朵。

(7) 设置前景色为 RGB(255,152,5),选择“画笔工具”,在花朵的中间绘制花蕊,效果如左图所示。

(8) 选择“横排文字工具”,在工具选项栏中设置字体为华文行楷,字号为 45 点,仿斜体,颜色为白色,单击图像左下角,在图像上输入文字“樱花季节”。在文字图层的“混合选项”中勾选“投影”和“内阴影”样式。

(9) 将作品存储为“樱花季节.jpg”。

在本范例项目中,我们主要运用了“铅笔工具”和“画笔工具”来绘制图形。

我们可以在“画笔工具”的选项栏中设置画笔的笔尖形状、大小、不透明度和流量,以及是否采用喷枪方式(可以根据鼠标停留时间来控制流量)。

我们还可以通过“画笔调板”对画笔进行更复杂的设置,如:画笔的间距、形状动态、散布、颜色动态等属性，使得笔刷的大小、角度、颜色、位置等都可以在一定的范围内进行随机变化。

如果现有的画笔形状无法满足需要，还可以利用“定义画笔预设”命令创建自己的画笔。

对于笔刷，可以设置的特性有很多。我们可以根据需要不断地测试，最终得到令自己满意的效果。

小试身手——“断线的风筝”效果制作

路径指南

本例作品参见下载资料“第 2 章\第 1 节”文件夹中的“断线的风筝. psd”文件。需要的图像素材为下载资料“第 2 章\第 1 节”文件夹中的“SC2-1-2. jpg”。

设计结果

本项目效果如右图所示。

设计思路

参照范例项目，采用“画笔工具”、“渐变工具”等绘制天空、云彩和枫树等要素。

操作提示

(1) 新建一个大小为 800×600 像素、8 位 RGB 模式、白色背景的图像文件，将图像保存为“断线的风筝. psd”。

(2) 新建图层“天空”。设置前景色为 RGB(122，193，253)，背景色为白色。选择“渐变工具”，在工具选项栏中选择“线性渐变”方案。在图像中从上到下拖动鼠标，绘制天空背景。

(3) 新建“白云”图层。选择“画笔工具”，设置笔刷大小为 35 px，“硬度”为 0%，前景色为白色，在天空中绘制云朵。

(4) 新建图层“草坪”。设置前景色为 RGB(221，249，121)，背景色为 RGB(158，202，4)。使用“椭圆选框工具”创建一个椭圆选区，并用“渐变工具”(线性)填充该选区。

(5) 执行“编辑/变换/变形”命令，对草坪图层进行变形，如右图所示。

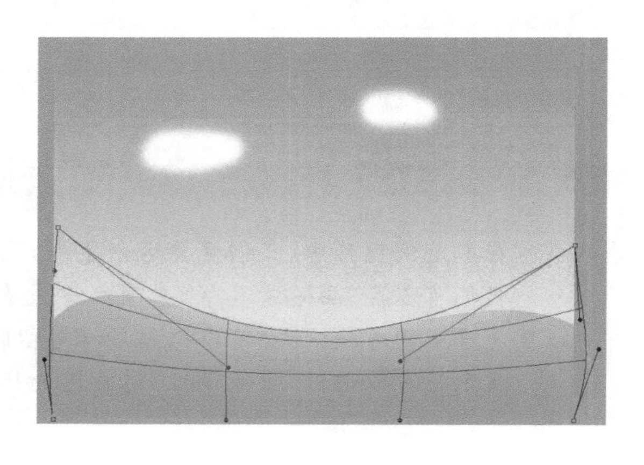

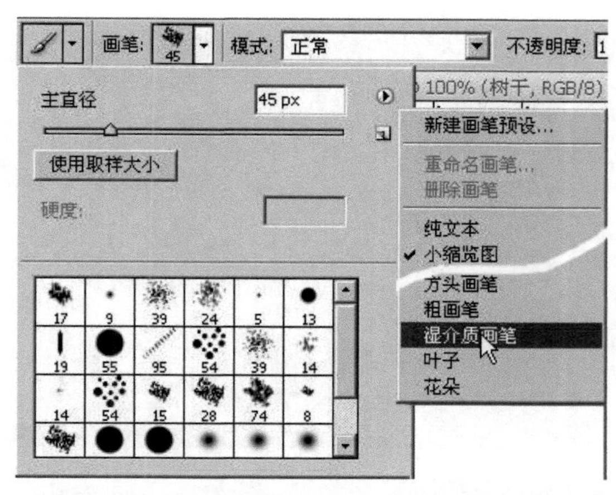

(6) 新建图层“树干”。设置前景色为RGB(129,59,8)。选择“画笔工具”,在工具选项的扩展面板中选取“湿介质画笔”,选择“中头浓描画笔”,设置笔刷大小为45 px,如左图所示。用自定义的画笔绘制树干。

(7) 新建图层“枫叶”。设置前景色为RGB(255,74,3),背景色为RGB(253,199,53)。选择“画笔工具”,在工具选项栏中设置画笔形状为“默认画笔”中的“枫叶”形状,大小为50 px。参照范例步骤设置画笔的形状动态和颜色动态,在图中绘制满树枫叶的效果,如左图所示。

(8) 新建图层“草”。设置前景色为RGB(29,174,36),背景色为RGB(94,174,8)。在“默认画笔”中选择“草”形状,设置笔刷大小为55 px,在图中绘制近处的小草。参照范例步骤设置画笔的形状动态和颜色动态,修改笔刷大小为38 px,在图中绘制远处的小草,效果如左图所示。

■ 小贴士

可以执行“窗口/画笔”命令或在项目工具栏的右侧单击“切换画笔调板”按钮打开“画笔调板”,从中我们可以对画笔进行更多设置,大家可以在学习中不断尝试。

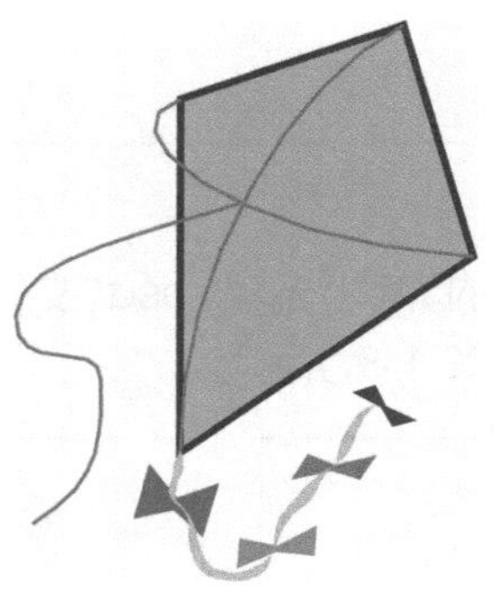

(9) 打开下载资料“第2章\第1节”文件夹中“SC2-1-2. jpg”文件,如左图所示。

(10) 使用“魔棒工具”选取图像的白色部分，然后执行“选择/反向”命令，选中风筝。将图片复制并粘贴到已经绘制好的“断线的风筝”图片中，执行“编辑/自由变换”命令调整风筝的大小及位置，如右图所示。

(11) 单击工具箱拾色器的前景色色块，弹出“拾色器”窗口，此时画面的鼠标指针变成“吸管工具”形状，用鼠标单击风筝线，即可将前景色设置为当前拾取的颜色，如右图所示。

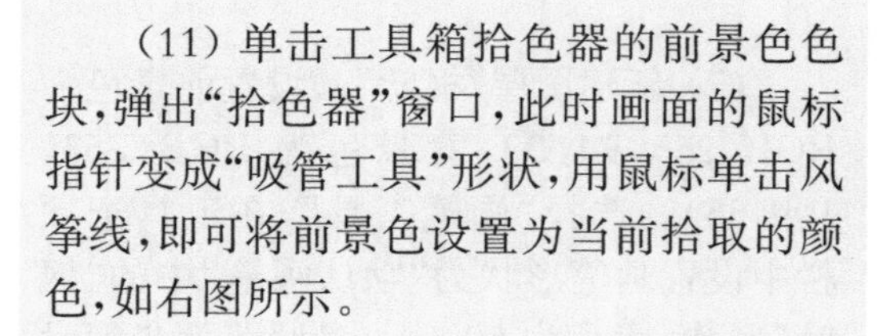

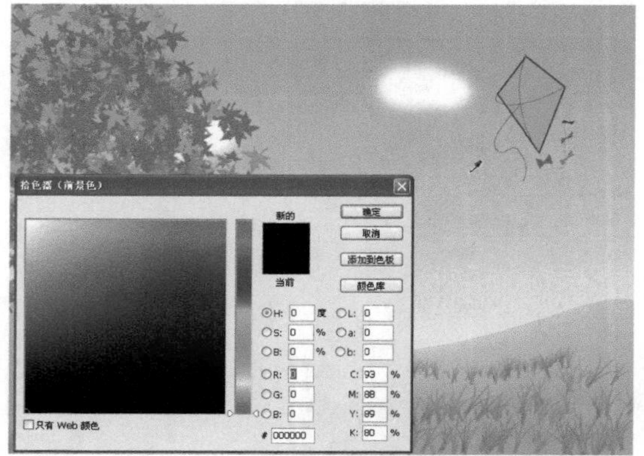

(12) 新建图层“风筝线”，选择“画笔工具”，设置笔刷大小为 1 px，在画面中绘制风筝的断线，如右图所示。

(13) 为图片添加文字。设置前景色为 RGB(133，209，241)，选择“横排文字工具”，设置字体为华文行楷，大小为 60 点，输入“断线的风筝”文字，在图层的“混合选项”中勾选“外发光”图层样式。

(14) 将作品存储为“断线的风筝.jpg”。

初露锋芒——“两小无猜”效果制作

路径指南

本例作品参见下载资料“第 2 章\第 1 节”文件夹中的“两小无猜.psd”文件。需要的图像素材为下载资料“第 1 章\第 3 节”文件夹中的“SC2-1-3.jpg”。

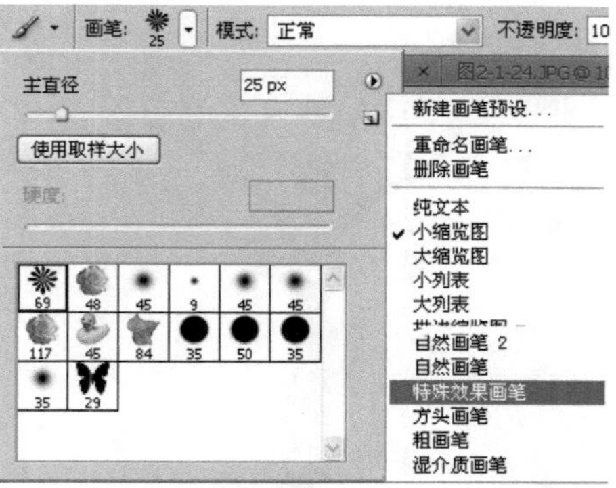

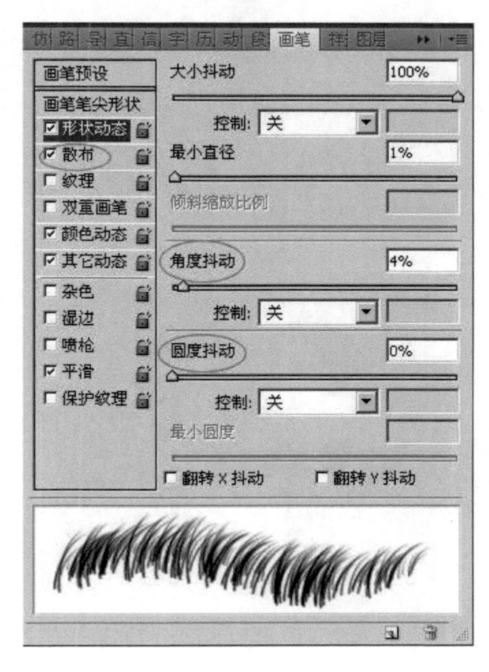

设计结果

本项目的效果如左图所示。

设计思路

使用"画笔工具"分别绘制背景、草地、树干和树叶，然后将人物从素材图像中选取并复制到图像中即可。

操作提示

(1) 新建一个大小为 600×800 像素、8 位 RGB 模式、白色背景的图像文件，将图像保存为"两小无猜. psd"。

(2) 新建图层"背景"，设置前景色为 RGB(230,255,41)，背景色为白色。选择工具箱中的"画笔工具"，在工具选项栏中设置当前画笔类型为"特殊效果画笔"中的"雏菊"形状，画笔笔刷大小为 25 px，如左图所示。参照范例步骤设置画笔的形状动态和颜色动态。用设置好的画笔在当前图层绘制。

(3) 新建"草地"，设置前景色为 RGB(17,199,9)，背景色为 RGB(2,105,10)。选择"画笔工具"，在工具栏选项中选择扩展菜单中的"复位画笔"命令，使用默认画笔替换当前画笔。

(4) 设置笔刷形状为画笔中的"沙丘草"，单击工具选项栏右侧的"切换画笔调板"按钮，在弹出的"画笔调板"对话框中将"形状动态"中的"角度抖动"修改为 4%，"圆度抖动"为 0%；将"散布"页面下的"散布"值修改为 0%，其余设置保持不变，如左图所示。

（5）使用设置好的笔刷，在图中绘制草地图案，效果如右图所示。

■ 小贴士

可在“画笔调板”中对画笔进行更多设置，从而绘制各种不同的效果。

（6）新建图层“树干”。设置前景色为RGB(122,70,36)。选择“画笔工具”，单击当前画笔，选取扩展菜单中的“复位画笔”命令，使画笔恢复默认设置。设置画笔形状为“默认画笔”中的“大涂抹炭笔”，大小为36 px，在图层中绘制树干。

（7）将笔刷大小修改为12 px，保持其他设置不变，绘制树枝。

（8）在“图层”面板中调整图层上下顺序，使得“树干”位于“草地”图层的下方，效果如右图所示。

（9）下面我们要将素材图片中的人物复制到当前图片中。打开下载资料“第2章\第1节”文件夹中的“SC2-1-3.jpg”文件。

（10）使用“磁性套索工具”，在图中建立人物的图像选区，如右图所示。

(11) 复制选区内容，粘贴到“两小无猜”图像文件中，将该图层命名为“小孩”。在“图层”面板中调整图层顺序，使其位于“草地”图层的下方，如左图所示。

(12) 新建图层“树叶”。设置前景色为 RGB(251，193，69)，背景色为 RGB(190，125，24)。

(13) 选择“画笔工具”，单击当前画笔，设置画笔形状为“书法画笔”画笔库中的“椭圆 45 像素”。

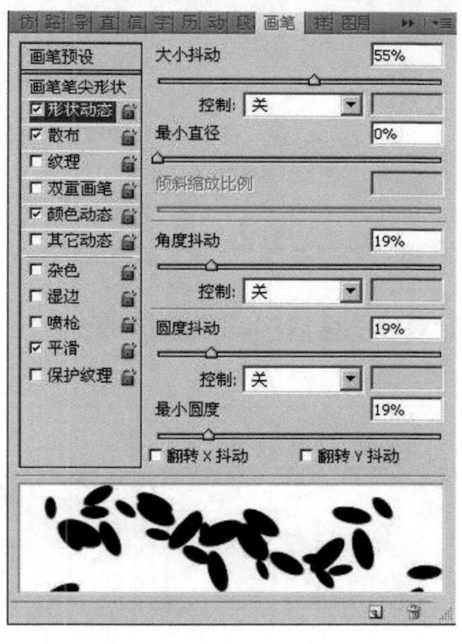

(14) 打开“画笔调板”，在“画笔笔尖形状”项中设置“角度”为－57 度，“间距”为 57%。在“形状动态”项中设置“大小抖动”为 55%，“角度抖动”为 19%，“圆度抖动”为 19%，“最小圆度”为 19%，如左图所示。勾选“散布”项中的“两轴”选项，设置“散布”值为 316%，“数量”为 1。在“颜色动态”中设置“前景/背景抖动”值为 100%，“色相抖动”为 5%。利用设置好的画笔在图中绘制树叶。

(15) 将作品存储为“两小无猜.jpg”。

2.2 仿制图章和图案图章工具的应用

知识点和技能

“仿制图章工具”是在图像修补、效果合成、图像美化过程中最常用的工具。它可以通过对一幅图像的部分或全部取样，然后利用取样进行绘画，从而去除图像痕迹、污点及杂物，或者将取样复制到另一幅图像中，完成图像的修补与合成。“图案图章工具”可以载入用户自定义的图案，并且在画布上绘制出图案样式，满足用户的图像创意需要。

在使用“仿制图章工具”和“图案图章工具”时应该根据自己的需要选择参数并恰当结合其他工具，才会达到最高的效率和最好的修复效果。

范例——制作“海市蜃楼”图像效果

设计结果

平静的沙漠远端，空中出现了城市幻影。这就是被古人称为蛟龙之气的蜃景。

本项目效果如右图所示。（参见下载资料“第 2 章/第 2 节”文件夹中的“海市蜃楼. psd”。需要的图像素材为下载资料“第 2 章/第 2 节”文件夹中的“SC2-2-1. jpg”和“SC2-2-2. jpg”。）

设计思路

首先使用修改过透明度的“仿制图章工具”在新建的图层生成海市蜃楼效果。然后在其他素材图片中指定仿制源，并在新建图层中绘制仿制对象骆驼。最后输入文字，并设置效果。

范例解题导引

Step 1

首先打开素材图像，使用“仿制图章工具”复制图像内容，形成海市蜃楼效果。

（1）执行“文件/打开”命令，打开下载资料“第 2 章\第 2 节”文件夹中的“SC2-2-1. jpg”，如右图所示，将图像另存为“海市蜃楼. psd”。

（2）选择工具箱中的“仿制图章工具”，在工具选项栏中设置圆形笔刷，笔刷“主直径”为 15 px，“硬度”为 0%，“模式”为正常，“不透明度”为 50%，“流量”为 100%，勾选“对齐”复选框，样本选择“当前图层”。

■ 小贴士

将“不透明度”适当降低可以得到半透明的仿制图像。

(3) 因为海市蜃楼是图像中的塔式建筑，因此按下 Alt 键，在素材图像中塔尖位置处单击鼠标进行采样，建立一个仿制源。

(4) 在“图层”面板中创建新图层“海市蜃楼”。将光标移到要绘制图像的位置，拖动鼠标进行仿制，效果如左图所示。

(5) 为了制造景深效果，可以使用快捷键 Ctrl + T 调整绘制图像的大小，缩放时按住 Shift 键以保持图像不发生形变，效果如左图所示。

Step 2

接下来，我们将尝试使用 Photoshop CS4 的多仿制源功能，将其他图片中的素材复制到当前图像中。

(1) 打开下载资料“第 2 章\第 2 节”文件夹中的“SC2-2-2. jpg”，如左图所示。使用“仿制图章工具”将图片中的骆驼复制到“海市蜃楼. psd”图像中。

（2）选择“仿制图章工具”，单击工具选项栏右侧的“仿制源”按钮，打开“仿制源”对话框，选择第二个“仿制源”按钮，在骆驼处按下 Alt 键并单击鼠标进行采样。采样点被存储在“仿制源”对话框中，如右图所示。

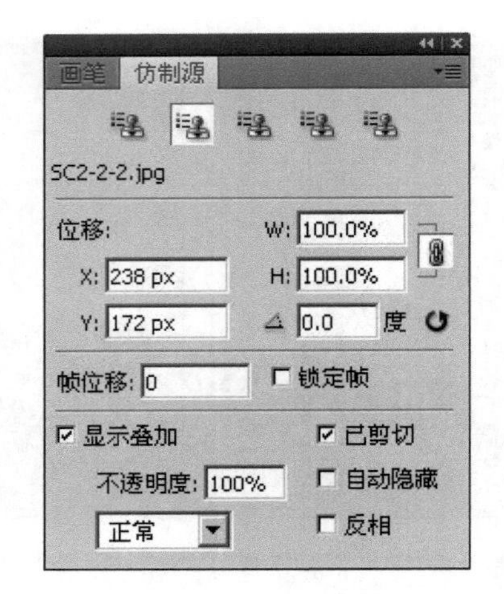

■ 小贴士

在“仿制源”对话框中可以同时存储 5 个仿制源，还可以显示出采样对象所在图层。

（3）回到“海市蜃楼. psd”，在“图层”面板中创建新图层“骆驼”。选中“骆驼”图层，将光标移到要绘制图像的位置，拖动鼠标进行仿制。绘制完成后，可用“橡皮擦工具”对多余的部分进行修饰，效果如右图所示。

（4）下面要根据图像效果适当调整“骆驼”图层的大小和饱和度，使其与背景自然贴合。执行“编辑/变换/缩放”命令，按住 Shift 键调整图像大小。执行“图像/调整/色相/饱和度”命令调整图像饱和度。

Step 3

最后给图片配上文字，并为文字添加一些样式。

（1）选择“横排文字工具”，设置字体为华文行楷，字号为 45 点，选择仿斜体，颜色为 RGB(63,164,254)，在图像左上角输入文字“海市蜃楼”。

（2）在“图层”面板中选中文字图层，单击鼠标右键，选择“混合选项”，打开“图层样式”对话框，勾选“外发光”效果，如右图所示。

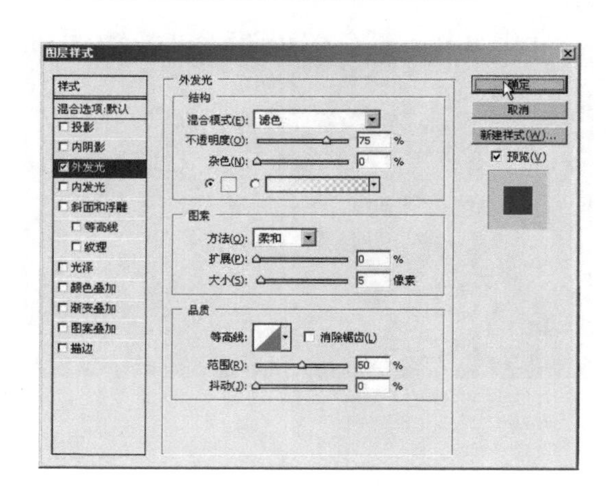

（3）将作品存储为“海市蜃楼. jpg”。

范例项目小结

在本范例项目中，我们主要使用了“仿制图章工具”对图像进行合成，在实际应用中我们还可以利用该工具除去图像中的杂乱部分，使图像看起来更干净整洁。

在使用“仿制图章工具”时必须在按住 Alt 键的同时单击鼠标左键进行取样，然后再到目标位置用合适的笔刷进行涂抹，完成仿制。在 Photoshop CS4 中，可以同时存储 5 个“仿制源”，我们在使用时可以方便地在多个“仿制源”之间切换。

在使用“仿制图章工具”时通常要根据绘图的需要多次采点，并与其他工具和功能菜单结合使用，这样才能使绘制的图像与原图像结合得更加自然。更多技巧需要我们在练习中多加体会。

小试身手——“流水潺潺”效果制作

路径指南

本例作品参见下载资料“第 2 章\第 2 节”文件夹中的“流水潺潺.psd”文件。需要的图像素材为下载资料“第 2 章\第 2 节”文件夹中的“SC2-2-3.jpg”。

设计结果

本项目的效果如左图所示。

设计思路

本例主要运用“仿制图章工具”去除图像中的多余部分，对图像进行美化修饰。

操作提示

(1) 打开下载资料“第 2 章\第 2 节”文件夹中的“SC2-2-3.jpg”，执行“图像/图像大小”命令，将图像大小调整为 800×600 像素。观察打开的图像，其中要除去的分别是左右两侧路上的行人和远处正在施工的建筑，如左图所示。

(2) 选择“仿制图章工具”。在工具选项栏中设置圆形笔刷，设置笔刷“主直径”为 15 px，“硬度”为 0%，“模式”为正常，“不透明度”为 50%，“流量”为 100%，取消“对齐”复选框的勾选，样本选择“当前图层”，在图像左侧需要除去的行人附近按住 Alt 键进行点击采样。在“图层”面板中新建“图层 1”，按照透视方向绘制，这样可以使绘制的结果更自然。

■ 小贴士

取消选择“对齐”，会在每次停止并重新开始绘制时使用初始取样点中的样本像素。

(3) 重复多次采样与图像绘制，直至图像左侧行人完全清除干净，效果如右图所示。

(4) 在“图层”面板中选择“背景”图层，对右侧马路进行采样。新建“图层 2”，用鼠标涂抹以进行修复。

(5) 反复采样，注意阴影和树木、草坪的衔接。右侧树木的阴影也可以使用“画笔工具”选择适当颜色进行修补。水池两侧大理石台面上的倒影需要放大后用“仿制图章工具”除去，效果如右图所示。

(6) 将作品存储为“流水潺潺.jpg”。

初露锋芒——“卡通相框”效果制作

路径指南

本例作品参见下载资料“第 2 章\第 2 节”文件夹中的“卡通相框.psd”文件。需要的图像素材为下载资料“第 2 章\第 2 节”文件夹中的“SC2-2-4.jpg”～“SC2-2-6.jpg”。

设计结果

本项目的效果如左图所示。

设计思路

将卡通狮子图片调整大小后定义为图案，在设定的矩形选区内使用“图案图章工具”绘制出卡通相框图案，再修改“图层样式”，使相框具有立体感。相框内照片的合成可以使用“魔棒工具”和“仿制图章工具”共同绘制。

操作提示

（1）打开下载资料“第 2 章\第 2 节”文件夹中的“SC2-2-4. jpg”，如左图所示，将图像另存为“卡通相框. psd”。

（2）下面我们在树干后面添加一只狮子，让整幅画更加生动。打开下载资料“第 2 章\第 2 节”文件夹中的“SC2-2-5. jpg”，如左下图所示。选择“魔棒工具”，点击图片的空白处，执行“选择/反向”命令，选中图中的狮子。

（3）为了使狮子放在相片中树的后面，首先需要将树干复制一遍。这里选择“仿制图章工具”，在合适的位置按下 Alt 键进行采样。在“图层”面板中新建“图层 1”，拖动鼠标进行绘制。注意将采样点和绘制点设置在同一位置，这样可以保证新建图层里绘制的树干和原图中树干的位置相同。若未能准确对齐，则可在绘制完成后利用“移动工具”进行位置的调整。

■ 小贴士

这种修改也可使用“历史记录画笔”或选区的复制和粘贴来完成。

(4) 将选中的狮子复制并粘贴到照片图像中，执行“编辑/变换/缩放”命令，调整狮子的大小，将该图层命名为“狮子”。打开“图层”面板，将调整好的“狮子”图层拖动到“背景”图层和“图层 1”之间，效果如右图所示。

(5) 新建图层“相框”。首先使用快捷键 Ctrl + A 选择整张图片，然后选择“矩形选框工具”，在工具选项栏中选择“从选区中减去”模式，绘制略小的矩形选区，形成相框选区。设置前景色为 RGB(210, 211, 208)，执行“编辑/填充”命令进行填充，效果如右图所示。

(6) 打开下载资料“第 2 章\第 2 节”文件夹中的“SC2-2-6. jpg”，如右三图所示。

(7) 在“图层”面板中双击“背景”图层，在弹出的对话框中点击“确定”按钮，使得锁定的“背景”图层转化为普通图层“图层 0”。使用“魔棒工具”选取图像中白色部分，按 Delete 键删除。执行“图像/图像大小”命令将狮子图像改为 80×80 像素大小。

(8) 执行“编辑/定义图案”命令，在弹出的“图案名称”对话框中将该图案命名为“狮子图章”，点击“确定”按钮，完成图案定义，如右下图所示。

(9) 回到“卡通相框. psd”，在“图层”面板里选中“相框”图层，按住 Shift 键的同时单击图层缩览图，则先前绘制的灰色相框部分将被选中。选择“图案图章工具”(按住“仿制图章工具”不放可找到该工具)。在窗口上方的工具选项栏里设置画笔大小为 80 px，“硬度”为 100%，选择“狮子图章”图案，并勾选“对齐”项。

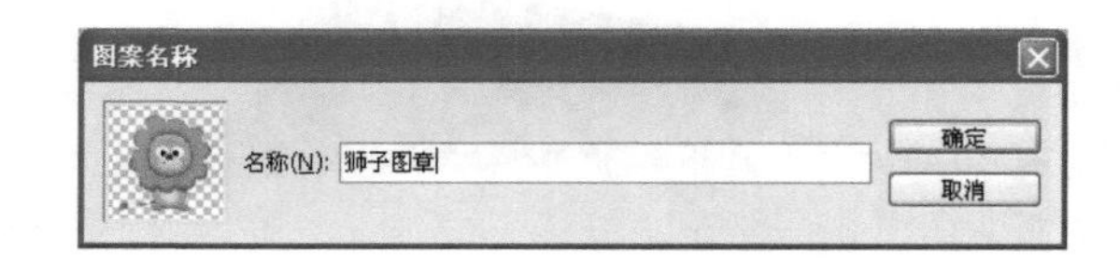

（10）使用“图案图章工具”在选区内绘制卡通图案，效果如左图所示。

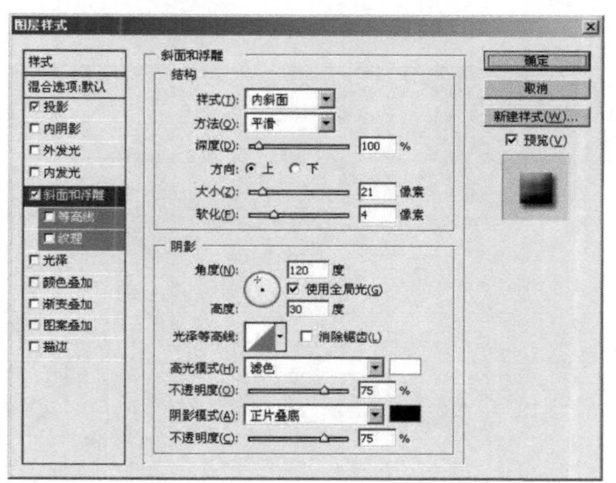

（11）打开“图层”面板，在“相框”图层的“混合选项”设置中，勾选“投影”和“斜面和浮雕”两种效果，如左图所示。

（12）将作品存储为“卡通相框.jpg”。

2.3　形状工具的应用

知识点和技能

利用 Photoshop 中的形状工具，用户可以直接绘制出各种各样的造型，如：矩形、椭圆、多边形等基本形状，也可以绘制由系统本身提供的大量自定义形状，实用且方便。

范例——“圣诞贺卡”效果制作

设计结果

北风吹，雪花飘；铃儿叮当，雪人放哨；圣诞来到，快乐滔滔。

本项目效果如左图所示。（参见下载资料“第 2 章\第 3 节”文件夹中的“圣诞贺卡.psd”。需要的图像素材为下载资料“第 2 章\第 3 节”文件夹中的“SC2-3-1.jpg”。）

设计思路

首先用“渐变工具”绘制卡片背景，再使用“自定形状工具”中的雪松形状绘制透明度不同的雪松背景。然后利用形状工具中的 3 种雪花形状在卡片上绘制大小不同的雪花形状。最后为图像添加雪人并配上文字。

范例解题导引

Step 1

首先新建一个 800×600 像素大小的文件，使用“渐变工具”和“自定形状工具”绘制渐变背景和雪松。

(1) 执行“文件/新建“命令，在 Photoshop 中新建一个大小为 800×600 像素、8 位 RGB 模式、白色背景的图像文件，将图像存储为“圣诞贺卡. psd”。

(2) 设置前景色为白色，背景色为 RGB(92,152,178)。选择工具箱中的“渐变工具”，在工具选项栏中选择“径向渐变”方式。将鼠标从图像左下角拖放至右上角，在“背景”图层中绘制渐变背景，如右上图所示。

(3) 在工具箱中选取“自定形状工具”，在窗口上方的工具选项栏中选择“填充像素”模式，单击“形状”右侧图形，在弹出的面板中点击三角形按钮打开扩展菜单，选取“自然”形状库，在“自定形状”面板中选择左上角的“雪松”形状，将前景色设置为白色，如右图所示。

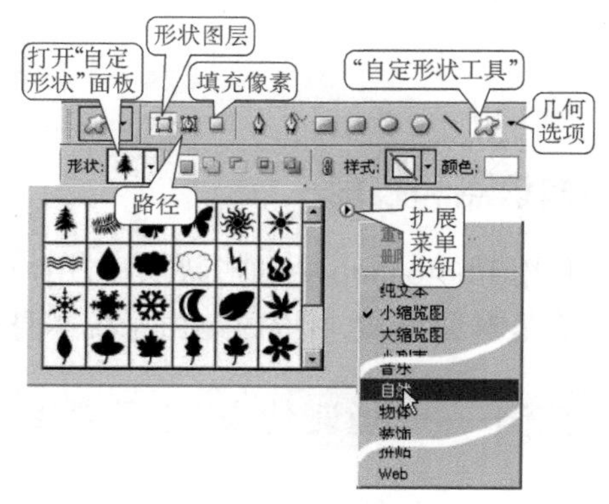

(4) 在“图层”面板中新建图层“雪松1”。用“自定形状工具”在图像左侧绘制出一个较大的雪松形状，在“图层”面板中设置图层的“不透明度”为 29%。

(5) 重复步骤(4)，新建图层“雪松2”，用“自定形状工具”绘制另一个略小的雪松形状。如果形状的大小和位置不合适，可以执行“编辑/自由变换”命令(或使用快捷键 Ctrl + T)进行适当的调整，效果如右图所示。

Step 2

将雪人插入到图片中，并使用形状工具绘制不同的雪花形状。

（1）打开下载资料“第 2 章\第 3 节”文件夹中的“SC2-3-1. jpg”，如左图所示。

（2）选取“魔棒工具”，在其工具选项栏中取消“连续”项的勾选。点击画面蓝色部分以选中图中所有的蓝色背景区，然后执行“选择/反向”命令选取素材图片中的雪人。将其复制并粘贴到正在编辑的圣诞卡片中，将图层名改为“雪人”。执行“编辑/自由变换”命令调整雪人的位置和大小。

（3）接下来我们使用“自定形状工具”中的雪花形状绘制雪花。选择“自定形状工具”，在工具选项栏的“自定形状”面板中，“自然”形状库中有“雪花 1”～“雪花 3”三种形状。参照雪松，新建图层后进行形状的绘制。复制图层，使用快捷键 Ctrl + T 调节形状的大小、位置以及角度，同时在“图层”面板中设置图层的“不透明度”，形成深浅不一的雪花，效果如左图所示。

■ 小贴士

为了便于管理，可以给每个雪花图层重命名并编号。选择图层中的对象时，也可以利用“移动工具”在画面中相应对象处右击，选取相应的图层名称进行快速选取。

（4）调整雪花图层的位置，使雪人的前后都有雪花，使画面看起来更有层次感，效果如左图所示。

Step 3

为贺卡添加文字并设计图层样式。

(1) 选择"横排文字工具",在工具选项栏中设置字体为 Snap ITC,大小为 28.56 点,颜色为白色。在图片左上角输入文字 Merry Christmas。

(2) 在"图层"面板中选择文字图层的"混合选项",打开"图层样式"对话框,勾选"内阴影"样式,其余参数不变,如右图所示。

(3) 将作品存储为"圣诞贺卡.jpg"。

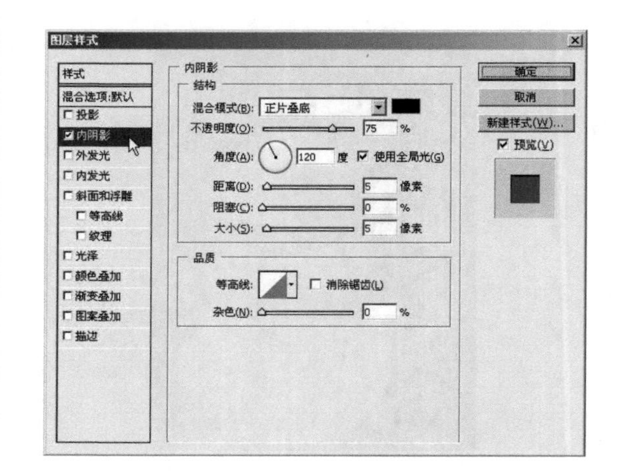

范例项目小结

在本范例项目中,我们主要利用 Photoshop 所提供的"自定形状工具"的形状库绘制一张圣诞贺卡,其他更丰富的形状运用还需要在以后的学习中不断体会。

形状工具中,除了矩形、圆形等常用形状外,Photoshop 还提供了自定义形状用于绘图,比起之前所学的"画笔工具",大大丰富了我们的选择余地。

对于选定的形状工具,我们可以通过形状选项进行相关设置。不同的形状工具,其选项是不同的,例如,对于"直线工具",我们可以设置其两端是否带有箭头,箭头形状如何等。

形状工具绘制时有"形状图层"、"路径"和"填充像素"三种状态,可在工具选项栏中设置。选中"填充像素",相当于建立选区后填充前景色;选中"形状图层"可绘制填充前景色的矢量形状图层;选中"路径"时,仅绘出路径,不填色。在后两种模式下,既可使形状被编辑和管理,还可以定义自己的形状。有关这部分的内容我们将在以后的章节中进行详细的阐述。

小试身手——"江南水乡"效果制作

路径指南

本例作品参见下载资料"第 2 章\第 3 节"文件夹中的"江南水乡.psd"文件。需要的图像素材为下载资料"第 2 章\第 3 节"文件夹中的"SC2-3-2.jpg"。

设计结果

本项目效果如左图所示。

设计思路

首先对素材图片做层次叠加处理。然后选择形状工具绘制形状，并将形状转换为选区，在选区内复制背景图案，并设置图层样式。最后添加文字即可。

操作提示

（1）在 Photoshop 中新建一个大小为 800×600 像素、8 位 RGB 模式、白色背景的图像文件，将图像保存为“江南水乡.psd”。

（2）打开下载资料“第 2 章\第 3 节”文件夹中的“SC2-3-2.jpg”，如左图所示。

（3）将素材图像复制到新建图像的“图层 1”，因为素材图像较大，所以在新建的图像文件中不能看到素材图像的全部。

（4）移动画面，使其中心位置位于画布中心偏右。打开“图层”面板，设置“图层 1”的“不透明度”为 70%。

（5）再次将素材图像复制到新建图像中，形成“图层 2”。使用快捷键 Ctrl + T 调整图像的大小，效果如左图所示。

（6）在“图层”面板中点击“图层 1”，按住 Ctrl 键点击“图层 2”，同时选中两个图层。执行“图层/合并图层”命令，将当前选中的两个图层合并为一个“图层 1”。

（7）选择“自定形状工具”，在工具选项栏中选择“形状图层”模式，选择“自然”形状库中的“太阳 1”形状，然后在图中按住 Shift 键绘制太阳，如左图所示。此时，“图层”面板中将创建一个名为“形状 1”的形状图层。

(8) 下面我们要将路径转换为选区。打开“路径”面板，选择“形状 1 矢量蒙版”层，单击“路径”面板下的“将路径作为选区载入”按钮，如右图所示，路径将转换为选区。

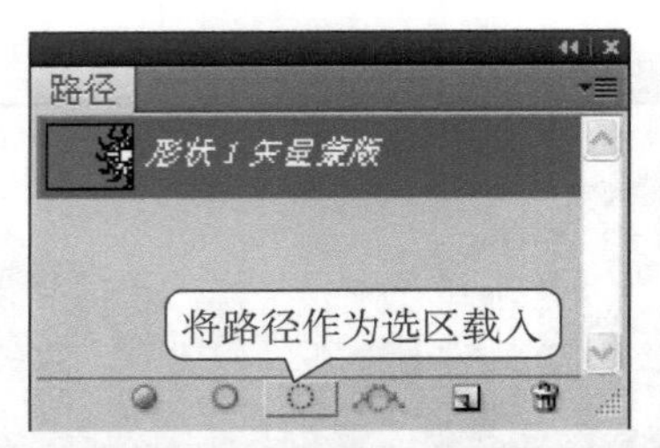

(9) 回到“图层”面板，删除“形状 1”图层。

■ 小贴士

这里我们也可以采用“自定形状工具”的“路径”模式直接创建路径，获得相应的选区。

(10) 选择“图层 1”，复制并粘贴选区，使得选区内的图像成为新图层，命名为“图层 2”。

(11) 在“图层 2”的“混合选项”中，勾选“斜面和浮雕”，设置“样式”为“浮雕效果”，“深度”为 83%，其余设置保持不变，如右二图所示。点击“确定”按钮，图层内容将被立体化，效果如右三图所示。

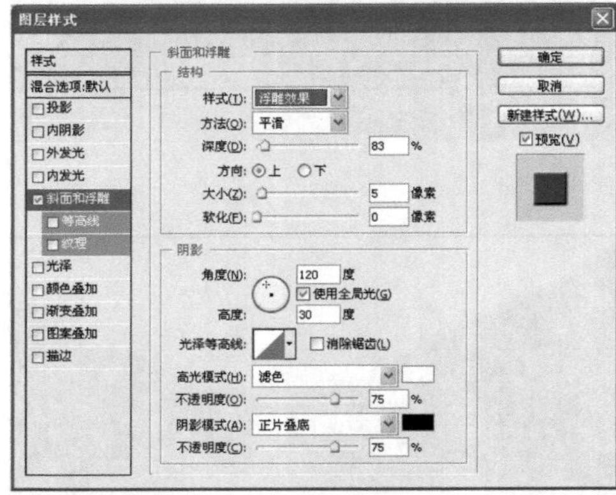

■ 小贴士

这种制作凸底样式的方法还可以用来制作木刻文字、云彩文字等等。

(12) 选择“横排文字工具”，在工具选项栏中设置字体为方正舒体，大小为 32.56 点，颜色为 RGB(235，237，239)。输入“江南水乡”标题文字，在文字图层的“混合选项”中勾选“投影”图层样式，效果如右图所示。

(13) 将作品存储为“江南水乡.jpg”。

初露锋芒——“月光下歌唱”效果制作

路径指南

本例作品参见下载资料“第 2 章\第 3 节”文件夹中的“月光下歌唱.psd”文件。需要的图像素材为下载资料“第 2 章\第 3 节”文件夹中的“SC2-3-3.jpg”。

设计结果

本项目效果如左图所示。

设计思路

先使用“云彩”滤镜制作云雾效果，再使用“渐变工具”绘制雪地前景，将素材图像“小红帽”放置在图像中并制作阴影。然后使用“形状工具”制作月亮、音符和相框。最后添加文字。

操作提示

（1）在 Photoshop 中新建一个大小为 800×600 像素、8 位 RGB 模式、白色背景的图像文件，将图像存储为“月光下歌唱.psd”。

（2）设置前景色为 RGB(92，152，178)，执行“编辑/填充”命令，为“背景”层填充前景色。

（3）将背景色设置为白色。新建图层“云彩”，执行“滤镜/渲染/云彩”命令。在“图层”面板里设置该图层的“混合模式”为“点光”，如左图所示。

（4）接下来我们用渐变工具绘制雪地效果。选择“椭圆选框工具”，在图像底部选出雪地轮廓。新建图层“雪地”，选取“渐变工具”，在窗口上方工具选项栏中打开“渐变编辑器”，将三个色标分别设置为位置 0% 的 RGB(255，255，255)，位置 30%的 RGB(176，176，176)，位置 0%的 RGB(199，199，199)，如左图所示。在选区中自上而下拖动鼠标，创建渐变的雪地效果。

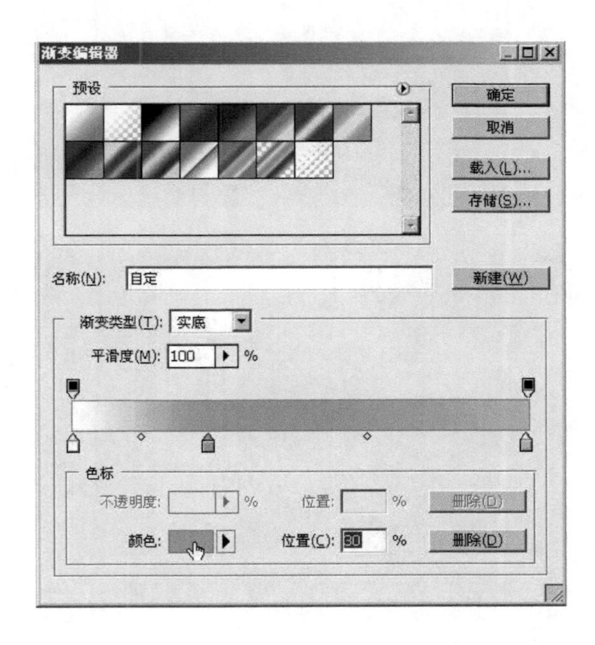

（5）打开“图层”面板，新建“月亮”图层。选择“自定形状工具”，在“自然”形状库中选择“月亮”形状，选择“填充像素”模式，在图中绘制月亮。

(6) 为月亮添加光晕。复制“月亮”形状图层，将其重命名为“光晕”，执行“滤镜/模糊/高斯模糊”命令，在弹出的对话框中将模糊“半径”设置为 20。将“光晕”图层拖曳到“月亮”图层的下方，这样有光晕的月亮就绘制好了，效果如右图所示。

■小贴士

滤镜仅对普通图层有效，因此对于文字、形状和矢量蒙版等特殊的图层，我们可以右击图层名称后选择“栅格化”命令，将相应类型的图层转化成普通图层。

(7) 打开下载资料“第 2 章\第 3 节”文件夹中的“SC2-3-3. jpg”，如右图所示。将选取的素材图片复制到我们绘制的图像中，将图层重命名为“小红帽”。使用快捷键 Ctrl + T 对图层进行调整。

(8) 新建“帽子阴影”图层，使用“椭圆选框工具”在帽子下面绘制大小适中的椭圆形选区，执行“选择/修改/羽化”命令，设置“羽化半径”为 15，点击“确定”按钮，创建羽化的椭圆选区。设置前景色为 RGB(151，151，151)，为选区填充前景色。调整图层顺序，使阴影位于帽子下方。将阴影移动到合适的位置，效果如右图所示。

(9) 新建“音符”图层。选择“自定形状工具”，在选项工具栏中设置“形状图层”模式，选择“音乐”库中不同的音符形状，在图中用任一形状进行绘制，同时可以使用快捷键 Ctrl + T 调整形状的大小、位置和角度，效果如右图所示。

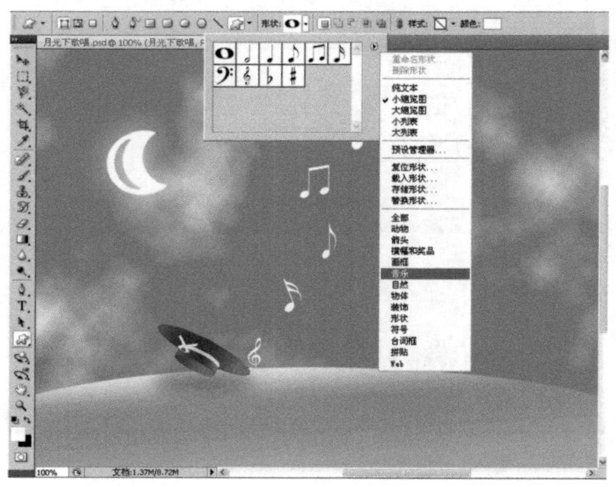

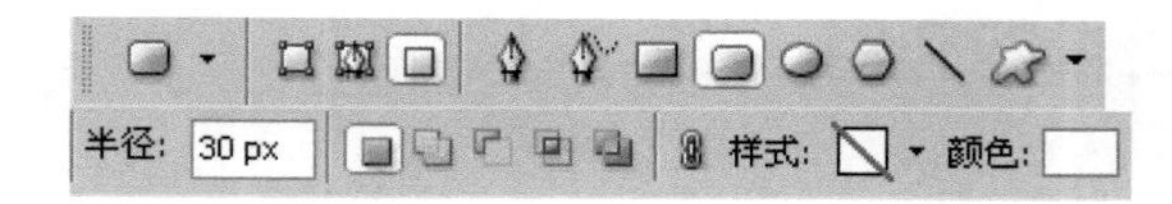

（10）下面我们来绘制相框。这里我们要使用“圆角矩形工具”。在工具箱中选择“圆角矩形工具”，设置“半径”为30 px，“填充像素”模式，如左图所示。

（11）在“图层”面板中新建图层“相框”，用设置好的工具进行绘制，得到一个四周留边的圆角矩形。在“图层”面板中，按住Ctrl键的同时点击形状图层的缩览图，选取整个圆角矩形。按Delete键删除绘制的矩形，仅得到一个圆角矩形的选框。

■ 小贴士

要将形状转化为选区，也可以用前面案例中的方法，通过“路径”面板下的“将路径作为选区载入”选项，直接将相应的形状路径转换为选区。

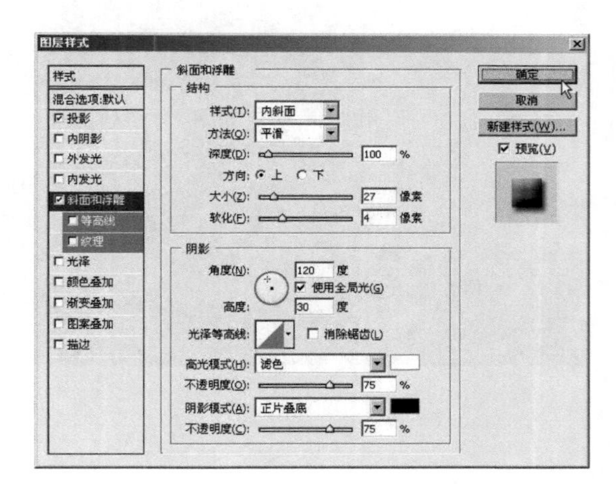

（12）执行“选择/反向”命令，并用RGB(70，153，206)的前景色填充当前选区，效果如左二图所示。

（13）在“相框”图层的“混合选项”中，勾选“斜面和浮雕”，设置“内斜面”样式，“大小”为27像素，“软化”为4像素，如左图所示。

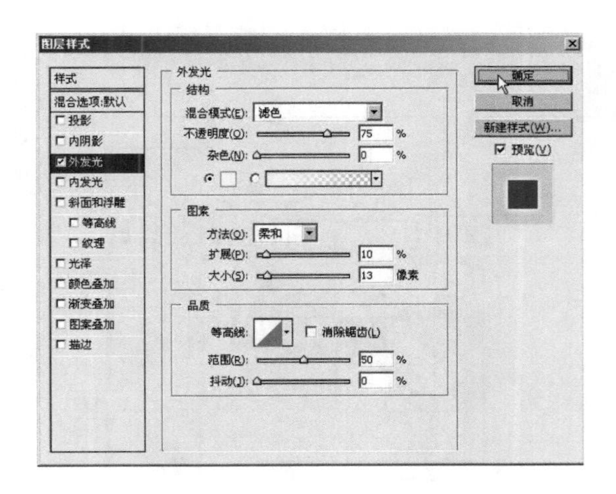

（14）选择“横排文字工具”，输入文字“月光下歌唱”，并为文字图层添加“外发光”效果，设置“扩展”为10%，“大小”为13像素，如左图所示。

（15）将制作完成的作品存储为“月光下歌唱.jpg”。

2.4 渐变工具的应用

知识点和技能

“渐变工具”可以创建多种颜色间的逐渐混合，是 Photoshop 中的一个常用工具，同时也是创作作品的好工具。

我们可以从渐变填充预设中选取或创建自己的渐变，制作出颜色与透明度不同的渐变色。通过渐变选项，我们也可以设置以圆形、线性等各种不同的方式去应用渐变色。此外，也可设置渐变色的填充模式、反向、仿色和透明区域等。

范例——“梦幻壁纸”效果制作

设计结果

闲看庭前花开花落，漫随天外云卷云舒。绘出一张梦幻的壁纸，回归一份闲适的心情。

本项目效果如右图所示。（参见下载资料“第 2 章\第 4 节”文件夹中的“梦幻壁纸.psd”）。

设计思路

首先使用“椭圆选框工具”和“渐变工具”制作花瓣。然后通过复制、旋转、合并图层的步骤，反复操作，绘制花朵形状，通过修改透明度、使用滤镜等方式修改花朵的形态和层次感。最后添加文字加以点缀。

范例解题导引

Step 1

首先填充背景颜色，绘制花瓣形状。

（1）通过新建命令，创建一个大小为 800×600 像素 8 位、RGB 模式、白色背景的图像文件，将新建的文件存储为“梦幻壁纸.psd”。

（2）设置前景色为 RGB(37,68,148)，按快捷键 Alt+Delete，以前景色填充。

（3）设置前景色为白色，选择“椭圆选框工具”，在图中创建椭圆形选区。

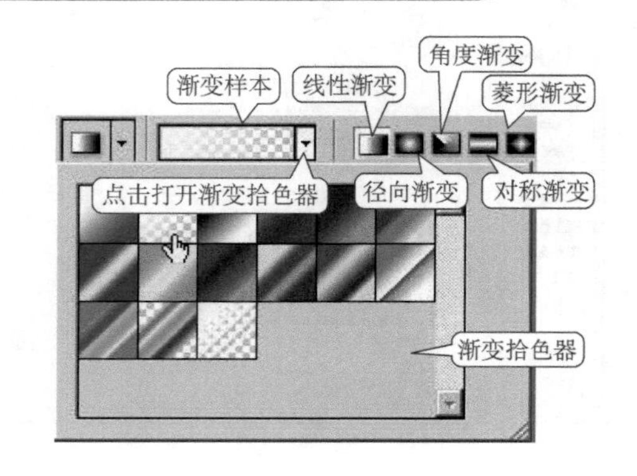

(4) 选择"渐变工具" ，在工具选项栏中单击渐变样本右侧小箭头，在弹出的渐变拾色器中设置白色到透明渐变，如前页右下图所示。单击渐变样本，则会弹出"渐变编辑器"，以供调整预设的渐变色，如左图所示。

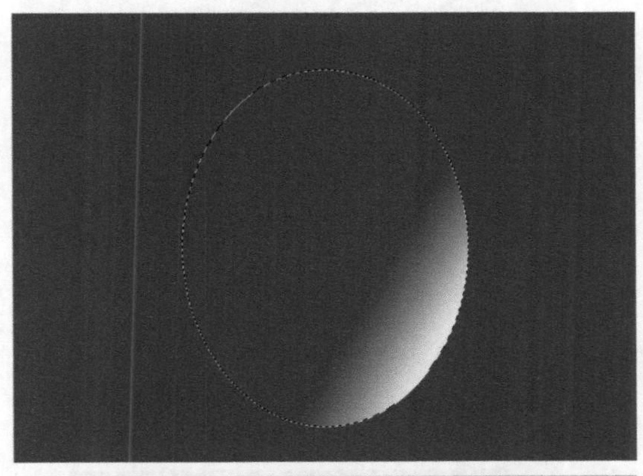

(5) 下面我们绘制花瓣。新建图层，使用"渐变工具"在新图层的椭圆选区中轻轻拖曳一下，效果如左图所示。

(6) 在"图层"面板中将该图层拖放到"创建新图层"按钮 上，得到该图层的副本。

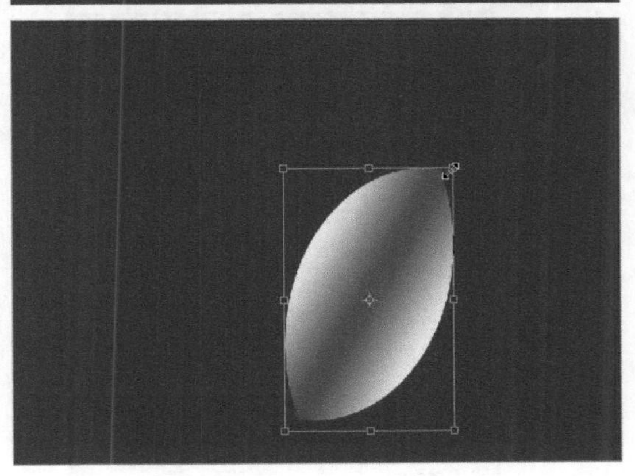

(7) 使用快捷键 Ctrl + T 或执行"编辑/变换/旋转 180 度"命令，旋转复制的图层，适当调整其位置和大小，得到如左图所示的花瓣形状。

(8) 选择"图层 1"，按住 Ctrl 键单击"图层 1 副本"，同时选中这两个图层，执行"图层/合并图层"命令，合并这两个图层。

Step 2

花瓣已经做好了，下面我们需要复制花瓣，并旋转、调整其位置，重复操作得到花朵效果。

（1）复制合并后的花瓣图层。使用快捷键 Ctrl + T 旋转复制的图层，并调整其位置和大小。

（2）重复步骤（1），得到如右图所示的花朵形状。

（3）按住 Ctrl 键，选择所有花瓣图层，在“图层”面板中右击图层名称，执行“合并图层”命令，合并为一个花朵图层。

（4）复制花朵图层，并执行“编辑/自由变换”命令修改花朵的大小、位置和角度。

（5）在“图层”面板中将各花朵图层的“不透明度”分别修改为 25%、43% 和 100%，效果如右图所示。

Step 3

接下来我们使用“风”和“高斯模糊”滤镜为花朵制造动态效果。

（1）复制图像左上角的花朵图层，执行“编辑/变换”命令调整大小，使其比原始图层的花朵图像大。

（2）选中复制好的图层，执行“滤镜/风格化/风”命令。在弹出的对话框中选择“方法”为“风”，“方向”为“从左”，如右图所示，点击“确定”按钮应用风效果。使用快捷键 Ctrl + F 重复执行该滤镜。

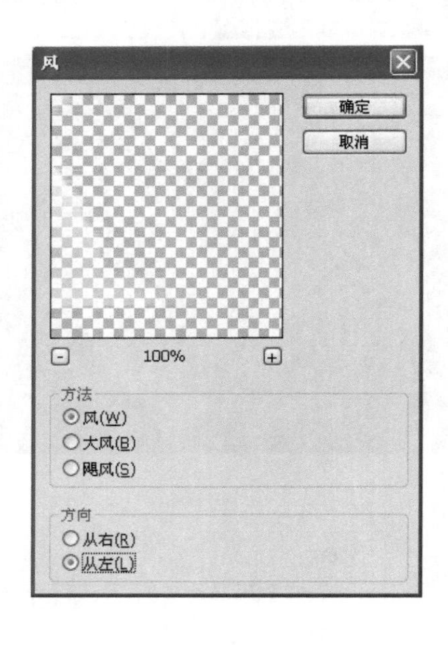

（3）执行“滤镜/模糊/高斯模糊”命令，设置模糊“半径”为 6.1 像素，并使用快捷键 Ctrl + F 重复执行该滤镜。

（4）通过快捷键 Ctrl + T 调整该图层的角度和位置，使其与左上角花朵图形重合，效果如下页左上图所示。

(5) 选择“横排文字工具”，在工具选项栏中设置字体为Lucida Handwriting，字号为40，颜色为白色。在图层中输入字符“Shine forever ...”。在工具选项栏的右侧单击“显示/隐藏字符和段落调板”按钮，在字符面板中单击“仿斜体”*T*样式。

(6) 选择“铅笔工具”，设置默认笔刷中的3px笔刷，按住Shift键，在文字下方画出直线。

(7) 最后将作品存储为“梦幻壁纸.jpg”

范例项目小结

在本范例项目中，我们主要利用渐变色和选区进行造型，得到更灵动的图案。在渐变方式上，除了我们选用的“线性渐变”外，还有“径向渐变”、“角度渐变”、“对称渐变”和“菱形渐变”，不同的渐变方式形成的效果各不相同。在渐变色的设置上，我们既可在渐变工具栏选项中的拾色器中选取系统预设的渐变色，也可以通过“渐变编辑器”中的色标及过渡颜色标志来进行自定义。

有关渐变色的自定义和其他的渐变方式我们将在后面的实例中慢慢了解。

小试身手——“新年快乐”贺卡设计

路径指南

本例作品参见下载资料“第2章\第4节”文件夹中的“新年快乐.psd”文件。

设计结果

项目的效果如左图所示。

设计思路

本项目主要运用“渐变工具”使背景和文字看起来更绚丽生动。

操作提示

(1) 新建一个大小为800×600像素、8位RGB模式、白色背景的图像文件，将新建的文件保存为“新年快乐.psd”。

(2) 选择“渐变工具”，在“渐变编辑器”中选择名为“紫，绿，橙渐变”的渐变色，设置“径向渐变”▇模式。在“背景”图层中从左下角自右上角拖曳鼠标，效果如右图所示。

（3）下面我们要定义半透明的圆圈画笔。新建一个 400×400 像素、8 位 RGB 模式、透明背景的图像文件。

（4）选择“椭圆选框工具”，按住 Shift 键的同时拖动鼠标，绘制一个圆。执行“编辑/填充”命令，在弹出的“填充”对话框中设置“内容”为“黑色”，“混合”中的“模式”为“正常”，“不透明度”为 50%，如右图所示，点击“确定”按钮完成圆的绘制。

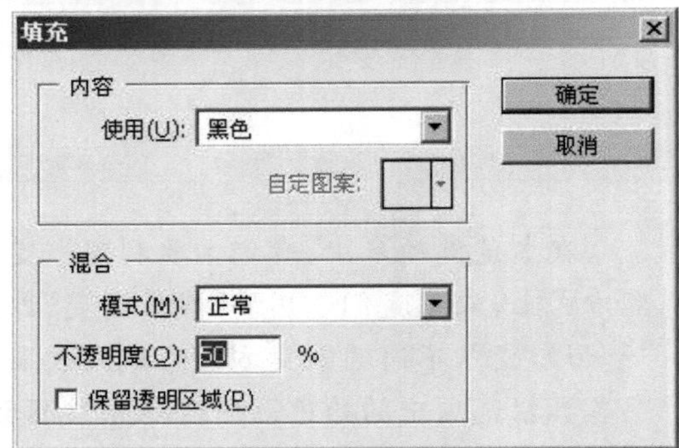

（5）执行“编辑/描边”命令。设置描边宽度为 8 px，颜色为黑色，点击“确定”按钮为圆形描边，如右三图所示。

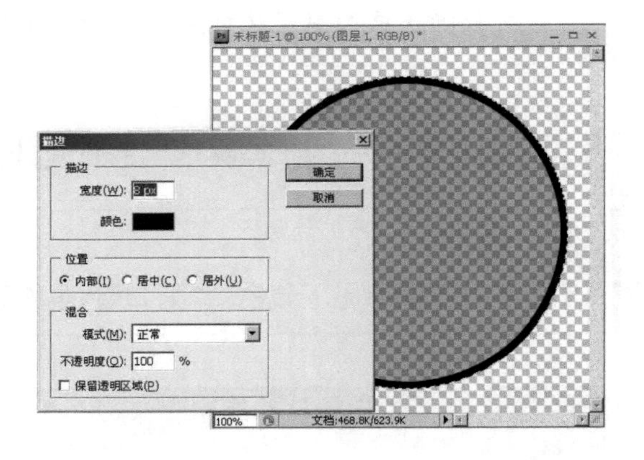

（6）执行“编辑/定义画笔预设”命令，在弹出的对话框中将画笔命名为“圆圈”。

（7）回到正在编辑的“新年快乐”图像，设置前景色为黑色，背景色为白色。选择“画笔工具”，在工具选项栏中设置圆圈画笔的笔刷大小为 350 px。

（8）打开“画笔”面板，在“画笔笔尖形状”选项中设置“间距”为 100%。在“形状动态”选项中设置“大小抖动”为 100%，“最小直径”为 50%。在“散布”选项中勾选“两轴”，并设置“散布”值为最大，“数量”为 5。在“颜色动态”选项中设置“前景/背景抖动”为 100%。

（9）在“图层”面板中新建图层，将该图层“混合模式”设置为“叠加”。使用设置好的“圆圈”笔刷在新建的图层中绘制圆圈背景，效果如右图所示。

(10) 执行“滤镜/模糊/高斯模糊”命令，设置模糊“半径”为 20 像素，使得图像呈现朦胧感。

(11) 新建图层，重复步骤(7)～(10)。将笔刷大小修改为 250 px，将模糊“半径”修改为 4 像素。

(12) 新建图层，重复步骤(7)～(10)。将笔刷大小修改为 130 px，将模糊“半径”修改为 1 像素，效果如左图所示。

(13) 新建图层“文字”。选择“横排文字蒙版工具”。在工具选项栏中设置字体为 Showcard Gothic，大小为 100 点。在图中输入“Happy New Year!”。在任意处单击鼠标，即可得到文字选区，如左图所示。

(14) 选取“渐变工具”。在工具选项栏中单击渐变样本，打开“渐变编辑器”对话框。点击三角形按钮，从扩展菜单中选择“协调色 1”渐变色库中的“色谱渐变”。设置“线性渐变”方式，在选区中从左到右拖曳鼠标，为文字选区填充七彩渐变色。

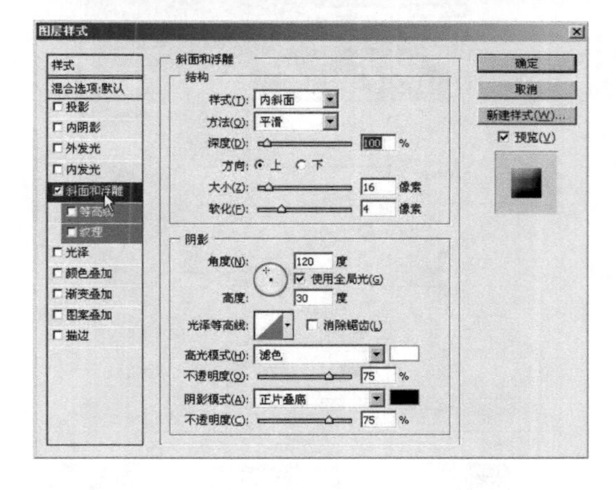

(15) 在“文字”图层的“混合选项”中，勾选“斜面和浮雕”，“样式”选择“内斜面”，“深度”为 100%，“大小”为 16 像素，“软化”为 4 像素，其余参数不变，如左图所示。

(16) 最后，将作品存储为“新年快乐.jpg”。

初露锋芒——“我的光盘”效果制作

路径指南

本例作品参见下载资料“第 2 章\第 4 节”文件夹中的“我的光盘.psd”文件。需要的图像素材为下载资料“第 2 章\第 4 节”文件夹中的“SC2-4-1.jpg”。

设计结果

本项目效果如右图所示。

设计思路

使用“椭圆选框工具”和“渐变工具”制作光盘效果。

操作提示

(1) 首先新建一个大小为 600×600 像素、8 位 RGB 模式、黑色背景的图像文件，将新建的文件保存为“我的光盘.psd”。

(2) 新建图层“光盘”。选择“椭圆选框工具”，在新建图层上按住 Shift 键，画出圆形选区，使用白色填充选区。

(3) 再次用“椭圆选框工具”在新图层上画出较小的同心圆选区，直接按 Delete 键删掉选区内的填充，效果如右图所示。

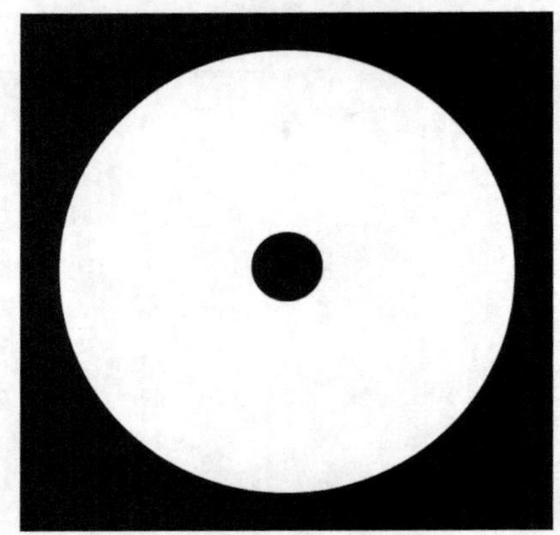

(4) 在“图层”面板中将“光盘”图层的“不透明度”调整为 70%。

(5) 下面我们制作光盘的光泽。选择“渐变工具”，单击渐变样本，打开“渐变编辑器”对话框编辑黑与白相间的渐变色，如右图所示。

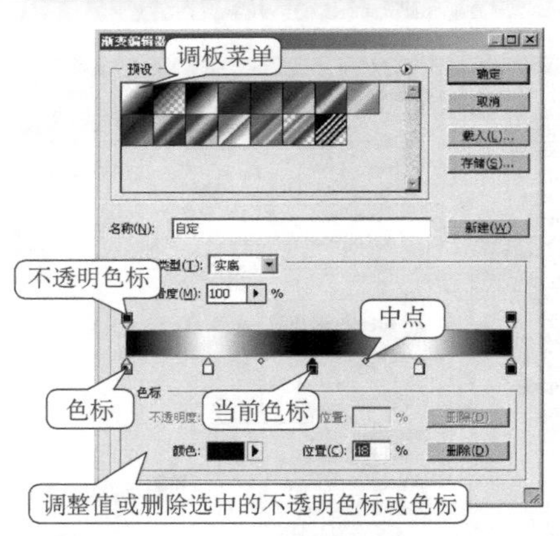

(6) 新建“图层 1”。在工具选项栏中设置“线性渐变”模式，从左到右拖动鼠标填充渐变色。

(7) 执行“编辑/变换/透视”命令，用鼠标将左上角的调节点拖曳到右上角，效果如右图所示。

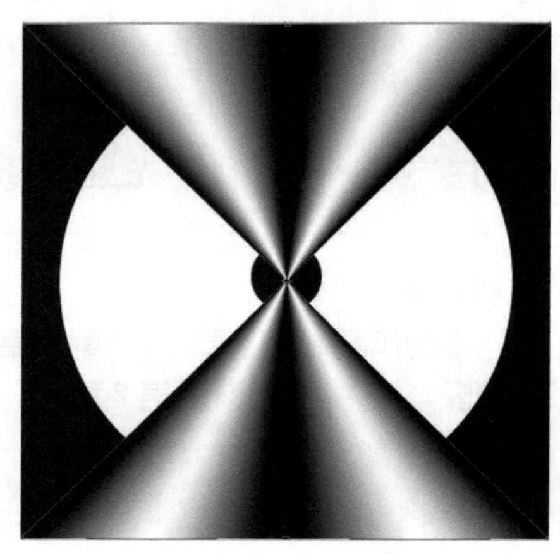

(8) 复制“图层 1”，执行“编辑/变换/旋转”命令，使“图层 1 副本”与“图层 1”之间略有角度偏移。

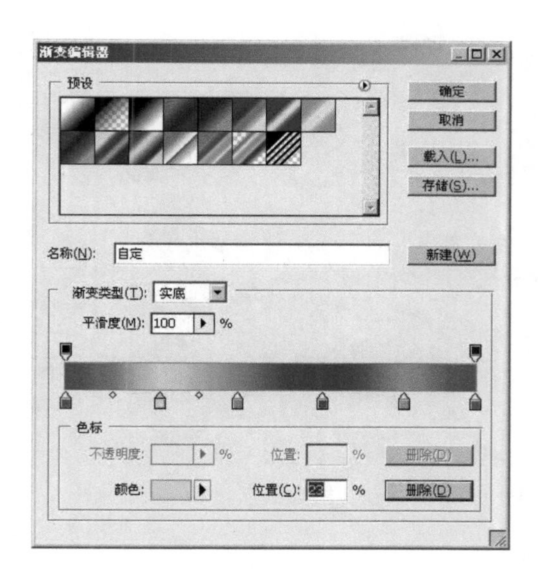

(9) 选择“渐变工具”,在工具选项栏中选取“线性渐变”模式。打开“渐变编辑器”更改渐变色,如左图所示。新建“图层2”,从上到下拖动鼠标填充渐变色。

(10) 执行“编辑/变换/透视”命令,用鼠标将左上角的调节点拖曳到左下角。

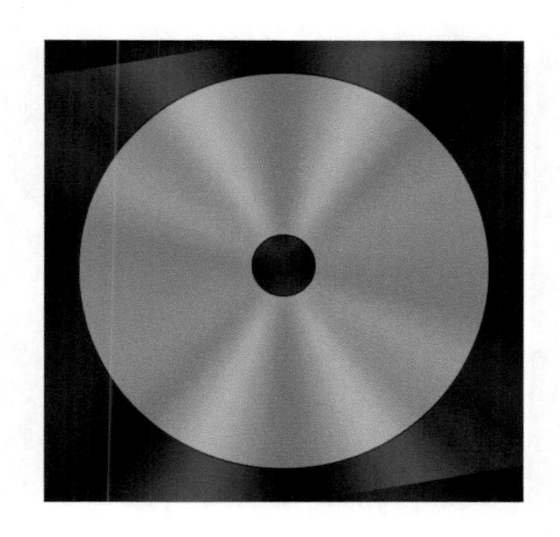

(11) 对“图层1”和“图层2”执行“滤镜/模糊/高斯模糊”命令,设置模糊“半径”为10像素,效果如左图所示。

(12) 下面我们对光盘再做一些细节上的修改。选择“光盘”图层,执行“编辑/描边”命令,设置“宽度”为2px,颜色为灰色,“位置”为“内部”。

(13) 新建“图层3”。选择“椭圆选框工具”,配合Shift键绘制比内圈圆形稍大的圆。执行“编辑/填充”命令,为选区填充白色,设置“不透明度”为50%。执行“编辑/描边”命令为选区描边,设置“宽度”为4px,颜色为灰色。

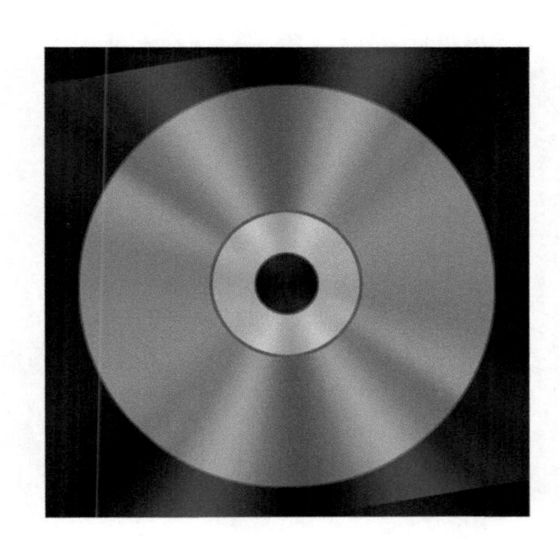

(14) 在“图层”面板中,通过按住Ctrl键单击图层缩览图的方式创建“光盘”图层的内圈圆形选区。回到“图层3”,按下Delete键删除,效果如左图所示。

(15) 下面我们把做好的光盘复制到素材文件中。参照前一步骤,选取“光盘”图层内容范围,执行“图层/合并可见图层”命令拼合图层,按Ctrl + C复制选区内容。

(16) 打开下载资料“第2章\第4节”文件夹中“SC2-4-1.jpg”，如右图所示。

(17) 执行“图像/图像大小”命令，将素材图像的大小修改为800像素×600像素。将复制好的光盘图像粘贴在素材图片中。

(18) 选取光盘图片，复制背景图案中的任意一块区域粘贴到图片中。对粘贴的图片执行“编辑/变换/水平翻转”命令，并将图层的“不透明度”修改为24%。

(19) 最后，将作品存储为“我的光盘.jpg”。

第三章　图像色调与色彩的调整

图像的色调、色彩是影响一幅图像品质最为重要的两个因素。

色彩与色调的调整是Photoshop中非常重要的一项内容。使用这一功能，可以轻松地校正图像色彩的明暗度、饱和度、对比度，改变图像的色泽；还可以处理照片的曝光度，恢复旧照片或模仿旧照片，为黑白照片上色等。

对色调和色彩有缺陷的图像(如:扫描后的图像等)进行调整，会使其更加完美。对一张平淡无奇的普通照片，我们也可以通过色调与色彩的调整来制作各种神奇效果。

3.1　色阶、曲线、亮度/对比度的应用

知识点和技能

当图像偏亮或偏暗的时候，可以用“色阶”、“曲线”、“亮度/对比度”等命令进行调整。

其中，“色阶”命令使用高光、暗调和中间调三个变量来对图像进行调整。利用“输入色阶”编辑框，可使较暗的像素更暗，较亮的像素更亮；利用“输出色阶”编辑框，可使较暗的像素变亮，使较亮的像素变暗。

利用“曲线”命令，可以通过调整曲线表格中曲线的形状，综合地调整图像的亮度和色调范围。较之“色阶”命令，“曲线”命令可以调整灰阶曲线中的任何一点。

利用“亮度/对比度”命令，可以通过滑块方便地调整图像的亮度和对比度。

有关这些命令的使用，我们可以在实例中进一步去体会。

范例——制作“绿水青山”图像效果

设计结果

群山青若黛，江水绿如蓝。自然就是高超的画师，描绘浓墨重彩的美景。

本项目效果如左图所示。(参见下载资料“第3章\第1节”文件夹中的“绿水青山.psd”。需要的图像素材为下载资料“第3章\第1节”文件夹中的“SC3-1-1.jpg”。)

设计思路

首先利用“色阶”和“曲线”命令调整图像整体的明暗对比度，使图像细节对比更强烈。然后使用选区工具单独选出天空部分，利用“曲线”和“亮度/对比度”命令增强天空的明暗对比。

范例解题导引

Step 1

利用“色阶”命令改变图像的色彩灰度范围；利用“曲线”命令调整图像的明暗对比度，使图像细节对比更强烈。

(1) 打开下载资料“第3章\第1节”文件夹中的“SC3-1-1. jpg”，如右图所示。

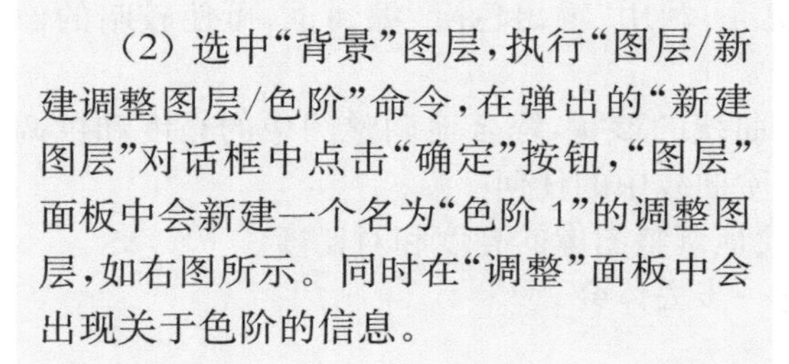

(2) 选中“背景”图层，执行“图层/新建调整图层/色阶”命令，在弹出的“新建图层”对话框中点击“确定”按钮，“图层”面板中会新建一个名为“色阶1”的调整图层，如右图所示。同时在“调整”面板中会出现关于色阶的信息。

■ 小贴士

“图层/新建调整图层/色阶”命令也可以通过“图层”面板下方的“创建新的填充或调整图层”按钮来完成。点击这个按钮后直接选取需要的命令即可。本项目接下来讲到的几个其他调整命令都可以在这里面找到。

(3) 在“调整”面板输入色阶值为(22, 0.61, 148)，如右图所示。这样可以增加图像的色彩对比。

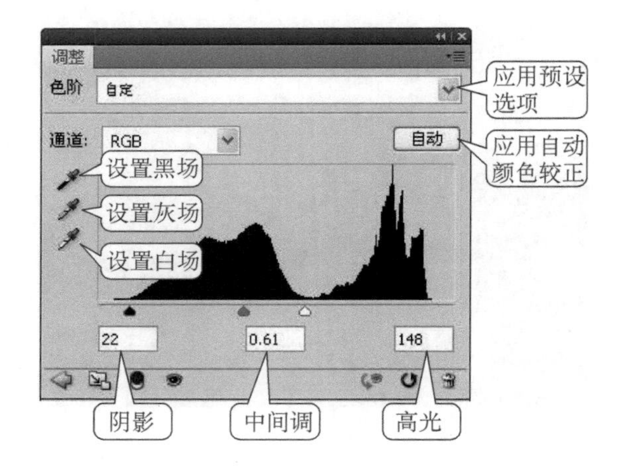

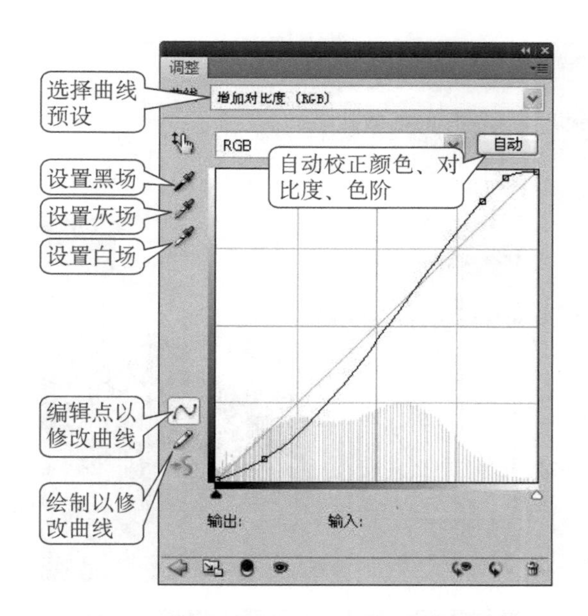

（4）执行“图层/新建调整图层/曲线”命令，在弹出的“新建图层”对话框中点击“确定”按钮，图层面板中会新建一个名为“曲线 1”的调整图层，同时在“调整”面板中会出现关于曲线的信息。在“调整”面板中“曲线”的下拉菜单框中选择“增加对比度（RGB）”选项，按照预设曲线对曲线自动进行调整，如左图所示。这时可以看到图像的明暗细节对比更加强烈，但是天空部分已经曝光过度，所以需要单独对这一部分重新进行调整。

Step 2

复制背景，使用选区工具选取图像的天空部分。

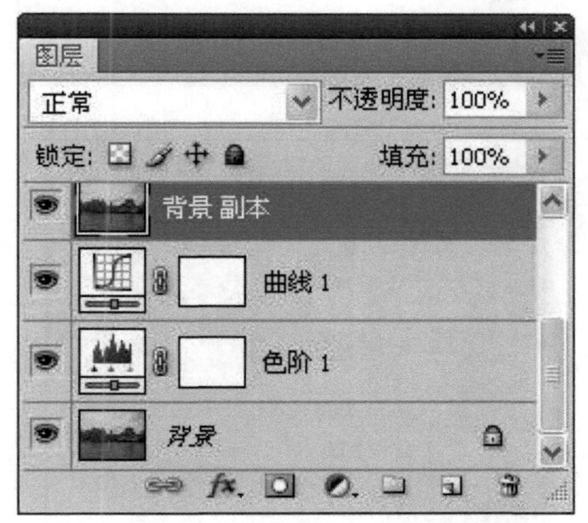

（1）在“图层”面板中把“背景”拖曳到“创建新图层”按钮中，这样就复制出了一个新的图层“背景 副本”。接着把“背景 副本”图层拖曳到所有图层的最上方，如左图所示。

（2）选取“磁性套索工具”，在“背景 副本”图层中选择天空的所有部分。接着执行“选择/反向”命令，如左图所示。使用 Delete 键把选中的部分删除，仅保留天空部分。

Step 3

使用“曲线”和“亮度/对比度”命令增强天空的明暗对比。

（1）执行“图层/新建调整图层/曲线”命令，创建一个名为“曲线 2”的调整图层。在曲线“调整”面板中点选手形按钮，将鼠标置于图像上方，鼠标的光标呈现吸管形状。分别点选天空中最亮和最暗的部分，在曲线图形中会相应的生成两个控制点，它们分别代表图像中点选部分的色彩信息。然后分别调整这两个点的位置，如右图所示。

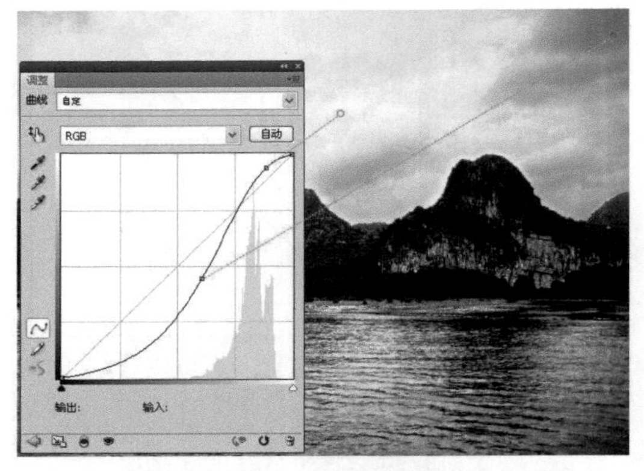

（2）观察图像，发现天空中亮度不够，执行“图层/新建调整图层/亮度/对比度”命令，创建名为“亮度/对比度 1”的调整图层。在亮度/对比度“调整”面板中设置“亮度”为 2，“对比度”为 10，如右图所示。此时图像的亮度和对比度有所提高。

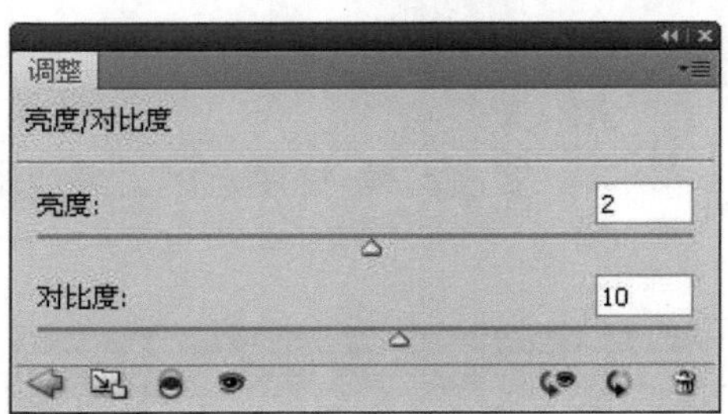

（3）下面要使前两步中的“曲线”和“亮度/对比度”命令都只作用在天空部分。在“图层”面板中，按住 Ctrl 键同时选中“曲线 2”和“亮度/对比度 1”两个图层，右击图层的名称，选择“创建剪贴蒙版”命令，这两个调整图层前面会增加剪贴蒙版图标，如右图所示。这个图标表示当前调整图层仅对它下面的基底图层“背景副本”产生影响。

（4）将作品存储为“绿水青山.jpg”。

在本范例项目中，我们主要通过“色阶”、“曲线”、“亮度/对比度”命令来调整图像的颜色、亮度、明暗对比度等。

这些命令在调整图像的亮度、对比度上都有异曲同工之妙。想要更灵活地运用这些命令，还需要我们在更多的练习中加以体会。

小试身手——“叠岭层峦”效果制作

路径指南

本例作品参见下载资料“第 3 章\第 1 节”文件夹中的“叠岭层峦.psd”文件。需要的图像素材为下载资料“第 3 章\第 1 节”文件夹中的“SC3-1-2.jpg”。

设计结果

本项目的效果如左图所示。

设计思路

为了表现阳光被部分云层遮盖的效果，首先利用“亮度/对比度”命令调整图像的整体亮度和对比度。再利用“曲线”命令整体降低图像亮度，并对它的蒙版进行操作，加强明暗的对比。

操作提示

(1) 打开下载资料“第 3 章\第 1 节”文件夹中的“SC3-1-2.jpg”，如左图所示。

(2) 执行“图层/新建调整图层/亮度/对比度”命令，创建名为“亮度/对比度 1”的调整图层，如左图所示。在亮度/对比度“调整”面板中设置“亮度”为 14，“对比度”为 7。

(3) 执行“图层/新建调整图层/曲线”命令，创建名为“曲线 1”的调整图层，在曲线“调整”面板中点击手形按钮，然后在图像中选择最暗和最亮的两个点，在曲线“调整”面板中调整生成控制点的位置，如右图所示。这时图像的色彩和明暗对比更加强烈。

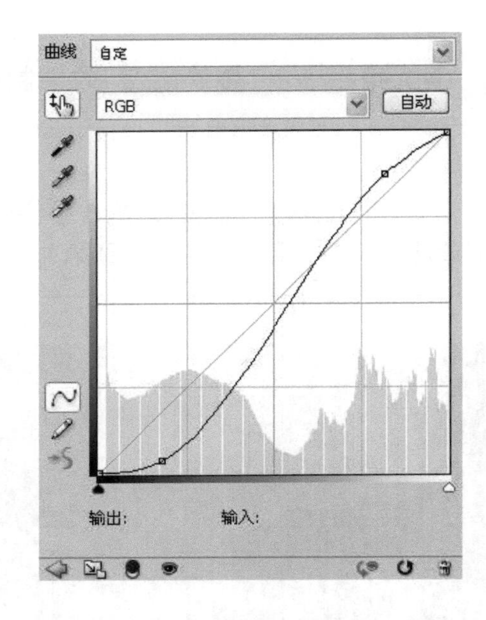

(4) 再次执行“图层/新建调整图层/曲线”命令，创建名为“曲线 2”的调整图层，在曲线“调整”面板中选择 RGB 通道，单击曲线图形生成一个控制点，将该控制点略微下移，从而降低图像的整体亮度，如右二图所示。

■ 小贴士

在曲线图形上单击会生成控制点，将控制点拖曳到曲线所在的框外可删除控制点。

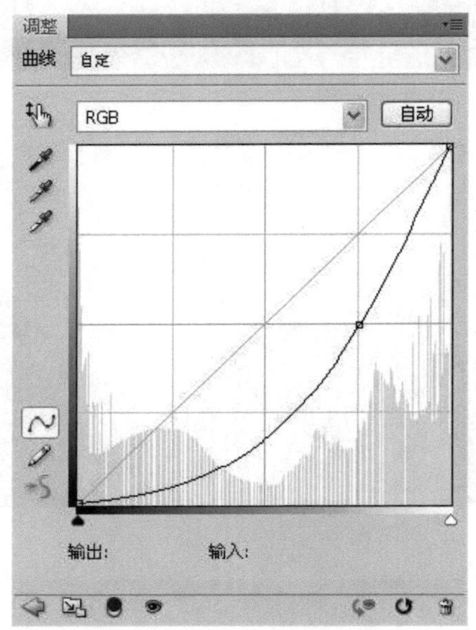

(5) 接下来我们要把图像其中一部分较暗的区域还原成上曲线调整前的样子。在“图层”面板中选中“曲线 2”中的图层蒙版缩览图。设置前景色为黑色，背景色为白色，点选“渐变工具”，在图像中由下向斜上方拉出渐变线，形成由黑到白渐变的蒙版，如右下图所示。

■ 小贴士

蒙版的原理是黑色为完全透明，白色为完全不透明。使用渐变后，当前的调整命令对蒙版中的纯白部分完全作用，对纯黑部分则完全不产生作用。

(6) 将完成的作品存储为“叠岭层峦.jpg”。

初露锋芒——“拨云见日”效果制作

路径指南

本例作品参见下载资料“第 3 章\第 1 节”文件夹中的“拨云见日.psd”文件。需要的图像素材为下载资料“第 3 章\第 1 节”文件夹中的“SC3-1-3.jpg”。

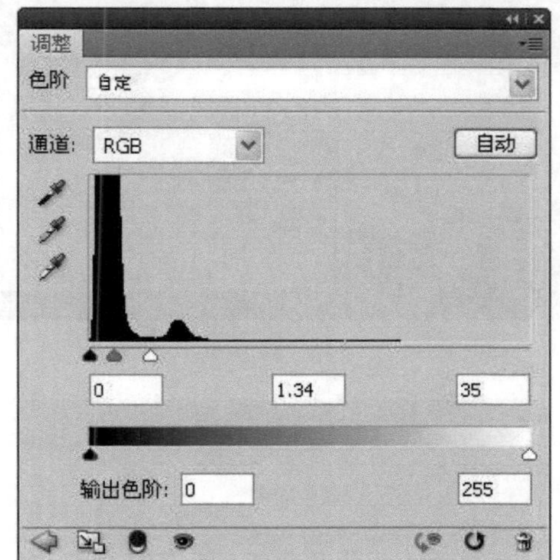

设计结果

本项目效果如左图所示。

设计思路

使用“色阶”命令减少天空和地面的灰度范围。接着利用“亮度/对比度”命令整体调节图像的亮度及对比度。最后利用“曲线”命令调节天空的明暗对比。

操作提示

(1) 打开下载资料“第 3 章\第 1 节”文件夹中的“SC3-1-3.jpg”。我们可以看到图像的地面部分太暗，需要提高亮度。执行“图层/新建调整图层/色阶”命令，新建名为“色阶 1”的调整图层。在色阶“调整”面板中设置它的值为(0，1.34，35)，如左图所示。

(2) 在“图层”面板中选中“色阶 1”的图层蒙版缩览图，设置前景色为 RGB(143，143，143)，背景色为白色。选择“渐变工具”，在图像中由上至下拉出从黑到白的渐变，如左图所示。这样，天空的亮度就能基本恢复到调整前的状态。

（3）执行“图层/新建调整图层/色阶”命令，创建名为“色阶 2”的调整图层，在色阶的“调整”面板中设置它的值为（70，1.27，255），如右图所示。

（4）参照第（2）步，设置前景色为RGB（143，143，143），背景色为白色。在选中“色阶 2”的图层蒙版缩览图的情况下，在图像中使用“渐变工具”，由下至上拉出从黑到白的渐变，如右图所示。可以看到图像中地面的亮度基本恢复到调整前的状态。

（5）执行“图层/新建调整图层/亮度/对比度”命令，创建名为“亮度/对比度 1”的调整图层，在亮度/对比度“调整”面板中设置“亮度”为－9，“对比度”为 8，如右图所示。此时图像的整体亮度都被降低。

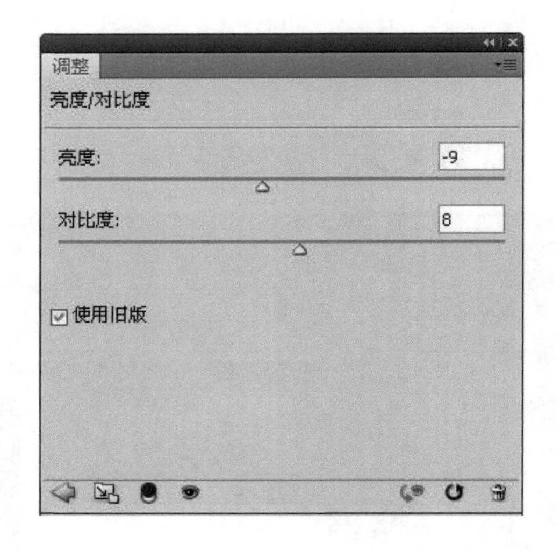

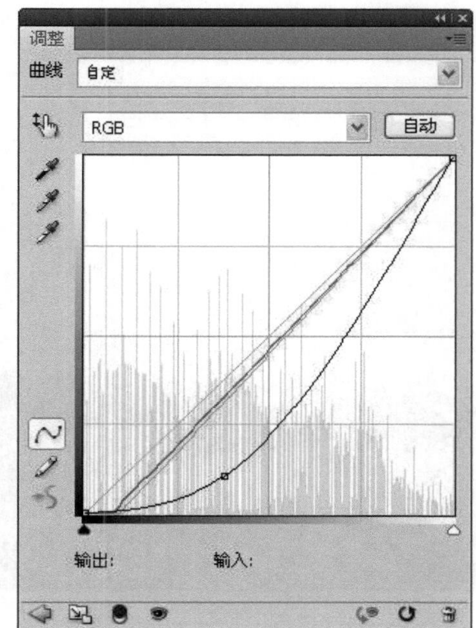

(6) 为了增加天空的对比度,执行"图层/新建调整图层/曲线"命令,创建名为"曲线 1"的调整图层,在"调整"面板中的曲线图形上选择一个控制点稍向下移,如左图所示。

(7) 接下来对地面部分进行色调恢复,依旧参照第(2)步中的设置,使用"渐变工具"在图像中由下至上拉出从黑到白的渐变的蒙版,如左图所示。

(8) 将作品存储为"拨云见日.jpg"。

3.2 色相/饱和度、色彩平衡、通道混合器的应用

知识点和技能

利用"色彩平衡"命令可以粗略地调整彩色图像中颜色的组成,它可以在保持颜色原来亮度值的同时,对图像不同亮度区域进行色彩调整。

利用"色相/饱和度"命令可以让用户非常直观地调整图像的色相、饱和度、明度。

利用"自然饱和度"命令可以在颜色达到最大饱和度时最大限度地减少修剪,增加与已饱和的颜色相比不饱和的颜色的饱和度。

利用"通道混合器*"命令,使用图像中现有(源)颜色通道的混合来修改目标(输出)颜色通道,可以对图像进行创造性的颜色调整。

---

* 通道混合器:软件界面显示为"通道混和器","混和"汉语规范字形应为"混合",全书采用规范字形"通道混合器"。

范例——制作“晨光熹微”图像效果

设计结果

晨光熹微，晓雾弥漫。缥缈的烟雾里，一切都若隐若现。万物从沉睡中渐渐苏醒，迎接那一轮即将从东方升起的红日。

本项目效果如右图所示。（参见下载资料“第 3 章\第 2 节”文件夹中的“晨光熹微. psd”。需要的图像素材为下载资料“第 3 章\第 2 节”文件夹中的“SC3-2-1. jpg”。）

设计思路

复制一个“背景”图层，为其添加“高斯模糊”效果，使图像产生雾蒙蒙的效果；利用调整图层修改图像的颜色，校正为清晨特有的色调。

范例解题导引

Step 1

复制一个“背景”图层并添加“高斯模糊”效果。

（1）打开下载资料“第 3 章\第 2 节”文件夹中的“SC3-2-1. jpg”，如右图所示。

（2）首先将“图层”面板中的“背景”转化为普通图层。双击“背景”图层，在弹出的“新建图层”对话框中将名称改为“背景”，点击“确定”按钮。拖曳“背景”图层到“新建图层”按钮，生成一个“背景副本”图层。把它拖曳到“背景”图层的下方，如左图所示。

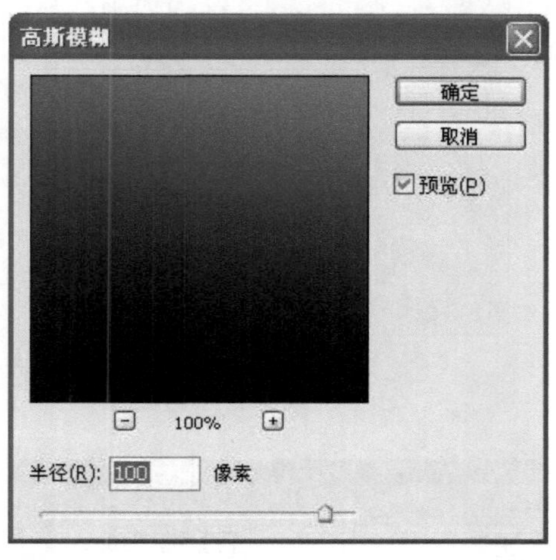

（3）选中“背景 副本”图层，执行“滤镜/模糊/高斯模糊”命令，设置“半径”为100像素，如左图所示。点击“确定”按钮，图像会变得很模糊，但是因为“背景”图层的遮挡看不到效果，所以需要选中“背景”图层，在“图层”面板中把图层的“混合模式”由“正常”改为“滤色”，此时图像将产生雾蒙蒙的效果。

Step 2

利用调整图层修改图像的颜色，校正为清晨特有的色调。

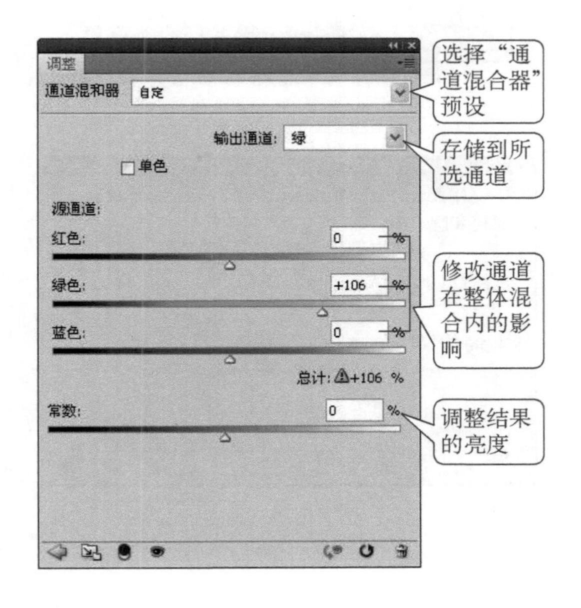

（1）由于图片是傍晚时拍摄的，所以红色调比较多，而清晨是以青色调为主，我们可以利用“通道混合器”来改变它的色彩。执行“图层/新建调整图层/通道混合器”命令，创建名为“通道混合器 1”的调整图层，在通道混合器的“调整”面板中选择“输出通道”为绿，在“源通道”下修改绿色值为+106，如左图所示。这时图像的红色调就淡了很多。

■ 小贴士

对图像进行颜色校正时，可以根据常看到的自然风景中的明暗和颜色来修改，这样可以让图像的看起来更自然。

(2) 因为阳光的作用，图像在太阳和水面反射部分的红色调还是比较多。执行"图层/新建调整图层/色彩平衡"命令，创建名为"色彩平衡 1"的调整图层，在色彩平衡"调整"面板中将"色调"设置为"高光"，"青色-红色"的值设置为－10，如右图所示。

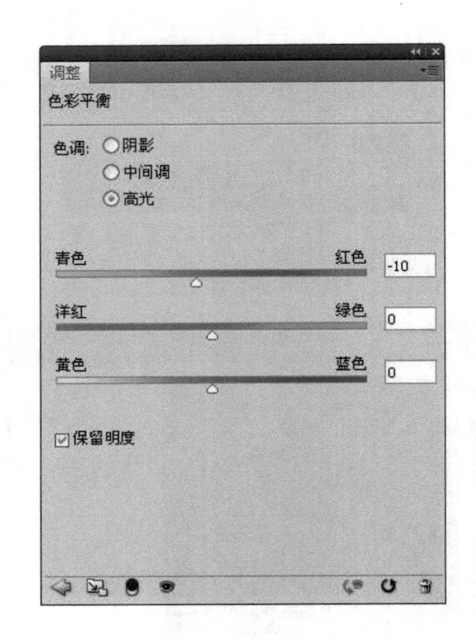

(3) 观察图像，会发现空中的色彩调得有些偏青，所以需要把调整前的色彩恢复一部分。设置前景色为黑色，并在工具栏中选择"画笔工具"，设置画笔的"不透明度"为25%，在"图层"面板中选择"色彩平衡 1"图层的图层蒙版缩览图，然后用"画笔工具"在图像的天空部分细致地涂抹，图层蒙版缩览图中的涂抹效果如右图所示。

(4) 执行"图层/新建调整图层/自然饱和度"命令，创建名为"自然饱和度 1"的调整图层，在"调整"面板中设置"自然饱和度"值为＋30，如右图所示。

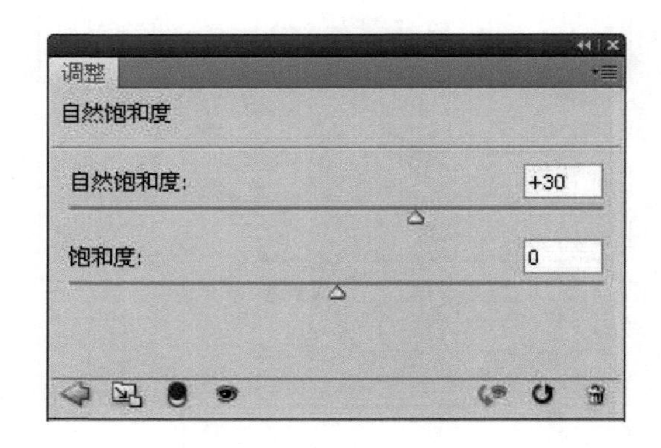

■ 小贴士

这里也可以使用"色相/饱和度"命令，与"自然饱和度"所不同的是，"色相/饱和度"还可以通过更改图像的色相对当前的颜色进行替换。

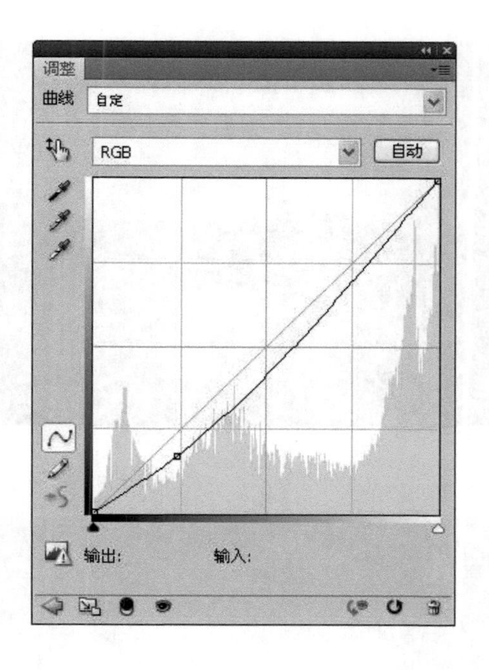

(5) 最后将图像的整体色调调暗一些，执行“图层/新建调整图层/曲线”命令，创建名为“曲线 1”的调整图层，在曲线“调整”面板中的 RGB 曲线图形上点选一个控制点，稍向下移动，如左图所示。

(6) 将作品存储为“晨光熹微.jpg”。

范例项目小结

在本范例项目中，我们主要利用“色彩平衡”、“通道混合器”和“自然饱和度”命令按照需要对图像色彩进行调整。

此外，我们也用到了“高斯模糊”处理图像。

在操作中，有些命令具有异曲同工之妙，我们要通过不断地体验和摸索，采用最方便、最快捷的方法实现我们所要的效果。

小试身手——“夕阳西下”效果制作

路径指南

本例作品参见下载资料“第 3 章\第 2 节”文件夹中的“夕阳西下.psd”文件。需要的图像素材为下载资料“第 3 章\第 2 节”文件夹中的“SC3-2-1.jpg”。

设计结果

本项目的效果如右图所示。

设计思路

首先使用“通道混合器”、“自然饱和度”、“色彩平衡”等命令调整图像的色彩。然后使用“亮度/对比度”命令降低图像的亮度。最后使用“曲线”命令调整图像的明暗对比度。

操作提示

(1) 打开下载资料“第 3 章\第 2 节”文件夹中的“SC3-2-1.jpg”,如右图所示。

(2) 执行“图层/新建调整图层/通道混合器”命令,创建名为“通道混合器 1”的调整图层,在通道混合器“调整”面板的“输出通道”中选择“红”,接着在“源通道”中将红色值设置为+120,如右图所示。

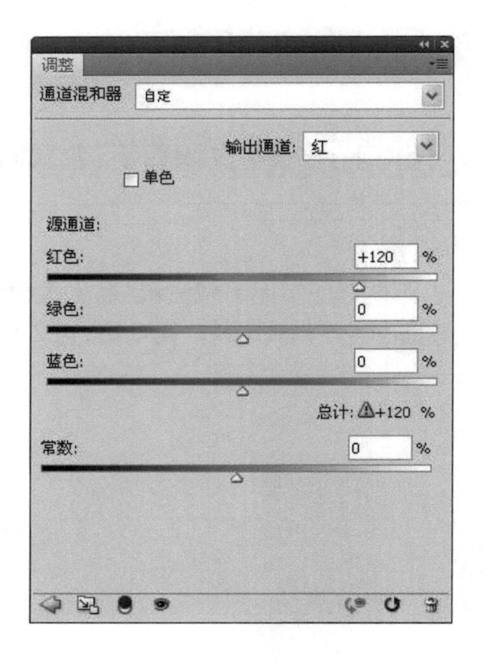

(3) 接下来要增加图像中所有色彩的饱和度。执行“图层/新建调整图层/自然饱和度”命令,创建名为“自然饱和度 1”的调整图层,在“调整”面板中分别将“自然饱和度”设置为 + 30,“饱和度”设置为 + 10,如左图所示。

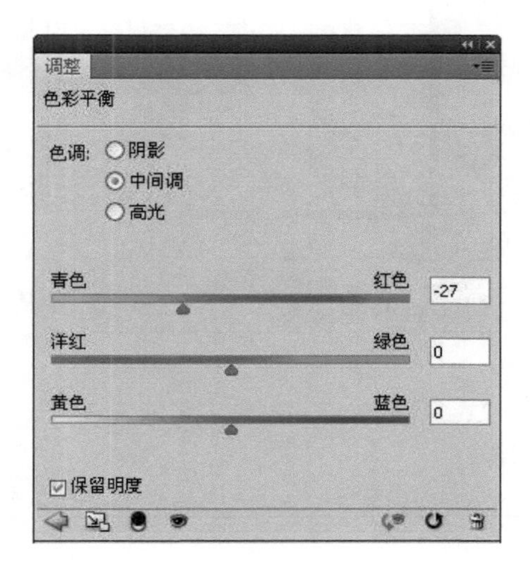

(4) 为了表现图像中冷暖色的对比,我们需要在图像中调出部分冷色调。执行“图层/新建调整图层/色彩平衡”命令,创建名为“色彩平衡 1”的调整图层,在“调整”面板设置“色调”为“中间调”,“青色-红色”的值为 - 27,如左图所示。

(5) 观察图像,可以看到远处的建筑物和树的色调过亮,不太适合夕阳西下的氛围。执行“图层/新建调整图层/亮度/对比度”命令,创建名为“亮度/对比度 1”的调整图层,在“调整”面板中设置“亮度”为 - 10,“对比度”为 4,如左图所示。

(6) 由于图像的水面部分光线较暗,需要做一些色调的恢复。参照前面案例中的方法设置前景色和“画笔工具”,选中“亮度/对比度 1”图层的图层蒙版缩览图,用画笔在图像的水面部分细致地涂抹,直至亮度恢复一些即可。图层蒙版缩览图中的涂抹效果如左图所示。

（7）执行“图层/新建调整图层/曲线”命令，创建名为“曲线 1”的调整图层，在“调整”面板中的 RGB 曲线图形上选择一个暗部控制点和一个亮部控制点，调整这两个控制点的位置，如右图所示。这时图像的明暗对比更明显。

（8）将作品存储为“夕阳西下.jpg”。

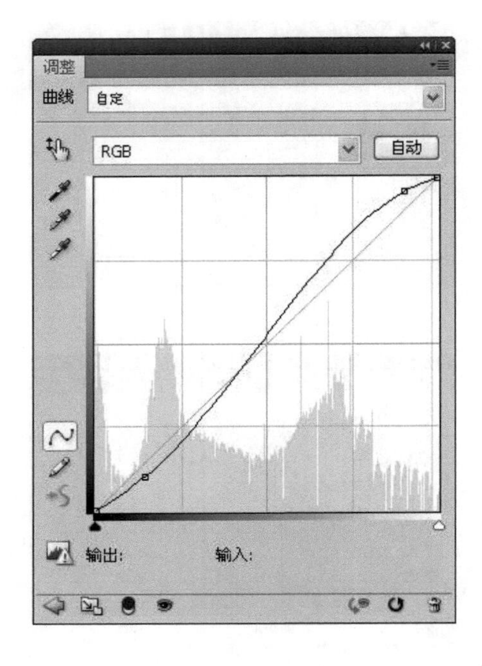

初露锋芒——“山野人家”效果制作

路径指南

本例作品参见下载资料“第 3 章\第 2 节”文件夹中的“山野人家.psd”文件。需要的图像素材为下载资料“第 3 章\第 2 节”文件夹中的“SC3-2-2.jpg”。

设计结果

本项目的效果如右图所示。

设计思路

首先使用“色阶”、“亮度/对比度”命令提高图像的明度。然后使用“通道混合器”、“自然饱和度”调整图像色彩。最后使用“曲线”、“色相/饱和度”命令调整图像的明暗对比度。

操作提示

（1）打开下载资料“第 3 章\第 2 节”文件夹中的“SC3-2-2. jpg”，如左图所示。

（2）整个图像给我们的感觉是灰蒙蒙的，所以需要调整图像的灰度。执行“图层/新建调整图层/色阶”命令，创建名为“色阶 1”的调整图层，在色阶的“调整”面板中设置色阶值范围为（21，0. 89，230），如左图所示。

（3）执行“图层/新建调整图层/亮度/对比度”命令，创建名为“亮度/对比度 1”的调整图层，在亮度/对比度“调整”面板中设置“亮度”为 7，“对比度”为 14，图像的亮度和对比度都有所提高。

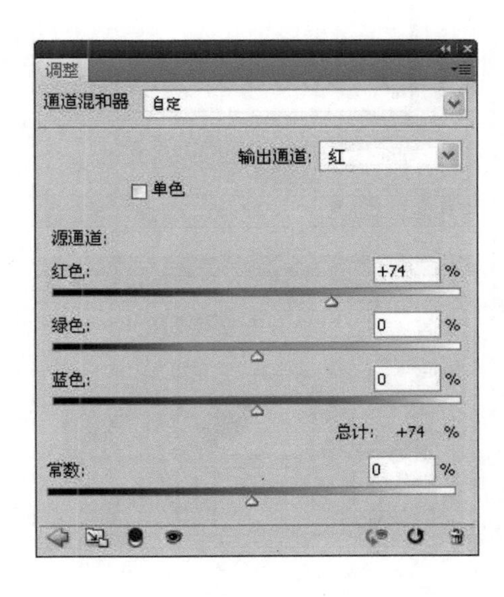

（4）为了表现植物绿油油的效果，我们需要对图像中植物的颜色进行校正。执行“图层/新建调整图层/通道混合器”命令，创建名为“通道混合器 1”的调整图层，在通道混合器的“调整”面板中设置“输出通道”为“红”，在“源通道”中将红色值改为 + 74，如左图所示。这样，植物中的红色调减少了，绿色成为主要色彩。

(5) 经过上步的调整，地面上植物的颜色更加鲜艳，但是天空中的白云和地面上的房屋也覆盖了一层绿色，我们需要把这几个地方的颜色恢复出来。参照范例中第(3)步的方法设置前景色和“画笔工具”，选中“通道混合器 1”的图层蒙版缩览图，用画笔在图像需要修正的部分细致地涂抹，让它们恢复原色。图层蒙版缩览图中的涂抹效果如右图所示。

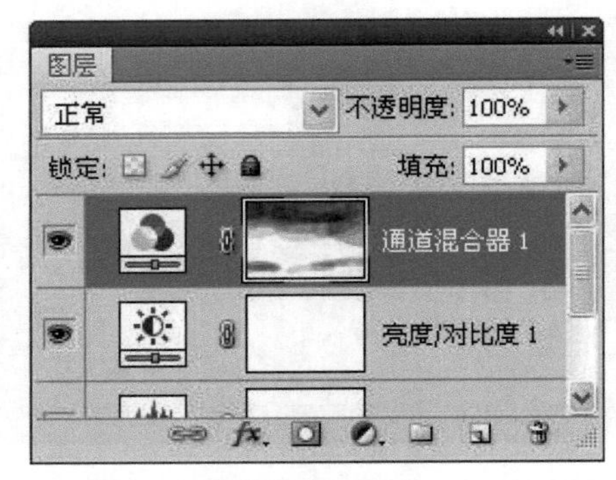

(6) 执行“图层/新建调整图层/自然饱和度”命令，创建名为“自然饱和度 1”的调整图层，在“调整”面板中设置“自然饱和度”为 + 30，如右图所示。此时图像的各种颜色的饱和度都加深了。

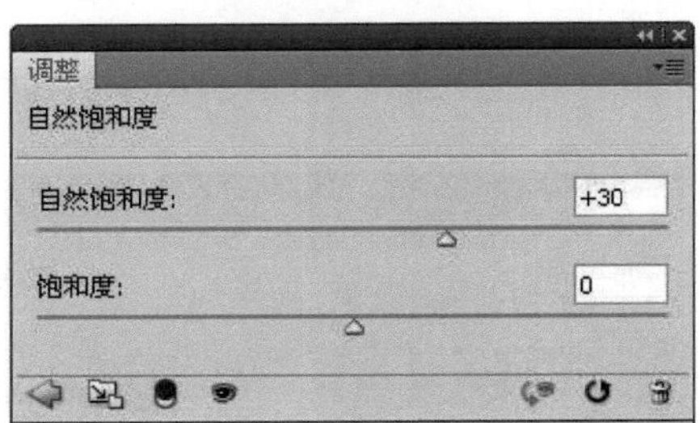

(7) 为了增强艺术效果和图像的明暗对比，执行“图层/新建调整图层/曲线”命令，创建名为“曲线 1”的调整图层，在曲线“调整”面板中调整控制点的位置，如右图所示。

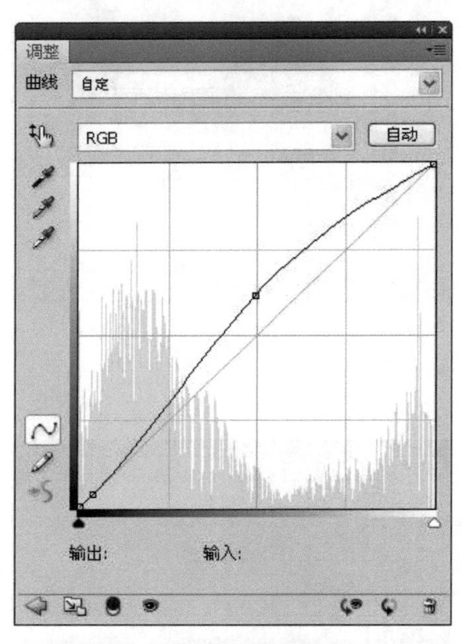

(8) 设置前景色为黑色，背景色为白色，选中“图层”面板的“曲线 1”的图层蒙版缩览图，使用“渐变工具”从图像的右上角向左下角拉出由黑到白的渐变，这和之前讲到的画笔涂抹原理相同。图层蒙版缩览图中显示的渐变效果如右图所示。

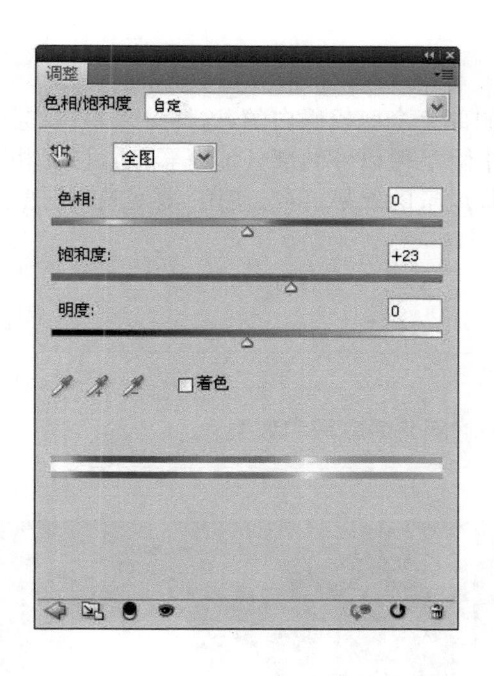

■ 小贴士

在使用“渐变工具”时，拉出的渐变线因长短和角度的不同，产生的效果会有很大的差别，我们要根据实际情况的需要做细致调整。

(9) 再次提高图像的色彩饱和度。执行“图层/新建调整图层/色相/饱和度”命令，创建名为“色相/饱和度 1”的调整图层，在“调整”面板中设置“饱和度”为 +23，如左图所示。

(10) 将作品存储为“山野人家. jpg”

3.3 去色、反相、色调均化、渐变映射的应用

知识点和技能

Photoshop 拥有非常强大的调整图像颜色的功能。除了前几章所学的命令外，还有一些特殊颜色效果的调整命令。

“去色”命令可以在不改变图像的颜色模式的情况下将彩色图像转换为灰度图像，等同于降低图像的饱和度。

“反相”命令可反转图像色彩，常用于制作负片效果。

“渐变映射”命令可以将相等的图像灰度范围映射到指定的渐变填充色。

“色调均化”命令可以重新分布图像中像素的亮度值，以便它们更均匀地呈现所有范围的亮度级。

想运用各种调色方法调整图像色彩，以达到理想的画面效果，还需要我们在操作中多多加以熟悉和体会。

范例——“冬日星夜”效果制作

设计结果

冬日的夜晚，白玉妆成的大树在闪烁的星空下，似乎也进入了甜美的梦乡。

本项目效果如左图所示。(参见下载资料“第 3 章\第 3 节”文件夹中的“冬日星夜. psd”。需要的图像素材为下载资料“第 3 章\第 3 节”文件夹中的“SC3-3-1. jpg”。)

设计思路

首先使用“去色”命令使图像中除了树以外的部分全变成黑白的，这样可以将树作为主体表现出来。接着使用“渐变映射”修改图像中除了树以外的部分的色彩；通过“反相”命令将树变为白色，天空变为蓝色，以此模拟冬日风景的效果；再次使用“渐变映射”把草地的颜色改为白色。最后为图像加入繁星。

范例解题导引

Step 1

使用“去色”命令使图像中除了树以外的部分变成黑白效果。

(1) 打开下载资料“第3章\第3节”文件夹中的“SC3-3-1.jpg”。执行“图像/调整/色调均化”命令。此时图像的色彩变得柔和了很多，如右图所示。

(2) 接着要在通道中使用“魔棒工具”选择除了树之外的其他部分。进入“通道”面板(可执行“窗口/通道”命令)，单击选中“绿”通道，并在其缩览图上右击鼠标选取“复制通道”命令，如右图所示。在弹出的“复制通道”对话框中点击“确定”按钮，生成“绿 副本”通道。

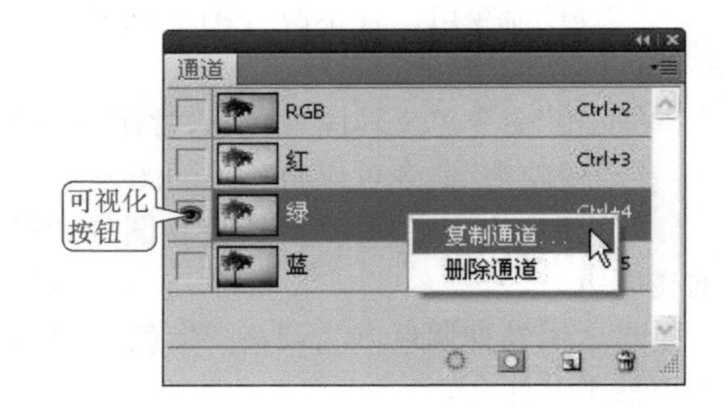

(3) 点击“绿 副本”通道，可以看到仅“绿 副本”通道可见，执行“图像/调整/色阶”命令，在弹出的“色阶”对话框中设置“输入色阶”值的范围为(0,0.08,160)，如右图所示，完成后点击“确定”按钮。这时图像天空部分全部变成白色，和树的黑色形成强烈反差，这样有助于我们进行下一步的选择操作。

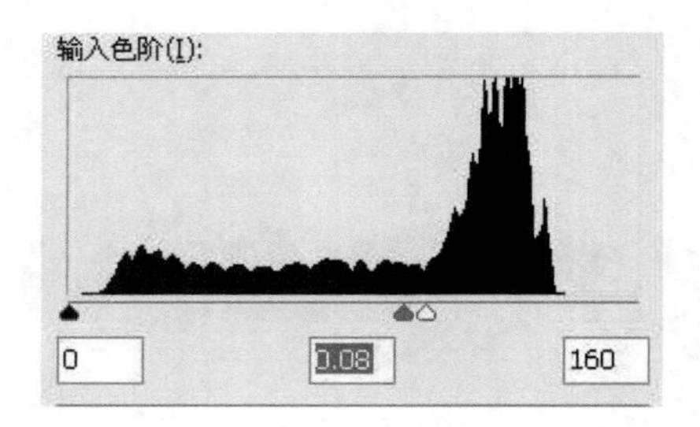

■ 小贴士

执行"图像/调整/色阶"命令和执行"图层/新建调整图层/色阶"命令都可以调用色阶命令，不同之处在于前者操作是不可恢复的破坏性调整，后者可以对已经设定的值随时进行修改。

(4) 选择"魔棒工具"，在选项栏中设置"容差"为10，不勾选"连续"项，选择图像中的天空部分。完成后我们继续使用"矩形选框工具"，配合Shift键把地面部分全部加选进来，只把树的部分排除在外，如左上图所示。

(5) 在通道中点击"RGB"通道缩览图，使"红"、"绿"、"蓝"通道可见，如左图所示。

(6) 进入"图层"面板，执行"图像/调整/去色"命令，此时仅树为彩色，其余部分图像都变成黑白的了，如左图所示，这样可以比较好地表现树这个重点。

■ 小贴士

"去色"命令产生的效果在图像艺术表现中经常被运用，其主要是通过彩色和黑色的对比，在整个图像中突出表现彩色的这个物体。

Step 2

使用“渐变映射”和“反相”等命令重设图像的颜色。

（1）确认前面选中的选区没有取消，执行“图层/新建调整图层/渐变映射”命令。点击“调整”面板中的渐变样本进入“渐变编辑器”，在“预设”中选择“铬黄”，并在“渐变类型”中对渐变条稍作调整，如右图所示。完成后点击“确定”按钮，可以看到图像中除树以外的部分颜色已经改变。

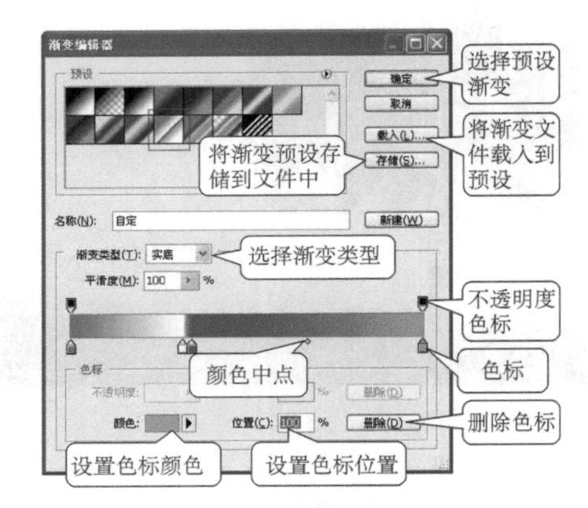

（2）使用快捷键 Ctrl + D 取消选区。执行“图层/新建调整图层/反相”命令，创建一个名为“反相 1”的调整图层。此时图像的天空变为蓝色，树变为白色，草地和路面变为棕黄色，如右图所示。

（3）现在需要把草和路面单独选出来做调整。进入“通道”面板将“蓝”通道复制出来，并仅让“蓝 副本”通道可见。执行“图像/调整/色阶”命令，设置“输入色阶”值的范围为（187，9. 99，255），如右图所示。这时地面部分与其他部分的反差大了很多。

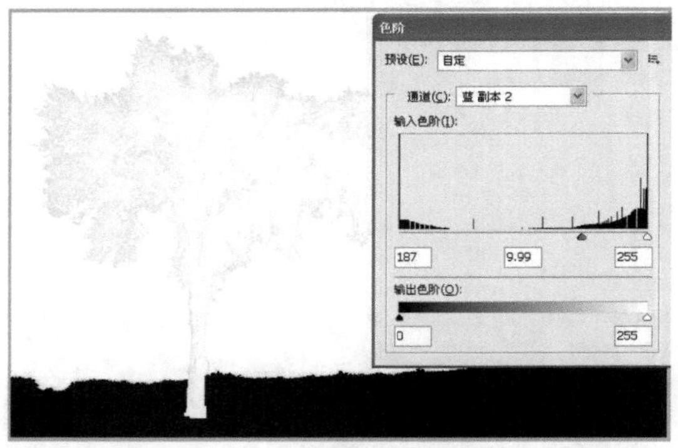

（4）选择“魔棒工具”，在选项栏中设置“容差”为 10，勾选“连续”，选择图像中的草和路面部分。然后在通道中点击“RGB”通道，仅让“红”、“绿”、“蓝”通道可见。接着回到“图层”面板，此时的图像效果如右图所示。

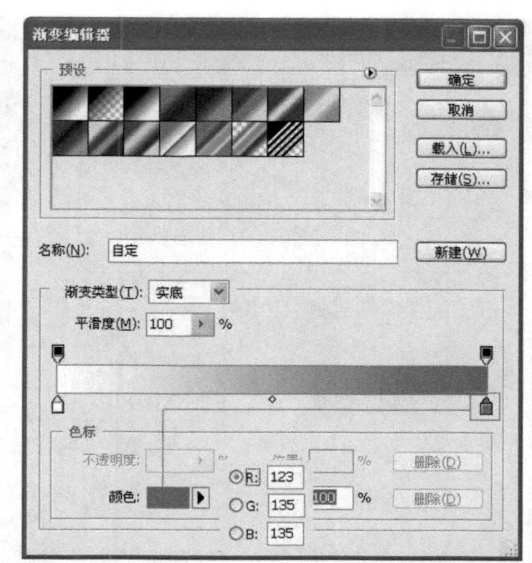

(5) 执行"图层/新建调整图层/渐变映射"命令，点击"调整"面板中的渐变样本进入"渐变编辑器"。点击"渐变类型"下渐变条左侧的色标，设置"色标"颜色为白色，然后点击右侧的色标，设置它的颜色为RGB(123，135，135)，如左图所示。地面的颜色变为青白色，以此模拟雪地的颜色。

(6) 新建一个图层作为繁星背景，设置前景色为白色，使用"画笔工具"，在选项栏中选用"星型"画笔形状，半径根据个人需要而定，在新建的图层中画出满天繁星，效果如左图所示。

(7) 将作品存储为"冬日星夜.jpg"。

范例项目小结

在本范例项目中，我们首先使用"色调均化"对图像的整体色调进行调整，对图像的部分区域执行"去色"后，得到一幅很有表现力的图片；接着我们继续执行"反相"和"渐变映射"两个命令对图像的色彩进行更改，得到与原图截然不同的效果。

本节讲到"去色"、"反相"、"色调均化"、"渐变映射"等命令，由于它们对图片色彩处理效果具有特殊性，在校正片子时很少使用。但是作为特殊艺术效果表现的命令，它们在很多其他场合都会被使用。

小试身手——"宁静之夜"效果制作

路径指南

本例作品参见下载资料"第3章\第3节"文件夹中的"宁静之夜.psd"文件。需要的图像素材为下载资料"第3章\第3节"文件夹中的"SC3-3-2.jpg"。

设计结果

本项目的效果如右图所示。

设计思路

要将一张下午拍的图像改成夜晚的效果，应首先使用“渐变映射”命令整体改变图像的颜色，接着做出一个圆形选区，进行去色和反相操作，以此来模拟夜空中的月亮。

操作提示

（1）打开下载资料“第3章\第3节”文件夹中的“SC3-3-2.jpg”，因为夜晚的颜色大体为墨绿色，所以在调整颜色时，主要是以设置墨绿色为主。执行“图层/新建调整图层/渐变映射”命令，创建一个名为“渐变映射1”的调整图层，在“调整”面板点击渐变样本进入“渐变编辑器”对话框编辑渐变色。

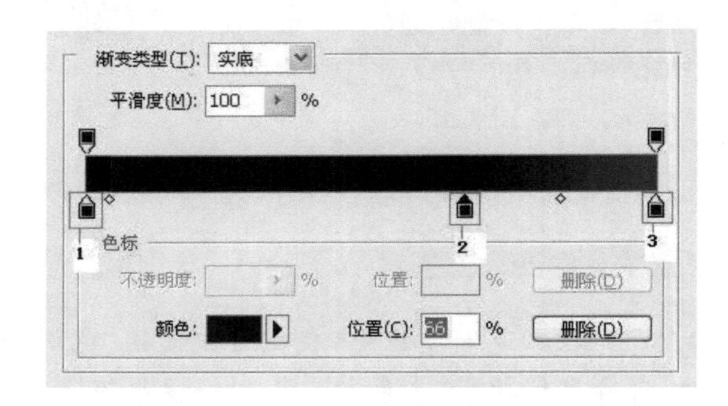

（2）现在要对渐变条上的色标进行编辑，使图像能在相应区域产生不同的颜色。在渐变条66%处插入一个新的色标，如右二图所示。接着双击1号色标（或单击后再点击下方“颜色”色块），在“选择色标颜色”对话框中设置HSB为（190，86，3），如右下图所示。完成后点击“确定”按钮。

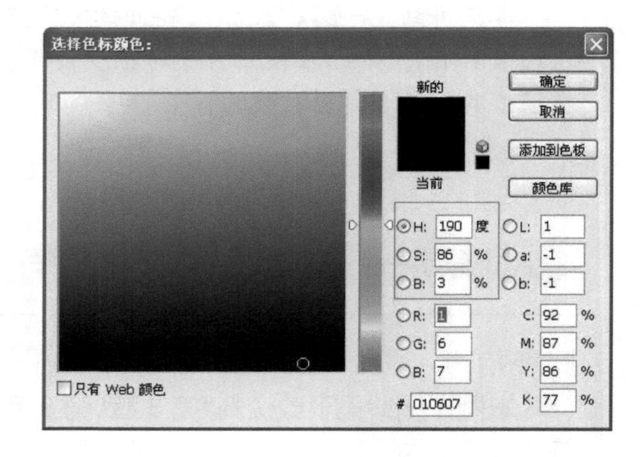

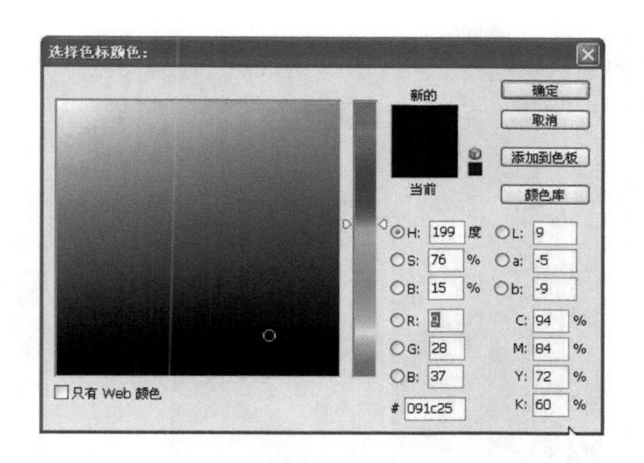

(3) 接下来我们再对 3 号色标进行调整，双击 3 号色标，进入“选择色标颜色”对话框，设置 HSB 为(199，76，15)，如左图所示。完成后点击“确定”按钮。

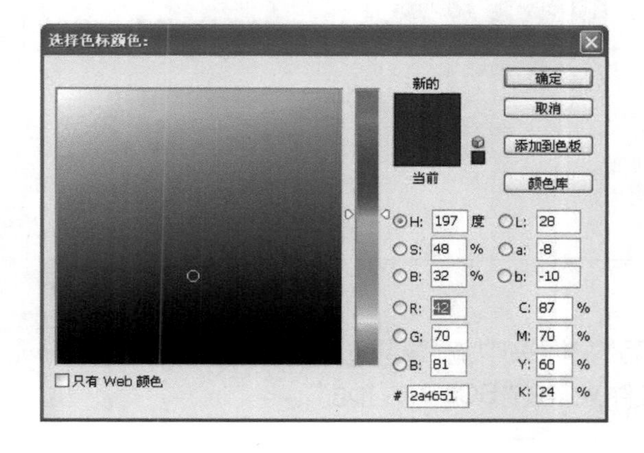

(4) 接下来我们对 2 号色标进行调整，双击 2 号色标，进入“选择色标颜色”对话框，设置 HSB 为(197，48，32)，如左图所示。与 1 号和 3 号相比，2 号色标的颜色是最浅的，从图像中可以看到，天空中没有云的区域看上去像是白色的云，而有云的区域看起来反而像墨绿的夜空，这也正是我们通过调节色标想要达到的效果。

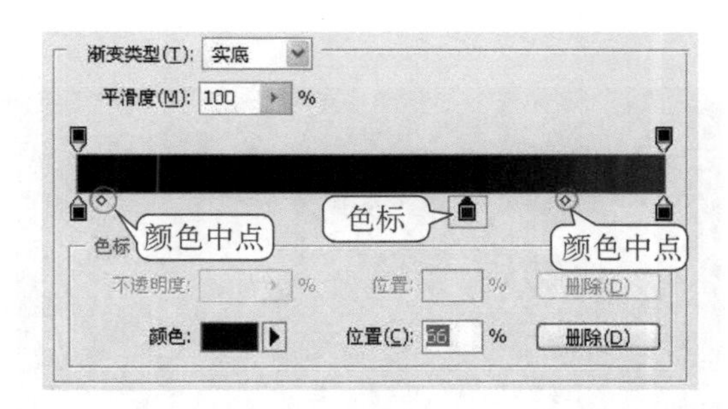

(5) 接下来的这一步特别关键，设置不当会让图像看上去很不自然。我们选中 2 号色标，这时可以看到它左右两边出现的“颜色中点”，如左图所示，将它们小心地拖曳到图示位置。至此图像的色调设置完毕。

(6) 选择“背景”图层，使用“椭圆选框工具”，按住键盘上的 Shift 键在图像中天空的位置画出一个圆形选区，如左图所示。接着执行“图像/调整/去色”命令。

（7）在“图层”面板中选择“渐变映射”图层，执行“图层/新建调整图层/反相”命令，创建名为“反相 1”的调整图层，可以看到圆形选区部分变亮，如右图所示。

（8）将作品存储为“宁静之夜.jpg”。

初露锋芒——“草原初冬”效果制作

路径指南

本例作品参见下载资料“第 3 章\第 3 节”文件夹中的“草原初冬.psd”文件。需要的图像素材为下载资料“第 3 章\第 3 节”文件夹中的“SC3-3-3.jpg”。

设计结果

本项目的效果如右图所示。

设计思路

本例的设计方案可以模仿范例项目，综合运用各种命令，在“通道”中利用图像的反差选取图像内容并调整色彩。

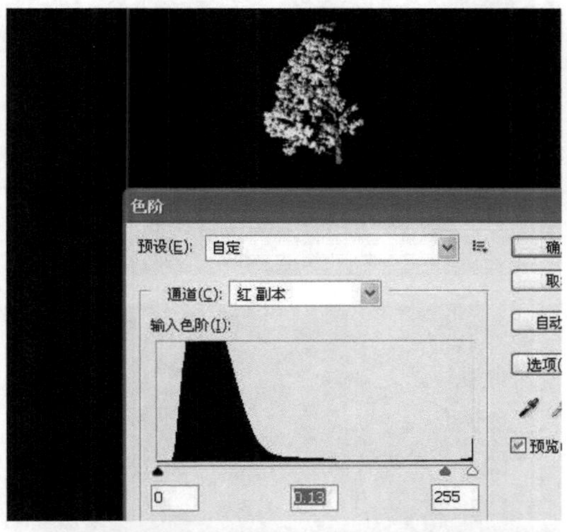

操作提示

(1) 打开下载资料“第 3 章\第 3 节”文件夹中的“SC3-3-2. jpg”，在“图层”面板中将“背景”图层拖曳到“新建图层” 按钮上，创建“背景 副本”图层，如左图所示。接下来我们主要是对“背景 副本”图层进行操作，“背景”只是留在最后进行图层混合时使用。

(2) 选中“背景 副本”图层，进入“通道”面板，在“红”通道缩览图上右击鼠标，复制出一个名为“红 副本”的通道，如左图所示。

■ 小贴士

如果要对通道使用调整命令进行编辑，首先要用它复制出一个副本，这样可以避免对原始通道产生破坏。

(3) 点击“红 副本”通道缩览图，可以看到仅“红 副本”通道为可见。执行“图像/调整/色阶”命令，在弹出的“色阶”对话框中设置“输入色阶”值的范围为(0, 0. 13,255)，这样图像中树和背景的明暗差距就拉大了，如左图所示。完成后点击“确定”按钮。

(4) 选择“魔棒工具”，在选项栏中设置“容差”为 10，不勾选“连续”，在图像中点击选择图像的黑色区域，目的是将树以外的区域全部选中。如果有漏选的点，可以使用“矩形选框” 配合 Shift 键进行加选，完成后执行“选择/反向”命令，选择树的区域，如左图所示。

(5) 在“通道”面板中点击“RGB”通道缩览图，这时仅“红”、“绿”、“蓝”通道可见，如右图所示。

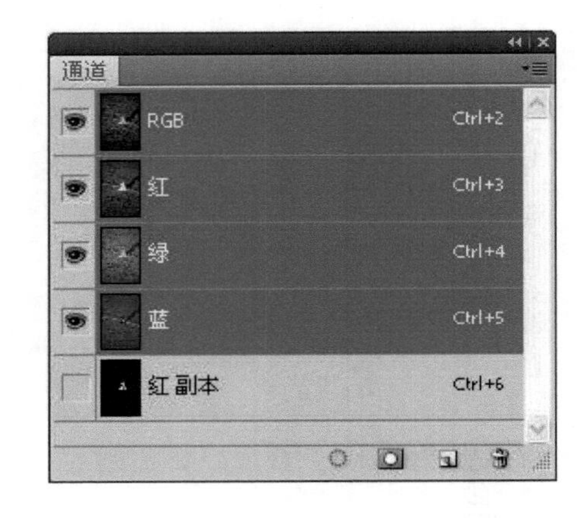

■ 小贴士

对通道进行操作时，如果点选“RGB”通道缩览图，“红”、“绿”、“蓝”通道会同时选中并为可见。如果“红”、“绿”、“蓝”三个通道至少有一个为不可见，“RGB”通道前面也不会出现“指示通道可见性”按钮。

(6) 进入“图层”面板，确认图像中树所在区域的选区还在。按 Delete 键删除，这时“背景 副本”图层中树的部分被处理掉了，可以点击“背景”图层前的“指示通道可见性”按钮取消显示，察看“背景 副本”图层中的树是否被删掉，如右图所示。

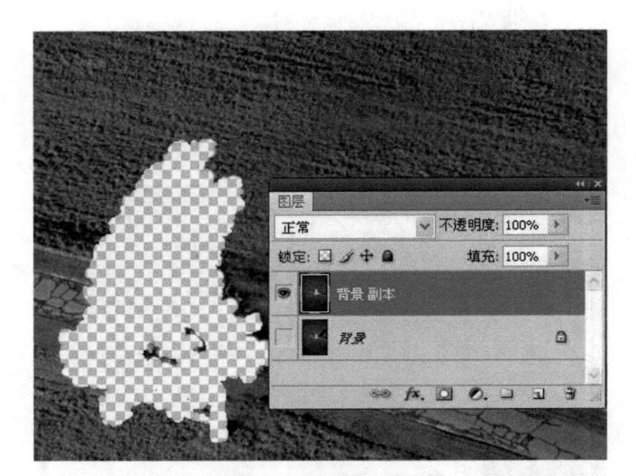

(7) 接着我们需要处理“背景 副本”中树的阴影。使用工具箱中的“仿制图章工具”，按住 Alt 键，在“背景 副本”图层中树的阴影周围采样，然后对阴影进行涂抹，完成后的效果如右图所示。

(8) 确认“背景 副本”为当前可编辑图层，执行“图像/调整/去色”命令，效果如右图所示。

(9) 执行“图层/新建调整图层/反相”命令,创建名为“反相 1”的调整图层。接着执行“图层/新建调整图层/渐变映射”命令,创建名为“渐变映射 1”的调整图层。到这一步需要对“背景”和“背景 副本”图层进行混合,这样在调节“渐变映射”时才能实时地看到效果。按住 Ctrl 键同时选择“反相 1”和“渐变映射 1”两个调整图层,在其中一个图层的名称处右击鼠标,选择“创建剪贴蒙版”命令,使这两个调整图层仅对“背景 副本”图层产生作用。接着将“背景副本”图层的图层混合模式改为“点光”。此时的“图层”面板如左图所示。

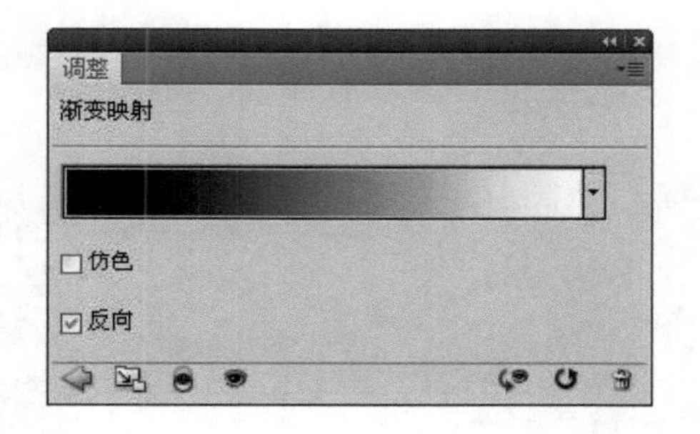

(10) 选择“渐变映射 1”图层,在“调整”面板勾选“反向”,如左图所示。此时图像中出现了对比较为明显的黑白颜色的过渡。

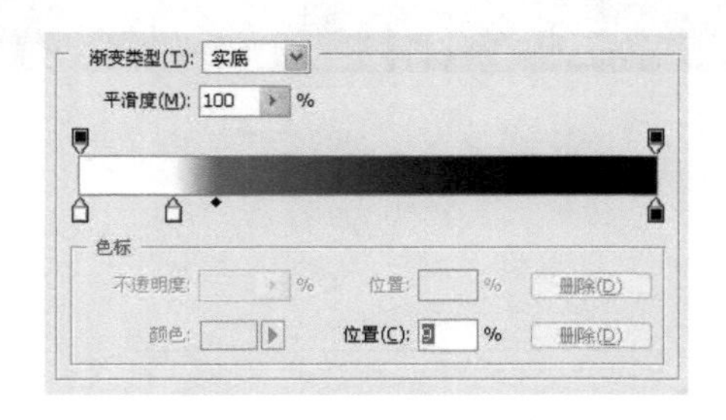

(11) 点击渐变样本进入“渐变编辑器”,调整色标的位置,如左图所示。

(12) 新建一个图层,设置前景色为白色,选择“画笔工具”,在选项栏中设置它的笔头直径为 8 px,在新建的图层上为树叶涂上白色,如左图所示。

(13) 将作品存储为“草原初冬.jpg”。

3.4　阴影/高光的应用

知识点和技能

"阴影/高光"命令可使阴影或高光周围的像素增亮或变暗，适用于校正由强逆光而形成剪影的照片，或者校正由于太接近相机闪光灯而有些发白的焦点。在用其他方式采光的图像中，这种调整也可用于使阴影区域变亮。

范例——"城市风云"效果制作

设计结果

天空中，朵朵翻卷着的白云悠悠地飘向远方，似乎在诉说城市百年风云巨变。

本项目效果如右图所示。（参见下载资料"第3章\第4节"文件夹中的"城市风云.psd"。需要的图像素材为下载资料"第3章\第4节"文件夹中的"SC3-4-1.jpg"。）

设计思路

首先利用"阴影/高光"命令大致调整地面上的亮度。接着使用"曲线"命令分别调整地面和天空的对比度，使图像的色彩和明暗关系更加突出。

范例解题导引

Step 1

首先使用"阴影/高光"命令让图像中的地面变亮。

（1）打开下载资料"第3章\第4节"文件夹中的"SC3-4-1.jpg"，如右图所示。

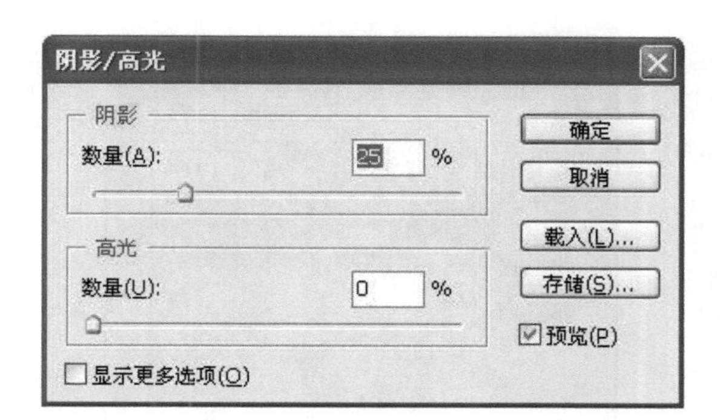

（2）原图像因为曝光不足导致地面部分过暗，因此首先要提高地面的亮度。执行"图像/调整/阴影/高光"命令，设置"阴影"的"数量"为25，如左图所示，完成后点击"确定"按钮。这时可以看到图像地面附近的亮度有所提高。

Step 2

然后使用"曲线"调整图像的明暗对比。

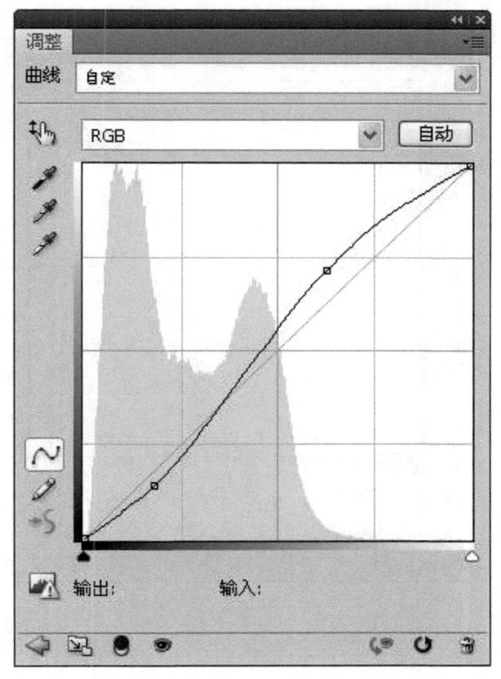

（1）首先调整地面部分的明暗对比。执行"图层/新建调整图层/曲线"命令，创建名为"曲线 1"的调整图层，在曲线"调整"面板中选中手形按钮，然后在图像的地面部分点选最暗和最亮的两个点，对曲线图形中生成的两个控制点进行调整，如左图所示。

（2）由于"曲线"是对整个图像的调整，所以天空部分也发生了改变，我们需要对曲线调整图层中的图层蒙版进行操作，让以上的曲线命令不对图像中的天空部分产生影响。设置前景色为黑色，背景色为白色，选中"曲线 1"图层中的图层蒙版缩览图，使用"渐变工具"，在图像的天空和地面交接处，由上至下拉出从黑到白的渐变，如左图所示。

(3) 由于部分大楼的高层部分也因为渐变效果而变暗，因此需要对这些部分作进一步的调整。选择“画笔工具”，在选项栏中设置“模式”为“正常”，“不透明度”为100%，“流量”为 100%，并将拾色器的前景色改为白色，用画笔在图像变暗的楼层上细致地涂抹，涂抹后图层蒙版显示的效果如右图所示。

(4) 接着调整天空部分的明暗对比。执行“图层/新建调整图层/曲线”命令，创建名为“曲线 2”的调整图层，在曲线“调整”面板中选中手形按钮，然后在图像中的天空部分点选最暗和最亮的两个点，对生成的两个控制点进行调整，如右图所示。

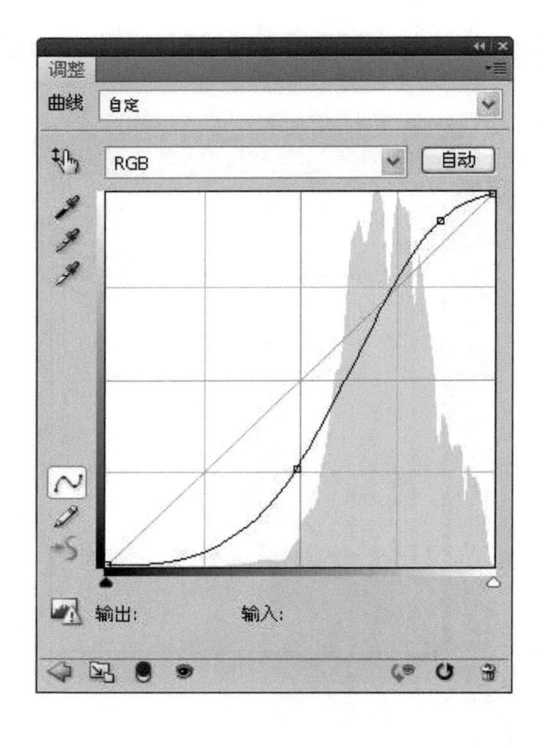

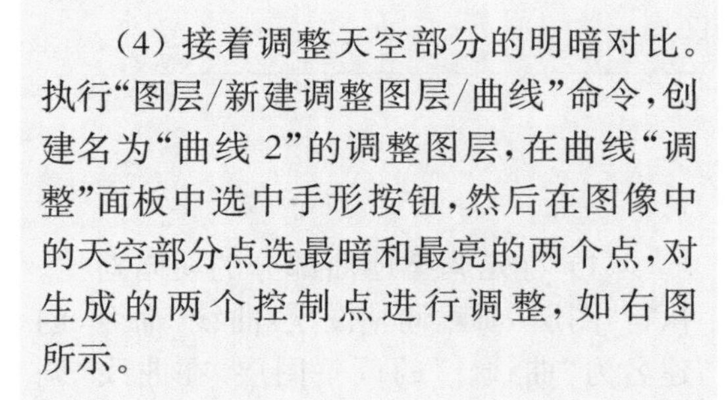

■ 小贴士

本例首先要弄清楚使用的曲线命令是想要作用在图像的哪一部分上，作用区域的蒙版上要涂为白色，不起作用区域的蒙版上涂为黑色。

(5) 与第(2)步相似，通过对曲线调整图层中的图层蒙版进行操作，让曲线命令不对图像中的地面部分产生影响。设置前景色为黑色，背景色为白色，选中“曲线2”图层中的图层蒙版缩览图，使用“渐变工具”，在图像中天空和地面的交接处，由下至上拉出从黑到白的渐变，如右图所示。

(6) 与第(3)步相似,将前景色设为白色,使用“画笔工具”对变暗的楼层进行涂抹,涂抹后图层蒙版显示的效果如左图所示。

(7) 将作品存储为“城市风云.jpg”。

范例项目小结

通过范例,我们已经体会到了 Photoshop CS4 的“阴影/高光”功能在编辑图像过程中带给我们的极大便利,它能便捷地把一张曝光不足的图像恢复正常。在本范例项目中,我们主要通过“阴影/高光”命令将图像暗部调亮;接着通过“曲线”命令分别调整地面和天空的明暗对比。

小试身手——“印象西湖”效果制作

路径指南

本例作品参见下载资料“第 3 章\第 4 节”文件夹中的“印象西湖.psd”文件。需要的图像素材为下载资料“第 3 章\第 4 节”文件夹中的“SC3-4-2.jpg”和“SC3-4-3.jpg”。

设计结果

本项目的效果如左图所示。

设计思路

首先利用“阴影/高光”命令校正主素材图像的色调,并利用“魔棒工具”去除主素材中的天空部分。然后调入备用素材作为主素材的天空,并为备用素材增加调整图层,修改色彩和明暗。最后再为主素材增加调整图层,修改色彩和明暗。

操作提示

(1) 打开下载资料“第 3 章\第 4 节”文件夹中的“SC3-4-2. jpg”和“SC3-4-3. jpg”，如右一、二图所示。

(2) 选择素材“SC3-4-2. jpg”，在“图层”面板中双击“背景”图层，在弹出的“新建图层”对话框中直接点击“确定”按钮，把“背景”转化成普通图层“图层 0”。执行“图像/调整/阴影/高光”命令，设置“阴影”和“高光”的“数量”各为 50，如右图所示。完成后点击“确定”按钮。

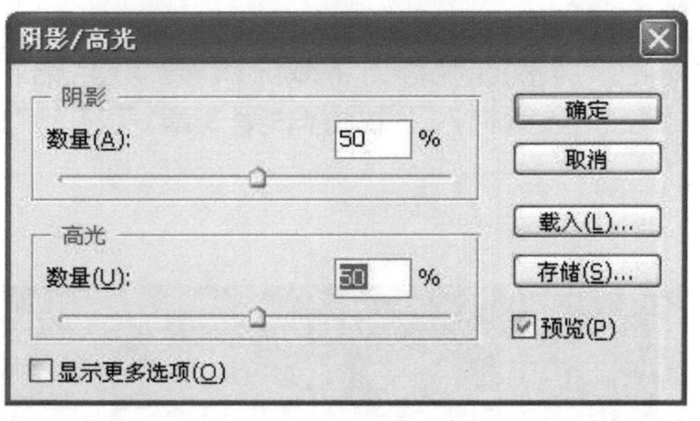

(3) 选择“魔棒工具”，在选项栏中设置“容差”为 30，并勾选“连续”，按住 Shift 键使用魔棒，在天空部分点选，经过多次点选后天空部分被完全选中，如右图所示。然后按 Delete 键删除选区。

■ 小贴士

在用“魔棒工具”或选框工具进行选区的选择时，经常会出现选不全或多选的情况，如果配合 Shift 键进行加选，或 Alt 键进行减选，能够便捷地得到需要的选区。

（4）选择素材“SC3-4-3. jpg”，使用“移动工具”将它拖曳到素材“SC3-4-2. jpg”中，调整素材“SC3-4-3. jpg”图像的位置，使它完全遮住素材“SC3-4-2. jpg”。选择素材“SC3-4-2. jpg”为当前可编辑图像，可以看到它的“图层”面板中生成一个“图层 1”，将“图层 1”拖曳到“图层 0”下方的位置，如左一图所示。此时的图像效果如左图所示。

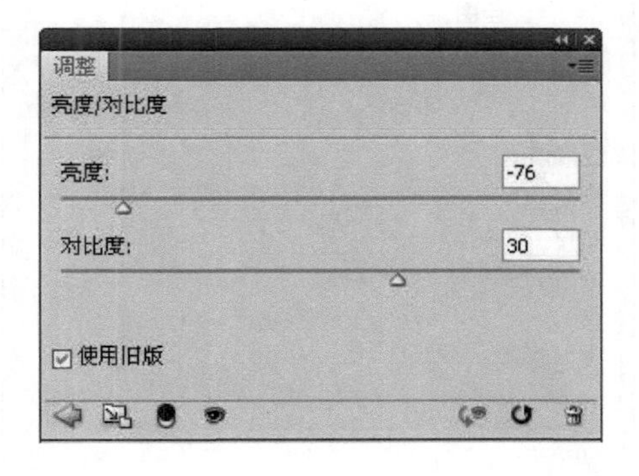

（5）作为天空的“图层 1”只需作少量的调整，并且可由它来确定整个图像的色调，因此我们首先调整天空的效果。选择“图层 1”，执行“图层/新建调整图层/亮度/对比度”命令，创建名为“亮度/对比度 1”的调整图层，在亮度/对比度“调整”面板中设置“亮度”为－76，“对比度”为 30，如左图所示。

（6）为了模拟傍晚天空色彩渐变的效果，设置前景色为黑色，背景色为白色。选中“亮度/对比度 1”图层的蒙版缩览图，使用“渐变工具”在图像中由下至上拉出从黑到白的渐变，如左图所示。至此对天空的调整完毕。

(7) 接下来是对地面部分的色彩和明暗的调整。选择“图层 0”，执行“图层/新建调整图层/曲线”命令，创建名为“曲线1”的调整图层。选择“曲线 1”调整图层，点击鼠标右键，选择“创建剪贴蒙版”，使“曲线”命令只对“图层 0”产生作用。在曲线“调整”面板中点击手形按钮，在图像的水面上选择最亮和最暗的两个点，在“调整”面板的 RGB 曲线图形上调节生成的两个控制点的位置，如右图所示。

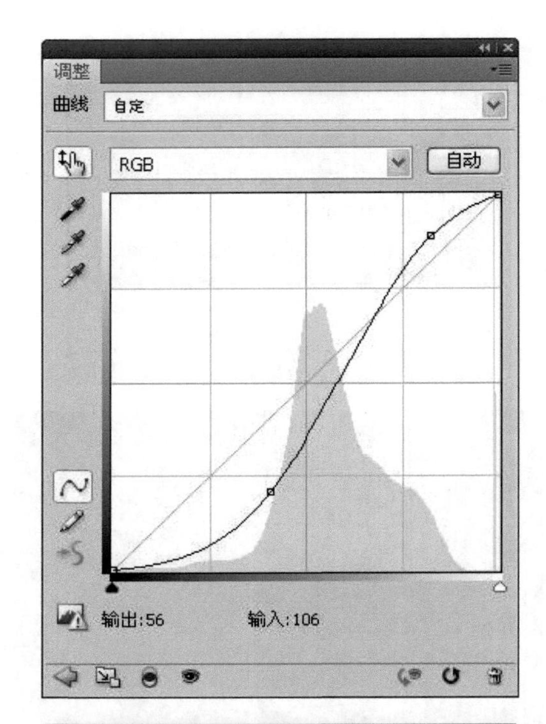

(8) 因为水面会反射大量天空的颜色，所以要把现有的青色改为蓝色。执行“图层/新建调整图层/色相/饱和度”命令，创建名为“色相/饱和度 1”的调整图层，在“调整”面板中设置“色相”为 + 17，如右图所示。然后参照第(7)步中在当前调整图层名称上点击鼠标右键并选择“创建剪贴蒙版”。

(9) 执行“图层/新建调整图层/亮度/对比度”命令，创建名为“亮度/对比度 2”的调整图层，在“调整”面板中设置“亮度”为 - 68，“对比度”为 7，此时图像的整体亮度都降低了。为了单独增加水面的亮度，设置前景色为黑色，使用“画笔工具”，在选项栏中设置“不透明度”为 19，在“图层”面板选中“亮度/对比度 1”中的图层蒙版缩览图，在图像水面部分稍作涂抹，然后在“亮度/对比度 1”图层名称上点击鼠标右键，选择“创建剪贴蒙版”，蒙版涂抹的效果如右图所示。

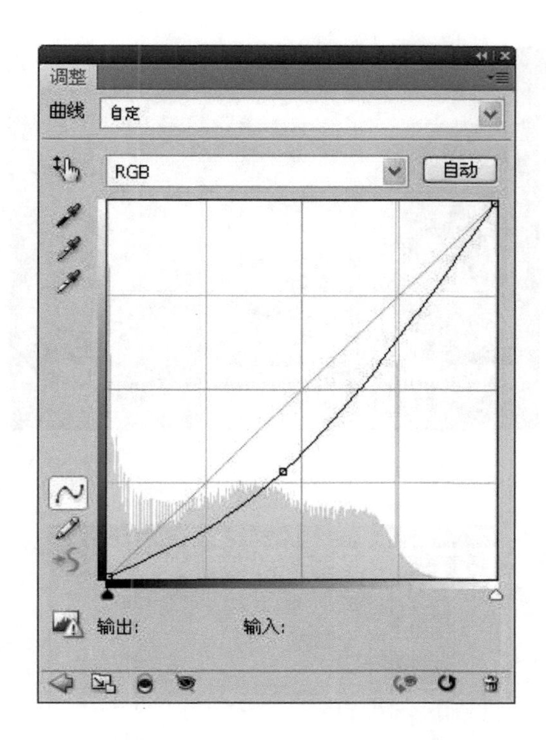

（10）继续增加图像的对比度，执行“图层/新建调整图层/曲线”命令，创建名为“曲线 2”的调整图层，在曲线“调整”面板中调整曲线，如左图所示。最后对图层“曲线 2”执行“创建剪贴蒙版”命令。

（11）和第(9)步相似，我们要在曲线调整图层中使用“画笔工具”让水面恢复亮度，具体的操作可以参见第(9)步内容，图层蒙版中的涂抹效果如左图所示。

（12）将作品存储为“印象西湖.jpg”

初露锋芒——“水光山色”效果制作

路径指南

本例作品参见下载资料“第 3 章\第 4 节”文件夹中的“水光山色.psd”文件。需要的图像素材为下载资料“第 3 章\第 4 节”文件夹中的“SC3-4-4.jpg”。

设计结果

本项目效果如右图所示。

设计思路

首先单独降低天空的曝光度，然后使用“色阶”、“通道混合器”、“曲线”等命令调整图像的颜色和对比度。

操作提示

（1）打开下载资料“第 3 章\第 4 节”文件夹中“SC3-4-4. jpg”。打开“通道”面板，在“蓝”通道缩览图上点击，此时仅蓝通道为可见，如右图所示。使用“魔棒工具”，在选项栏中设置“容差”值为 30，并勾选“连续”，在图像中的天空部分点击，直至天空被全部选中。

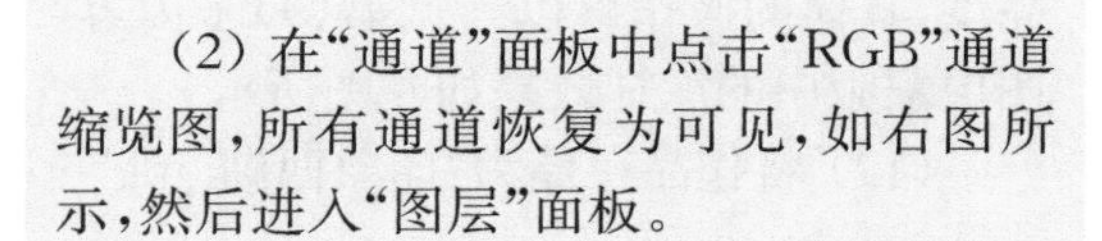

（2）在“通道”面板中点击“RGB”通道缩览图，所有通道恢复为可见，如右图所示，然后进入“图层”面板。

（3）确认天空部分仍然被选中。执行“图像/调整/阴影/高光”命令，设置“阴影”的“数量”为 0，“高光”的“数量”为 35，如右图所示。完成后可以看到天空的曝光度降低了。

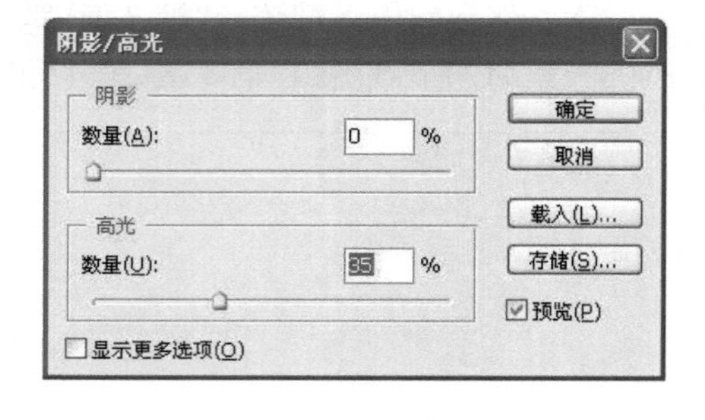

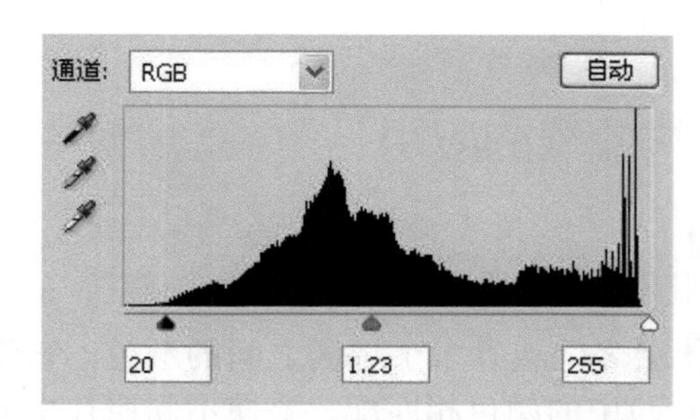

(4) 为了初步提高图像色彩和明暗的对比，执行“图层/新建调整图层/色阶”命令，创建名为“色阶 1”的调整图层，在色阶“调整”面板中将它的值设为(20，1. 23，255)，如左图所示。

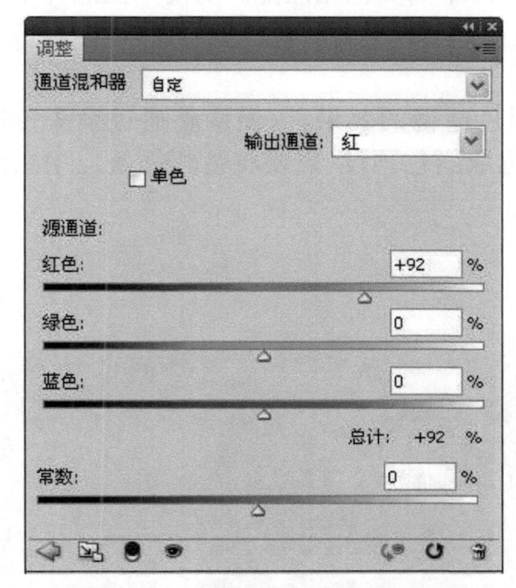

(5) 执行“图层/新建调整图层/通道混合器”命令，创建名为“通道混合器 1”的调整图层，在“调整”面板中的“输出通道”中选择“红”，在“源通道”中设置“红色”值为＋92，如左图所示。此时在图像中可以看到绿色植物的杂色变淡了。

(6) 因为上一步执行的命令导致天空的颜色变得不正常，这时我们使用前面范例中在蒙版中涂抹的方法单独对天空部分的色彩进行还原，具体操作可参考范例。“通道混合器 1”调整图层中图层蒙版显示的涂抹效果如左图所示。

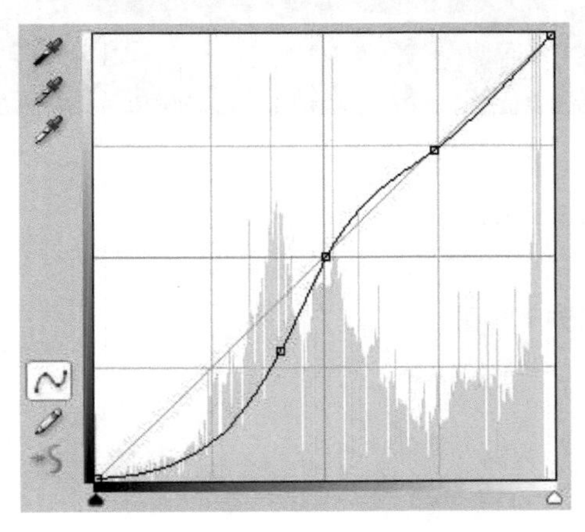

(7) 最后使用“曲线”命令来调整图像的明暗对比。执行“图层/新建调整图层/曲线”命令，创建名为“曲线 1”的调整图层，在曲线“调整”面板中选中手形按钮，分别在图像的山体部分选择一个最亮和最暗的点，然后调整生成控制点的位置，如左图所示。因为我们只需要对较暗的地方加深暗度，所以还要在曲线图形中心手动加入一个控制点。

(8) 将作品存储为“水光山色. jpg”。

3.5 匹配颜色和照片滤镜的应用

知识点和技能

“匹配颜色”命令可匹配多个图像之间、多个图层之间或者多个选区之间的颜色。它将一个图像(源图像)中的颜色与另一个图像(目标图像)中的颜色相匹配。要使不同照片中的颜色保持一致,或者一个图像中的某些颜色需与另一个图像中的颜色匹配时,“匹配颜色”命令非常有用。

“照片滤镜”功能可以模拟在相机镜头前加彩色滤镜的效果,以便调整通过镜头传输的光的色彩平衡和色温,使胶片曝光。它还可以选取颜色预设,以便将色相调整应用到图像中。

范例——制作“大厦”图像效果

设计结果

万丈高楼平地起。人生就如盖楼,需要从点滴做起,从基础学起。

本项目效果如右图所示。(参见下载资料“第 3 章\第 5 节”文件夹中的“大厦.psd”。需要的图像素材为下载资料“第 3 章\第 5 节”文件夹中的“SC3-5-1. jpg”和“SC3-5-2. jpg”。)

设计思路

首先利用“匹配颜色”命令,重新设置图片的色彩信息。然后根据最终效果的需要加入调整图层,校正图像的颜色。最后使用“照片滤镜”命令调整图像整体色温。

范例解题导引

Step 1

首先利用“颜色匹配”命令重新设置图像的色彩。

(1) 打开下载资料"第 3 章\第 5 节"文件夹中的"SC3-5-1. jpg"、"SC3-5-2. jpg",如右一、右二图所示。

(2) 把"SC3-5-2. jpg"作为源图像、"SC3-5-1. jpg"作为目标图像进行颜色匹配。使用"SC3-5-1. jpg"为当前编辑图像,执行"图像/调整/匹配颜色"命令,弹出"匹配颜色"对话框,在"图像统计"选项区中把"源"选为"SC3-5-2. jpg",其余设置按默认即可,如右图所示。完成后点击"确定"按钮。

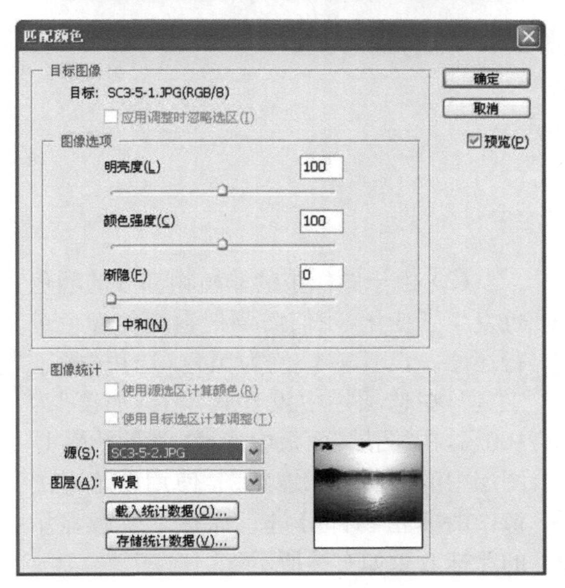

Step 2

接下来要为图像加入调整图层，进行颜色校正。

(1) 首先执行“图层/新建调整图层/色阶”命令，创建名为“色阶 1”的调整图层，在色阶的“调整”面板中设置它的颜色值的范围为(1,1.14,246)，如右图所示。观察图像，可以看到它的亮度和对比度有所提高。

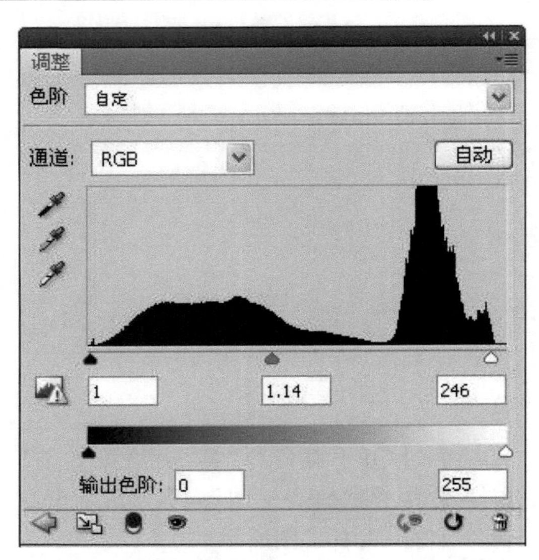

(2) 为了提高绿色植物的颜色饱和度，执行“图层/新建调整图层/色彩平衡”命令，创建名为“色彩平衡 1”的调整图层，在色彩平衡的“调整”面板中设置“色调”为“中间调”，“青色-红色”值为 + 2，“洋红-绿色”值为 + 13，如右图所示。

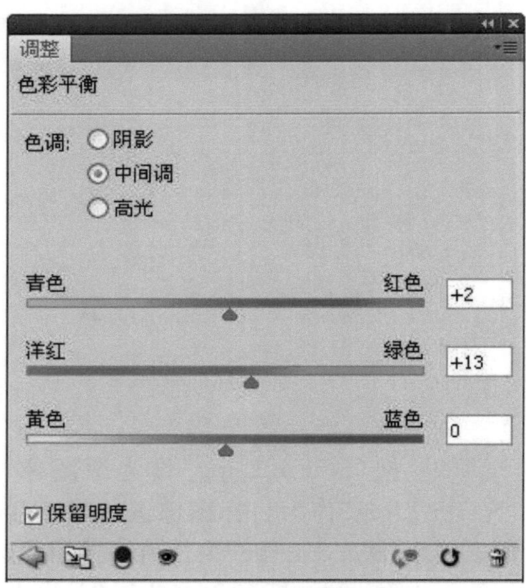

(3) 由于图像中的非植物部分的颜色也发生了变化，我们需要把它们的颜色进行还原。设置前景色为黑色，选用“画笔工具”，在选项栏中设置其“不透明度”为100%，在“图层”面板中选择“色彩平衡 1”图层中的图层蒙版缩览图，使用画笔对图像中的非植物部分进行涂抹。蒙版显示的涂抹效果如右图所示。

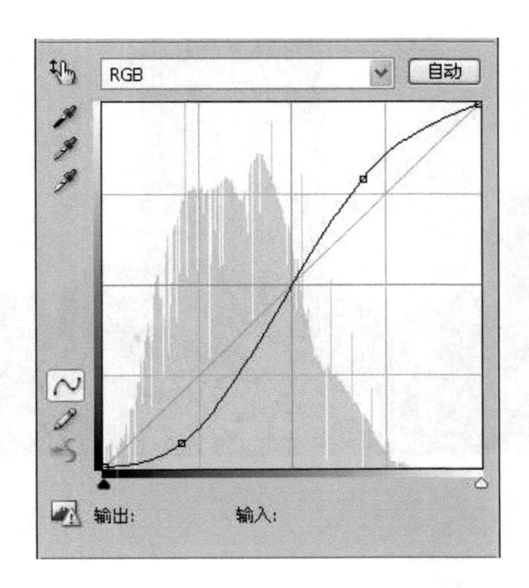

(4) 为了提高地面部分的明暗对比度，执行“图层/新建调整图层/曲线”命令，创建名为“曲线 1”的调整图层，在“调整”面板中 RGB 曲线图形上的阴影和高光区各点选一个控制点，分别调整它们的位置，如左图所示。

(5) 参照第(3)步，我们需要用蒙版对天空部分的对比度进行还原，设置前景色为黑色，选用“画笔工具”，在选项栏中设置其“不透明度”为 100%，在“图层”面板中选择“曲线 1”图层中的图层蒙版缩览图，使用画笔对图像中的天空部分进行涂抹，蒙版显示的涂抹效果如左图所示。

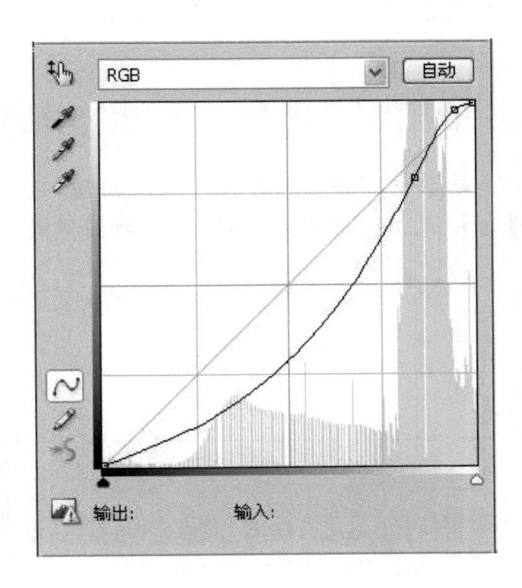

(6) 为了提高天空部分的明暗对比度，执行“图层/新建调整图层/曲线”命令，创建名为“曲线 2”的调整图层，在“曲线”调整面板中按下手形按钮，在图像中天空的云层上各选择一个最亮和最暗的点，在曲线“调整”面板中分别调整生成的控制点的位置，如左图所示。

(7) 接着设置前景色为黑色，背景色为白色，选择"渐变工具"，在"图层"面板中选择"曲线 2"图层中的图层蒙版缩览图，使用渐变工具在图像中由下至上拉出从黑到白的渐变，如右图所示。这样上一步中的曲线命令只对天空和大厦的高层起作用。

Step 3

最后使用"照片滤镜"命令调整图像的整体色温。

(1) 执行"图层/新建调整图层/照片滤镜"命令，创建名为"照片滤镜 1"的调整图层，在"调整"面板中选中"滤镜"，并选择"加温滤镜"，将"浓度"值改为 20，如右图所示。

(2) 将作品存储为"大厦.jpg"。

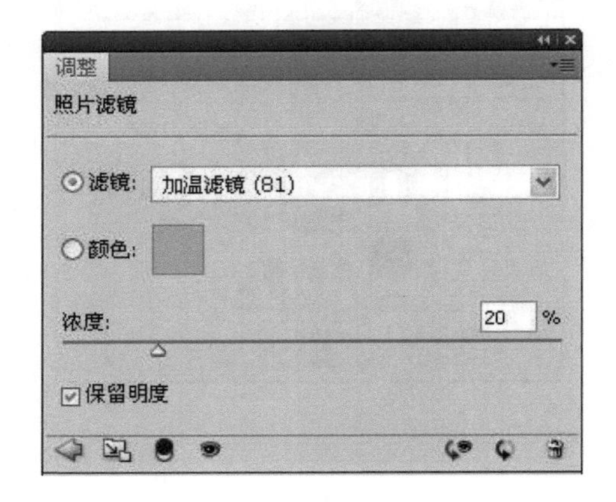

范例项目小结

在本范例项目中，我们主要利用"颜色匹配"命令重新设置图像的色彩；利用"色阶"、"色彩平衡"、"曲线"等命令对图像的颜色进行校正；利用"照片滤镜"命令对图像的整体色温进行调整。

小试身手——"山谷"效果制作

路径指南

本例作品参见下载资料"第 3 章\第 5 节"文件夹中的"山谷.psd"文件。需要的图像素材为下载资料"第 3 章\第 5 节"文件夹中的"SC3-5-3.jpg"和"SC3-5-4.jpg"。

设计结果

本项目效果如左图所示。

设计思路

本项目的解题方案可以参考范例项目。

操作提示

(1) 打开下载资料“第 3 章\第 5 节”文件夹中的“SC3-5-3. jpg”和“SC3-5-4. jpg”,如左二、左三图所示。

(2) 参照范例,以“SC3-5-3. jpg”作为目标图像,“SC3-5-4. jpg”为源图像进行颜色匹配。执行“图像/调整/匹配颜色”命令,设置“源”为“SC3-5-4. jpg”,“明亮度”为 60,“颜色强度”为 130,如左图所示。

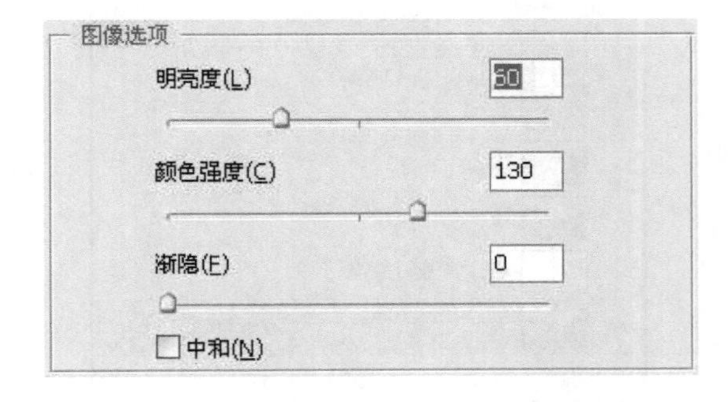

(3) 为了增加图像的明暗对比，执行“图层/新建调整图层/曲线”命令，创建一个名为“曲线 1”的调整图层，在“调整”面板中的曲线图形上点选并移动控制点至如右图所示位置。

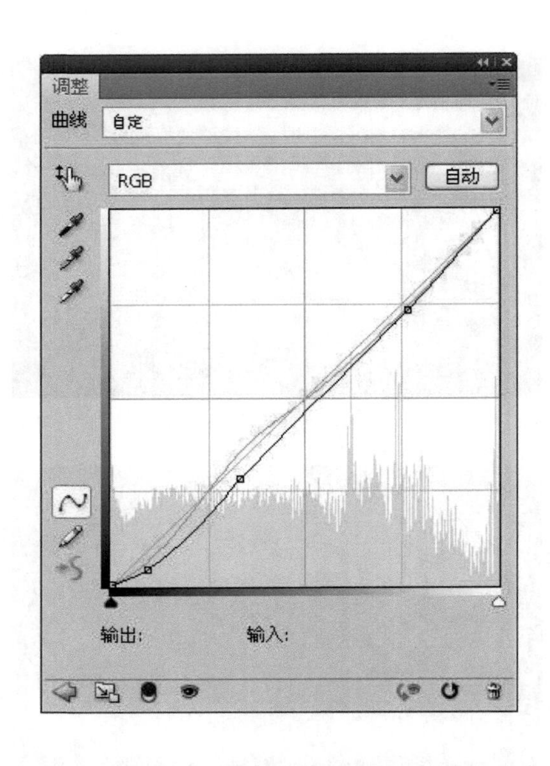

(4) 执行“图层/新建调整图层/照片滤镜”命令，创建一个名为“照片滤镜 1”的调整图层，在“调整”面板中选中“滤镜”，并选择“加温滤镜(85)”，将“浓度”值改为25，如右图所示。观察图像可以看到山体的颜色比较接近需要，但是天空的颜色反而变得不自然，因此我们需要单独对天空进行色彩恢复。

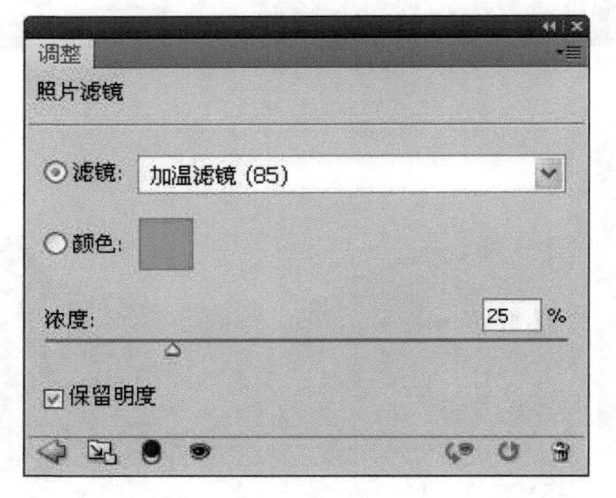

(5) 在“通道”面板将“蓝”通道拖曳到“创建新通道”按钮上，复制出新的通道“蓝 副本”。点击“蓝 副本”通道的缩览图，仅让它可见，如右图所示。

（6）选择“魔棒工具”，在选项栏中设置“容差”为40，勾选“连续”。用魔棒在图像的天空部分点选，直到天空全部被选中，如左图所示。

（7）在“通道”面板的“RBG”通道缩览图上单击，这时“红”、“绿”、“蓝”三个通道都可见。然后进入“图层”面板，选中“照片滤镜1”中的图层蒙版缩览图，设置前景色为黑色，使用快捷键 Alt + Delete 进行颜色填充，蒙版中显示的填充效果如左图所示。这时候图像中的天空的色彩被恢复。

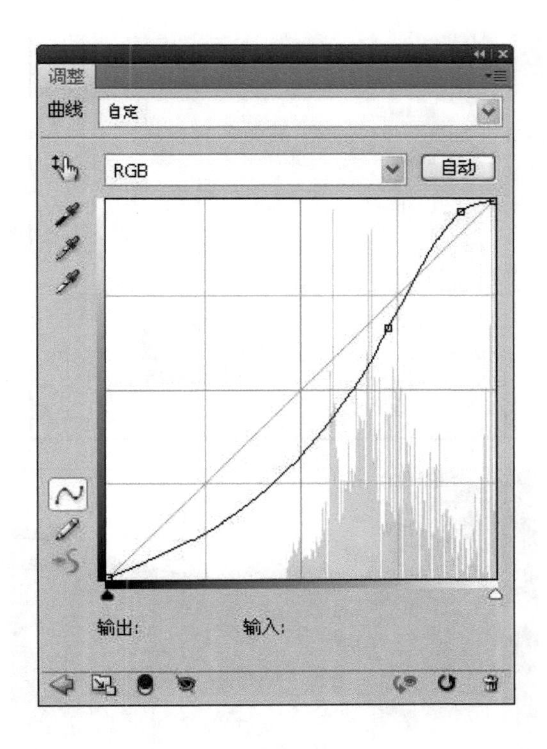

（8）确认天空部分仍然被选中，执行“图层/新建调整图层/曲线”命令，创建名为“曲线2”的调整图层，在曲线“调整”面板中按下手形按钮，然后分别在天空中最亮和最暗的地方点击，并在曲线“调整”面板中调节生成控制点的位置，如左图所示。

（9）将作品存储为“山谷.jpg”。

初露锋芒——“水乡晨曦”效果制作

路径指南

本例作品参见下载资料“第 3 章\第 5 节”文件夹中的“水乡晨曦.psd”文件。需要的图像素材为下载资料“第 3 章\第 5 节”文件夹中的“SC3-5-5.jpg”和“SC3-5-6.jpg”。

设计结果

本项目效果如右图所示。

设计思路

首先利用“匹配颜色”命令重新设置图片的色彩信息，为图像添加新的天空背景。然后为图像加入调整图层，校正图像的颜色。最后使用“照片滤镜”和“高斯模糊”命令，使图像产生清晨特有的效果。

操作提示

(1) 打开下载资料“第 3 章\第 5 节”文件夹中的“SC3-5-5. jpg”、“SC3-5-6. jpg”。把“SC3-5-6. jpg”作为源图像，“SC3-5-5. jpg”作为目标图像进行颜色匹配。选择“SC3-5-5. jpg”为当前编辑图像，执行“图像/调整/匹配颜色”命令，在“图像统计”中把“源”选为“SC3-5-6. jpg”，其余设置按默认即可，如右图所示。

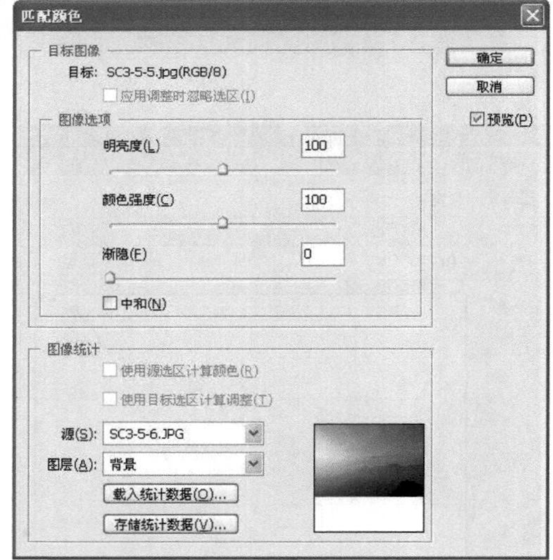

(2) 为了给图像添加一个新的天空背景，我们需要将原来的天空部分删除。首先在“图层”面板中双击“背景”图层生成“图层 0”。选用“魔棒工具”，在选项栏中将“容差”设为 20，不要勾选“连续”。在天空部分点击，如果地面有些地方也被误选，使用“矩形选框工具”，配合 Alt 键进行减选，最终选择范围如右图所示。然后使用 Delete 键删除选区中的部分。

(3) 选择“SC3-5-6. jpg”为当前编辑图像，选择“移动工具”，将“SC3-5-6. jpg”拖曳到“SC3-5-5. jpg”中，把它调整到正好遮盖住“SC3-5-5. jpg”图像的上半部分，同时在“图层”面板中生成新的“图层 1”，如左图所示。然后将“图层 1”拖放到“图层 0”的下方，这样天空和地面就完美融合在一起。

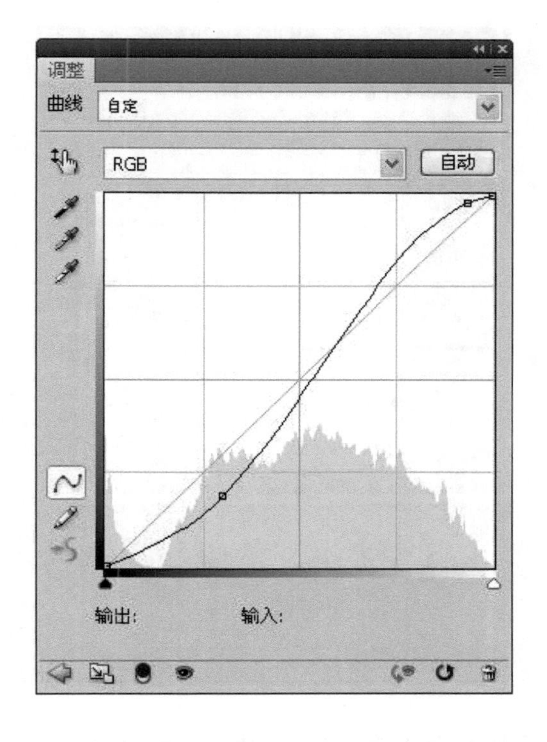

(4) 为了提高天空的明暗对比，选择“图层 1”为当前可编辑图层。执行“图层/新建调整图层/曲线”命令，创建名为“曲线 1”的调整图层，在曲线“调整”面板中按下手形按钮。然后分别在天空中最亮和最暗的地方点击，并在曲线“调整”面板中调节生成控制点的位置，如左图所示。

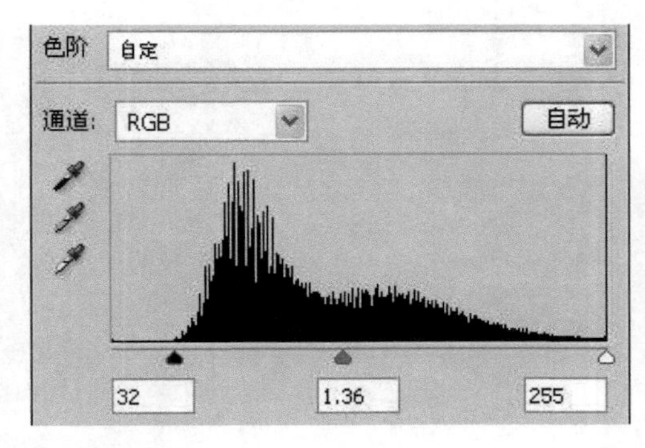

(5) 接着我们对地面的明暗对比进行调整。选择“图层 0”为当前可编辑图层，执行“图层/新建调整图层/色阶”命令，创建名为“色阶 1”的调整图层，在色阶“调整”面板中设置色阶的值为(32，1.36，255)，如左图所示。观察图像可以发现“图层 0”的画面对比度得到提高。在“色阶 1”图层名称上点击右键，执行“创建剪贴蒙版”命令，使当前调整图层仅对“图层 0”产生影响。

(6) 为了表现图像由明到暗的过渡，我们对色阶的图层蒙版做一些调整。在“图层”面板中选中“色阶 1”的图层蒙版缩览图，设置前景色为黑色，背景色为白色，选择“渐变工具”，在图像中从右到左拉出渐变，效果如右图所示。

(7) 图像中的水面带有少许的红色，我们需要将它改成带有清晨特征的青色。执行“图层/新建调整图层/色相/饱和度”命令，创建一个名为“色相/饱和度 1”的调整图层，在“调整”面板中设置“色相”为 -16，“饱和度”为 -13，如右图所示。在“色相/饱和度 1”图层上的名称处点击鼠标右键，选择“创建剪贴蒙版”命令，使当前调整图层仅对“图层 0”产生影响。

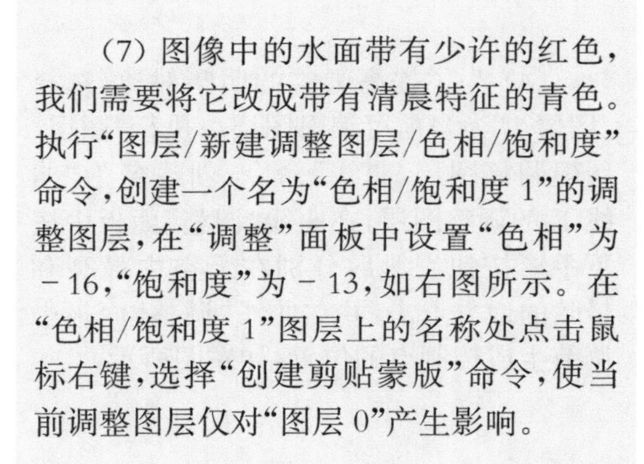

(8) 现在为图像中的水面添加反射光线。在“图层”面板中点击“创建新图层”按钮，将新生成的“图层 2”拖曳到所有图层的最上方，设置前景色的 RGB 值为(255，155，43)，选用“画笔工具”，在选项栏中设置“不透明度”为 6%，然后使用画笔在临近太阳的水面稍作涂抹，效果如右图所示。

(9) 执行“选择/所有图层”命令，这时“图层”面板中所有图层都被选中，把它们一起拖曳到“创建新图层”按钮上，生成各图层的副本。确定所有图层副本全部被选中，在其中一个图层副本的名称上单击鼠标右键，选择“合并图层”命令，这时全部图层副本合并为“图层 2 副本”，如左图所示。

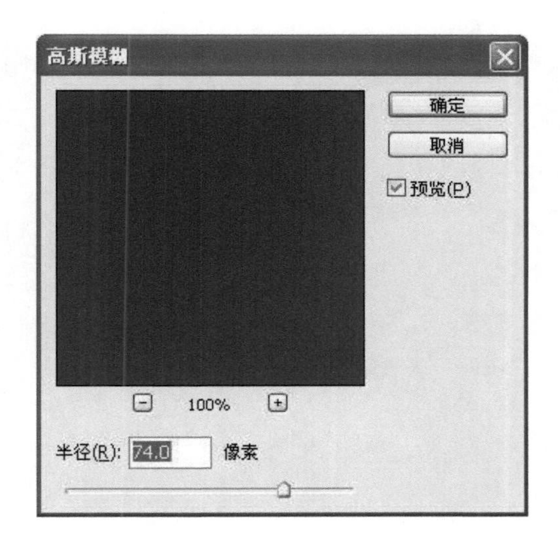

(10) 对“图层 2 副本”执行“滤镜/模糊/高斯模糊”命令，设置“半径”为 74 像素，如左图所示。然后设置图层的“混合模式”为“柔光”。

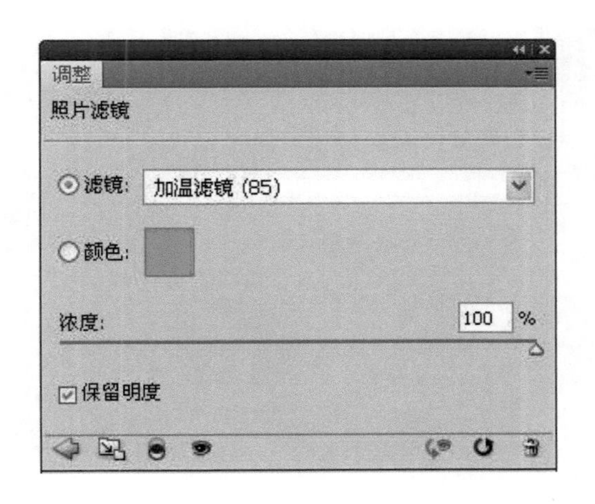

(11) 对“图层 2 副本”执行“图层/新建调整图层/照片滤镜”命令，创建名为“照片滤镜 1”的调整图层，在照片滤镜“调整”面板中选择“滤镜”，并选择“加温滤镜(85)”，设置“浓度”为 100，如左图所示。然后选择“照片滤镜 1”图层，单击鼠标右键，执行“创建剪贴蒙版”命令。

(12) 将作品存储为“水乡晨曦.jpg”。

提 高 篇

第四章　图层和蒙版的应用

图层在 Photoshop 中是一个最基本的功能。简单地说，图层就像一张透明的画布，在上面，你可以涂抹各种色彩，绘制各种线条。当多个图层被重叠起来后，通过控制各个图层的透明度以及图层色彩混合模式，我们可以创建丰富多彩的图像特效，而这些图像特效是手工绘画无法表现出来的。因此，掌握图层的操作，亦是掌握 Photoshop 的关键。

蒙版，也可以理解为遮罩，它被用来保护被屏蔽的图层区域，当蒙版中出现黑色，则表示在被操作图层中的这块区域是完全透明的；而当蒙版中出现白色，则表示图层中这块区域被遮罩；当表示为灰色时，则表示这块区域以一种半透明的方式显示，透明的程度由灰度来决定。蒙版在 Photoshop 中是一个重点，运用得好可以给图像带来无穷的变化和效果。

4.1　文本图层、图像图层、背景图层的应用

知识点和技能

图层是 Photoshop 中一个很重要的概念，它是 Photoshop 软件的工作基础。因此，我们有必要掌握图层的几个重要的知识点。

（1）图层的叠放次序：图层由下至上叠放，其摆放的次序对应在图像中为由远及近，如右图所示。

（2）图层的类型有文字图层、图像图层、背景图层、调整图层、形状图层，如右图所示。

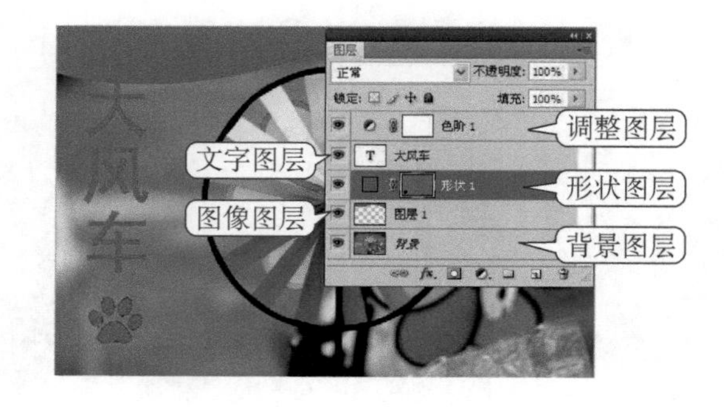

平面设计 Photoshop CS4

① 文字图层：使用文字工具输入文字后，将自动产生一个图层，缩览图为 T。文字图层不能直接应用滤镜，必须先要栅格化，变为图像图层后才可以应用。

② 图像图层：最基本的图层类型。

③ 背景图层：最底部的图层，无法与其他图层调换叠放次序，但可转换为图像图层。

④ 调整图层：可以对调整图层以下的图层进行色调、亮度、饱和度的调整。

⑤ 形状图层：使用形状工具创建图形后，将自动产生一个形状图层。

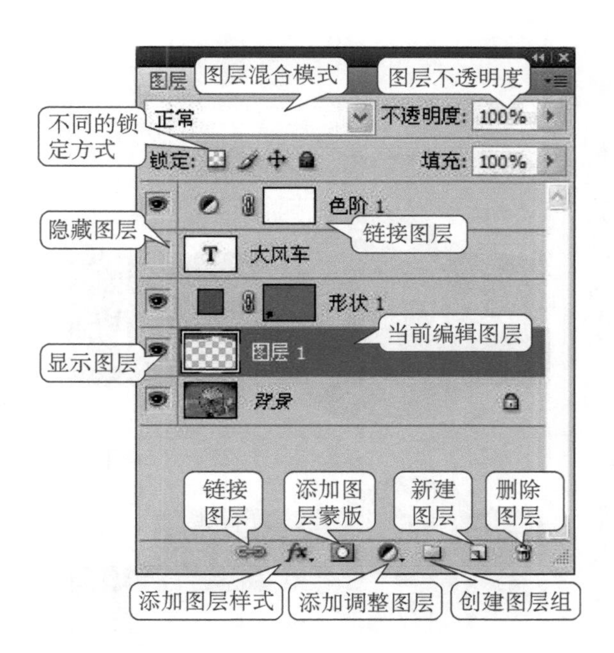

(3) 图层的应用可以通过图层菜单或通过"图层"面板来实现。下面我们通过左图来认识"图层"面板中的几个常用参数、标志及按钮。

范例——制作"啤酒标签"图像效果

设计结果

各个品牌的啤酒瓶上都贴有具有品牌特色的标签，我们也自己动手来设计一个吧。

本项目效果如左图所示。（参见下载资料"第 4 章\第 1 节"文件夹中的"啤酒标签. psd"。）

设计思路

首先使用椭圆及矩形选框工具绘制选区，并填充颜色。编辑选区，进行描边。然后使用文字工具制作弧形文字。最后使用"自定形状工具"绘制图形。

Step 1

我们首先要进行的工作是准备需要的素材图片。

(1) 新建文件“啤酒标签”，文件大小为 400 × 200 像素，分辨率为 72 像素/英寸。

(2) 利用“矩形选框工具”与“椭圆选框工具”绘制图形，如右图所示。

(3) 新建图层，选择“油漆桶工具”，填充绿色，颜色代码为 # 1e8100，效果如右图所示。

(4) 执行“选择/修改/收缩”命令，在弹出的对话框里设置收缩量为 15 像素，将上一步中的选区缩小，如右图所示。

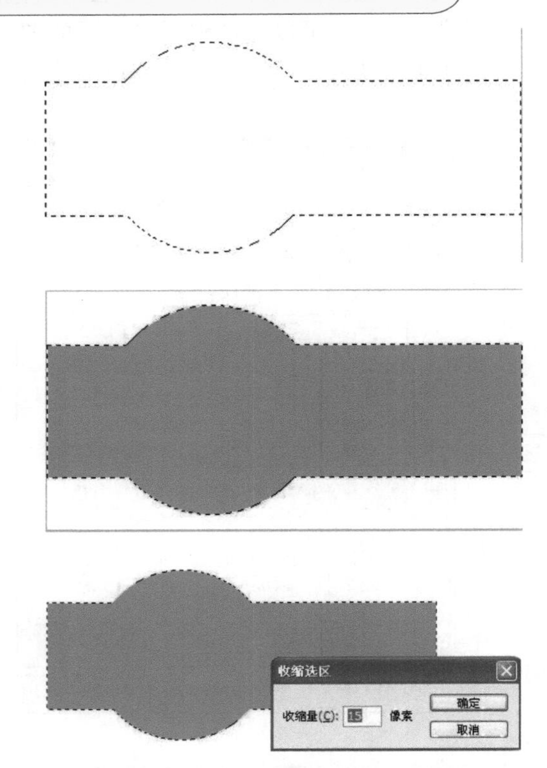

(5) 新建图层，执行“编辑/描边”命令，在弹出的“描边”对话框中设置如右图所示参数，点击“确定”按钮，效果如右下图所示。

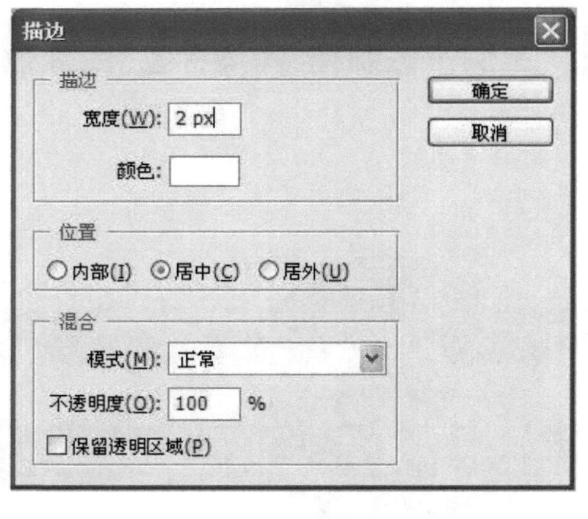

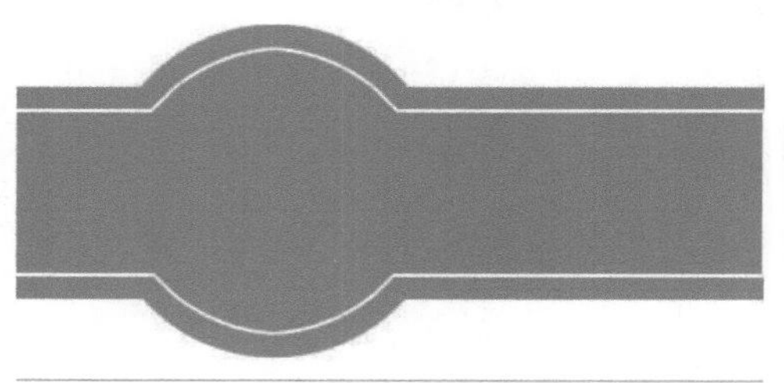

Step 2

下面我们要进行的任务是制作弧形的文字及设计标签的图案。

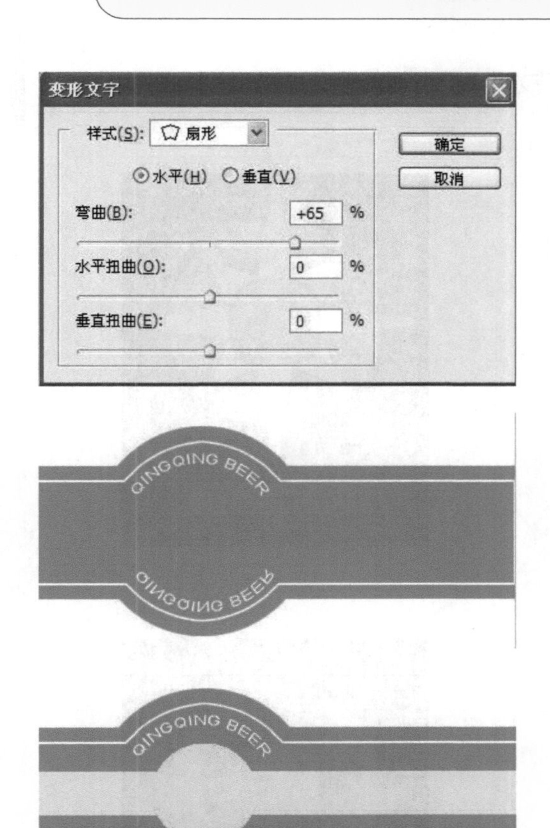

(1) 使用文字工具键入“QINGQING BEER”，然后选中所有文字，单击选项栏“创建文字变形”按钮，属性参数设置如左图所示。

(2) 调整文字位置，并复制文字图层，选择副本，执行“编辑/变换/垂直翻转”命令，调整文字副本位置，效果如左图所示。

(3) 绘制选区，新建图层，并填充黄色，效果如左图所示。

(4) 新建图层，选择“自定形状工具”，将前景色调整为绿色，单击选项栏“填充像素”按钮，选择雪花图形进行绘制，效果如左图所示。

(5) 将作品存储为“啤酒标签. jpg”。

范例项目小结

在本范例项目中，我们主要建立了选区，并对选区进行编辑；然后进行填充和描边；最后使用了变形文字。

要注意的是，每进行一个步骤必须新建图层，使每个部件都处于不同的图层，以便之后进行修改。

小试身手——“新音乐工作室”标志设计

路径指南

本例作品参见下载资料“第 4 章\第 1 节”文件夹中的“新音乐工作室.psd”文件。

设计结果

本项目效果如右图所示。

设计思路

先利用“椭圆选框工具”和“油漆桶工具”绘制图形。然后对个别图形进行旋转复制。最后输入相关的文字。

操作提示

（1）新建文件，大小为 800×640 像素，分辨率为 72 像素/英寸，背景色为黑色。

（2）执行“视图/新建参考线”命令，分别在水平和垂直位置新建参考线，拖动参考线，放置到合适的位置。

（3）绘制选区，新建图层，并填充红色，效果如右图所示。

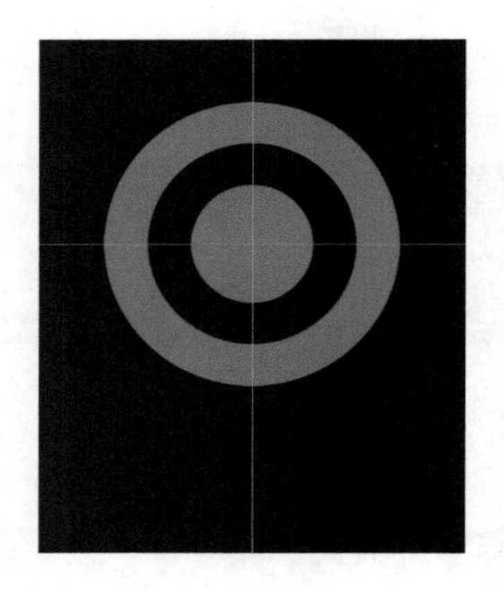

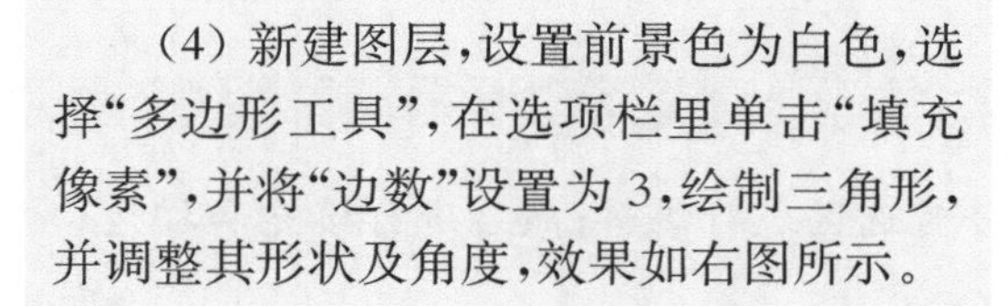

（4）新建图层，设置前景色为白色，选择“多边形工具”，在选项栏里单击“填充像素”，并将“边数”设置为 3，绘制三角形，并调整其形状及角度，效果如右图所示。

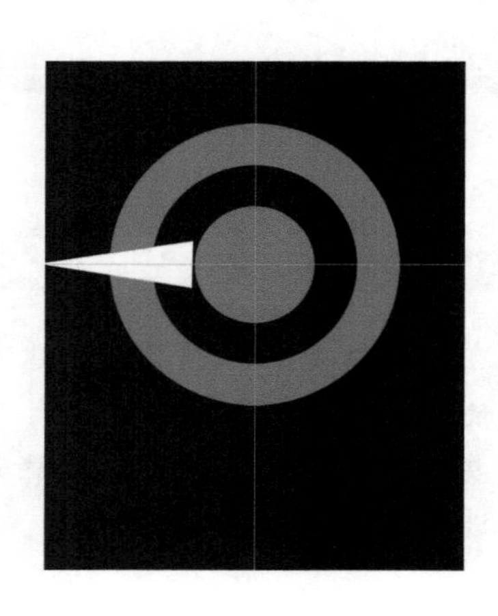

(5) 选中三角形所在图层,复制图层,使用快捷键 Ctrl + T 将变换中心点移动到参考线中心,旋转图形 90 度,连续按 Ctrl + Shift + Alt + T 两次,将图形旋转、复制,效果如左图所示。

(6) 新建图层,利用"自定形状工具"绘制箭头,并使用第(5)步中的方法进行旋转、复制,效果如左图所示。

(7) 创建扇形变形文字,并复制文字图层,向右下方移动少许距离,将文字副本的颜色修改为黑色,制作出阴影效果,如左图所示。

(8) 新建图层,创建矩形选区并填充颜色,然后添加文字,完成标志制作,如左图所示。

(9) 将作品存储为"新音乐工作室.jpg"。

初露锋芒——“快乐屋餐厅”海报制作

路径指南

本例作品参见下载资料“第 4 章\第 1 节”文件夹中的“快乐屋餐厅.psd”文件。需要的图像素材为下载资料“第 4 章\第 1 节”文件夹中的“SC4-1-1.jpg”～“SC4-1-5.jpg”。

设计结果

本项目效果如右图所示。

设计思路

利用“多边形套索工具”绘制色块，并叠加素材图片，最后添加文字及装饰图形。

操作提示

（1）新建文件，大小为 640×480 像素，分辨率为 72 像素/英寸，背景色为白色。打开下载资料“第 4 章\第 1 节”文件夹中的“SC4-1-1.jpg”，如右图所示，将其复制到新建文件中。

（2）使用“多边形套索工具”绘制选区，并填充相应颜色，效果如右图所示。

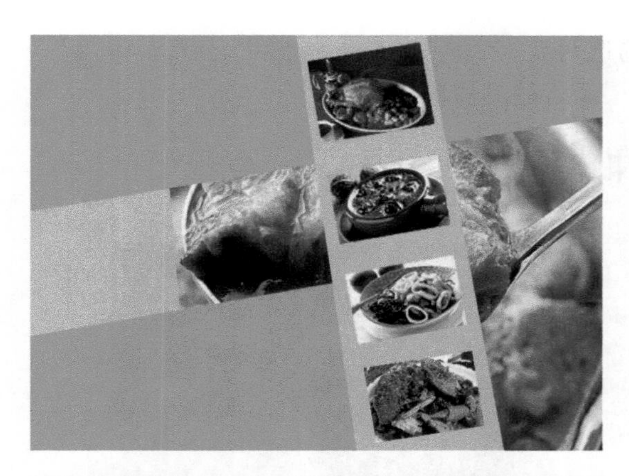

(3) 打开下载资料“第 4 章\第 1 节”文件夹中的“SC4-1-2. jpg”～“SC4-1-5. jpg”，将它们复制到新建文件中，并调整图片大小及位置，效果如左图所示。

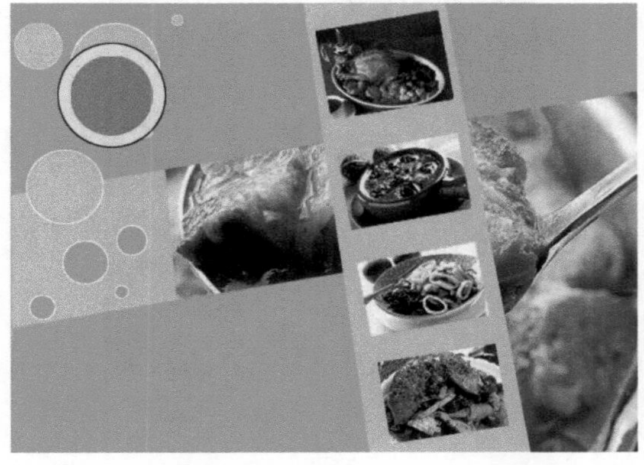

(4) 利用“椭圆选框工具”制作一些圆形图案作为点缀，并进行描边，这一步可自由发挥，参考效果如左图所示。

(5) 最后为我们的广告添加上文字，效果如左图所示。

(6) 将作品保存为“快乐屋餐厅. jpg”。

4.2 蒙版的应用

知识点和技能

我们已经初步学会了“图层”面板的一些基本的操作，例如，图层的建立、复制等，在接下去的章节中，我们要来认识图层中的一些特性。本节中我们主要来认识一下图层蒙版，在“图层”工作面板中我们只需单击“添加图层蒙版”按钮，即可添加图层蒙版。

图层蒙版对当前图层起到了遮盖的作用。蒙版在 RGB 模式下只有 256 级灰度(CMYK

模式下有 100 级)，不同的灰度影响图层不同的透明度。

接下来，我们通过范例项目来体会一下图层蒙版的具体应用方法。

范例——制作“婚纱照”图像合成效果

设计结果

婚纱照是新娘最美的回忆，我们一起来动手创造这一份永恒的美丽吧！

本项目效果如右图所示。(参见下载资料“第 4 章\第 2 节”文件夹中的“婚纱照. psd”。需要的图像素材为下载资料“第 4 章\第 2 节”文件夹中的“SC4-2-1. jpg”～“SC4-2-4. jpg”。)

设计思路

利用蒙版进行图像的合成，得到婚纱照艺术效果。

范例解题导引

Step 1

首先打开素材，将人物拖动到背景图片中，使用图层蒙版，使人物与背景图层相融合。

(1) 执行“文件/打开”命令，打开下载资料“第 4 章\第 2 节”文件夹中的“SC4-2-1. jpg”、“SC4-2-2. jpg”。

(2) 将“SC4-2-2. jpg”直接拖动到“SC4-2-1. jpg”中，效果如右图所示。

(3) 选择“图层 1”，单击“图层”面板下方的“添加图层蒙版”按钮，为“图层 1”创建图层蒙版，“图层”面板如左图所示。

(4) 选择图层蒙版，使用“渐变工具”，渐变颜色为从黑色到白色，渐变类型为“线性渐变”，在图层蒙版上拖曳，使人物与背景融合，效果如左图所示。

Step 2

接下来将装饰花朵拖动到作品中，并使用第一步中的方法，使之与图片融合。

(1) 打开下载资料“第 4 章\第 2 节”文件夹中的“SC4-2-3. jpg”。将图片直接拖动到目标文件中，并使用第一步中的方法，使用蒙版，使图片混合，效果如左图所示。

（2）打开下载资料“第 4 章\第 2 节”文件夹中的“SC4-2-4.jpg”，将图片中的酒杯直接拖动到目标文件中，并调整其位置及大小，效果如右图所示。

Step 3

最后使用“渐变工具”，绘制一些从透明到白色“径向渐变”的圆形图案作为点缀。

（1）新建图层，选择“椭圆选框工具”，按住 Shift 键的同时拖动鼠标，绘制正圆选区，如右图所示。

（2）选择“渐变工具”，设置渐变类型为“径向渐变”，调整渐变颜色为从透明到白色，从选区中心向边缘拖曳，为选区添加渐变效果，效果如左图所示。

（3）复制“图层 4”，并对副本图层进行大小、位置的调整，效果如左图所示。

（4）将作品存储为“婚纱照.jpg”。

范例项目小结

在本范例项目中，我们主要使用蒙版使人物与背景融合；使用“渐变工具”绘制点缀的圆形图案。

小试身手——“百花齐放”效果制作

路径指南

本例作品参见下载资料“第 4 章\第 2 节”文件夹中的“百花齐放.psd”文件。需要的图像素材为下载资料“第 4 章\第 2 节”文件夹中的“SC4-2-5.jpg”～“SC4-2-10.jpg”。

设计结果

本项目效果如右图所示。

设计思路

首先利用蒙版与“粘贴入”命令进行图像的合成。然后对蒙版进行滤镜处理，得到艺术效果。

操作提示

（1）执行“文件/打开”命令，打开下载资料“第 4 章\第 2 节”文件夹中的“SC4-2-5. jpg”、“SC4-2-6. jpg”，将“SC4-2-6. jpg”直接拖动到“SC4-2-5. jpg”中，并调整图片大小，效果如右图所示。

（2）选择“图层 1”，创建图层蒙版，将前景色设置为黑色，选择“自定形状工具”，单击选项栏中的“填充像素”按钮，并选择花朵形状，如右图所示。

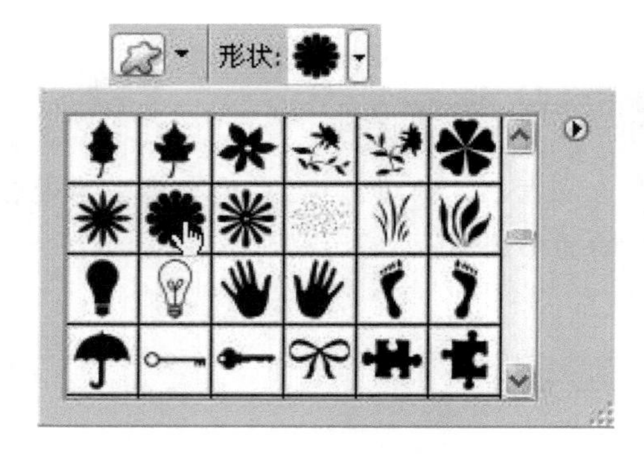

（3）选择蒙版，按住 Shift 键绘制图形，可见图形所覆盖区域图像被隐藏，这时按住快捷键 Ctrl + I，对蒙版进行反相，效果如左图所示。

■ 小贴士

如果在编辑蒙版的时候发现图片需要单独调整时，我们可单击图层与蒙版中间的锁链进行解锁，这样图层与蒙版都可以单独进行调整了。

（4）选择蒙版，执行“滤镜/模糊/高斯模糊”命令，设置模糊“半径”为 7.2 像素，效果如左图所示。

（5）执行“滤镜/素描/绘图笔”命令，调整滤镜参数，如左图所示。

（6）新建图层，在新图层上绘制正圆选区，放置在图片的左上角，如左图所示。

(7) 打开下载资料“第 4 章\第 2 节”文件夹中的“SC4-2-7. jpg”。按快捷键 Ctrl + A进行全选，然后再按快捷键 Ctrl + C进行复制。操作结束切换回目标文件，按快捷键 Ctrl + Shift + V(也可执行“编辑/粘贴入”命令)，效果如右图所示。

■ 小贴士

使用“粘贴入”命令可以将复制的内容粘贴至选区内，图层将自动产生一个蒙版。

(8) 调整贴入素材图片的大小，锁定图层与蒙版，并按下 Ctrl 键的同时点击蒙版，加载蒙版选区，如右图所示。

(9) 新建图层，执行“编辑/描边”命令，如右图所示。

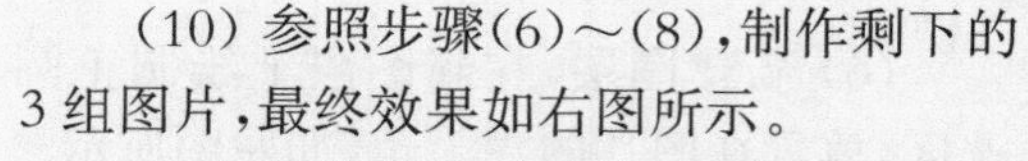

(10) 参照步骤(6)～(8)，制作剩下的3 组图片，最终效果如右图所示。

(11) 将作品存储为“百花齐放. jpg”。

初露锋芒——“一望无际”效果制作

路径指南

本例作品参见下载资料“第 4 章\第 2 节”文件夹中的“一望无际.psd”文件。需要的图像素材为下载资料“第 4 章\第 2 节”文件夹中的“SC4-2-11.jpg”和“SC4-2-12.jpg”。

设计结果

本项目效果如左图所示。

设计思路

首先使用“矩形选框工具”选取素材。然后利用蒙版进行图像合成。

操作提示

(1) 打开下载资料“第 4 章\第 2 节”文件夹中的“SC4-2-11. jpg”、“SC4-2-12. jpg”。

(2) 利用“矩形选框工具”和“移动工具”将“SC4-2-12. jpg”中的骆驼直接复制到“SC4-2-11. jpg”中并调整图片大小，然后为骆驼图层创建图层蒙版，如左图所示。

(3) 选择“画笔工具”，调整合适的笔头大小，设置前景色为黑色，在蒙版中对所需要遮盖的位置进行涂抹，效果如左图所示。

（4）利用“直排文字工具”在画面上输入“一望无际”四个字，字体为华文隶书，大小为 24 点，如右图所示。

（5）使用“矩形选框工具”在背景层上绘制如右图所示选区，按下快捷键 Ctrl + C。

（6）按住 Ctrl 键，点击“图层”面板中文字图层的缩览图，得到文字选区，如右图所示。

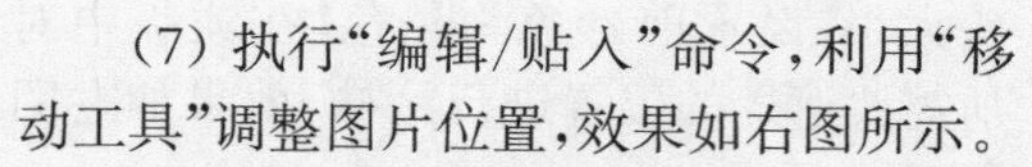

（7）执行“编辑/贴入”命令，利用“移动工具”调整图片位置，效果如右图所示。

（8）调整文字图层位置，使其置于蒙版层文字的右下方，制造阴影效果。

（9）将作品存储为“一望无际. jpg”。

4.3 图层样式的应用

知识点和技能

在“图层”面板底部除了“添加图层蒙版”按钮外，还有“添加图层样式”按钮。通过图层样式设置，我们可以对图层添加投影、浮雕等效果。但必须要注意的是，图层样式无法直接应用于背景图层。

范例——制作“天空交响曲”图像合成效果

设计结果

蓝天白云，大提琴在原野中若隐若现，让我们一起来完成这个美丽的效果吧！

本项目效果如左图所示。（参见下载资料“第 4 章\第 3 节”文件夹中的“天空交响曲. psd”。需要的图像素材为下载资料“第 4 章\第 3 节”文件夹中的“SC4-3-1. jpg”和“SC4-3-2. psd”。）

设计思路

首先将大提琴移动到目标背景中。然后利用“图层样式”中的“混合选项”制作出提琴在云层中穿越的效果。最后利用“图层样式”制作文字投影。

范例解题导引

Step 1

首先将大提琴移动到目标背景中，并制作大提琴的倒影。

（1）打开下载资料“第4章\第3节”文件夹中的素材图片“SC4-3-1. jpg”和“SC4-3-2. psd”。选择“移动工具”，将“SC4-3-2. psd”移动到图片“SC4-3-1. jpg”中，如右图所示。

（2）复制大提琴所在图层，选择副本图层，执行“编辑/变换/垂直翻转”命令，并向下移动，调整其“不透明度”为30%，制作大提琴倒影，效果如右图所示。

Step 2

接下去，我们一起来制作大提琴与天空融合的效果以及文字效果。

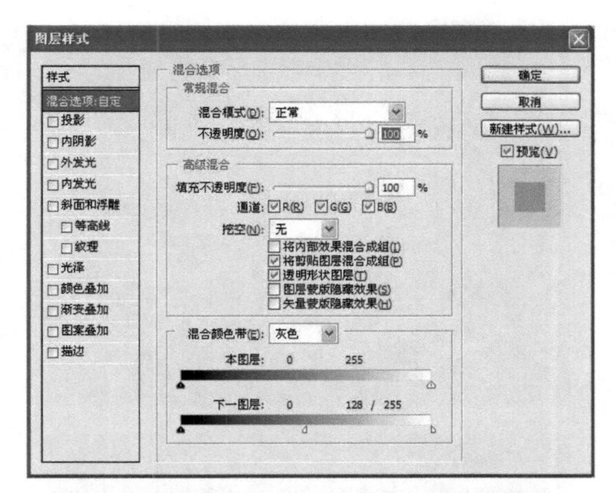

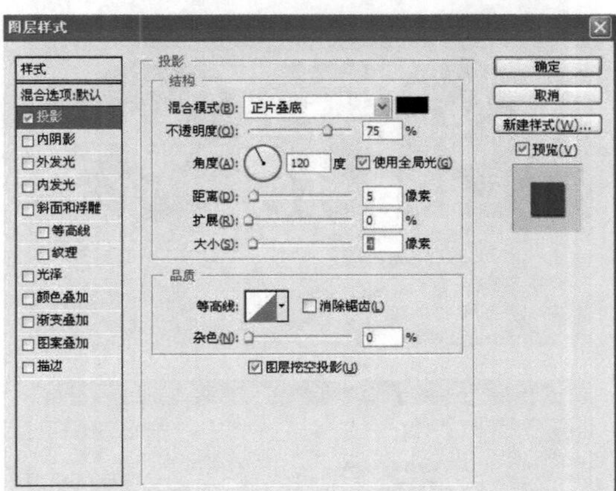

（1）选择“图层 1”，单击“图层”面板下方的“添加图层样式”按钮，选择“混合选项”，打开“图层样式”对话框，调整下方混合颜色带，按住 Alt 键可将滑块进行分开拖动，如左图所示。

■ 小贴士

该滑块的功能是将当前图层的下一图层中的高光区域显示出来。在本范例中下一图层的高光区域是白云，所以设置后白云会显现出来。

（2）使用“直排文字工具”输入文字，单击“图层”面板下方的“添加图层样式”按钮，选择“投影”，如左图所示设置参数。

（3）将作品保存为“天空交响曲.jpg”。

范例项目小结

在本范例项目中，我们主要使用两种不同的“图层样式”来制作不同的效果。除了本范例中所使用的样式外，还有其他几种样式。我们会在下面的实例中给大家做深入的介绍。

要注意的是，在制作过程中不要过分依赖样式中的参数，因为图形的大小等其他因素可能导致效果的不同。因此，建议在制作时根据具体情况而调整相关参数。

小试身手——“水晶文字”效果制作

路径指南

本例作品参见下载资料“第 4 章\第 3 节”文件夹中的“水晶文字.psd”文件。

设计结果

本项目的效果如右图所示。

设计思路

利用“图层样式”面板各个参数的调整，制作出按钮透明的质感。

操作提示

(1) 新建 600×450 像素大小的文件，分辨率为 72 像素/英寸，填充背景色黄色。使用“横排文字工具”输入字母 ABC，字体为 Bauhaus 93，如右图所示。

(2) 双击文字图层，打开“图层样式”对话框，勾选“颜色叠加”选项，参数设置如右图所示。

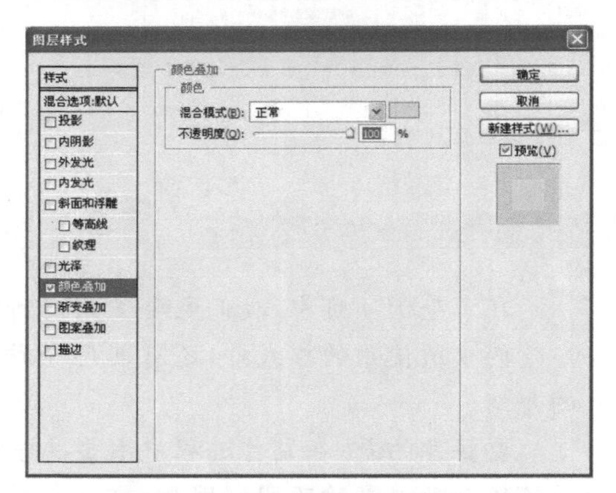

(3) 勾选“斜面和浮雕”选项，参数设置如右图所示。

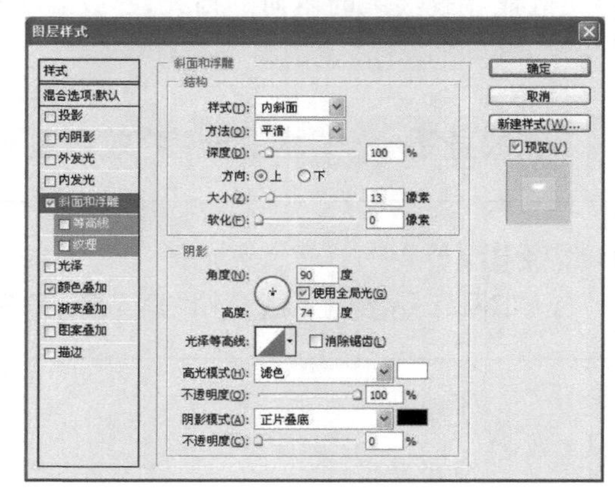

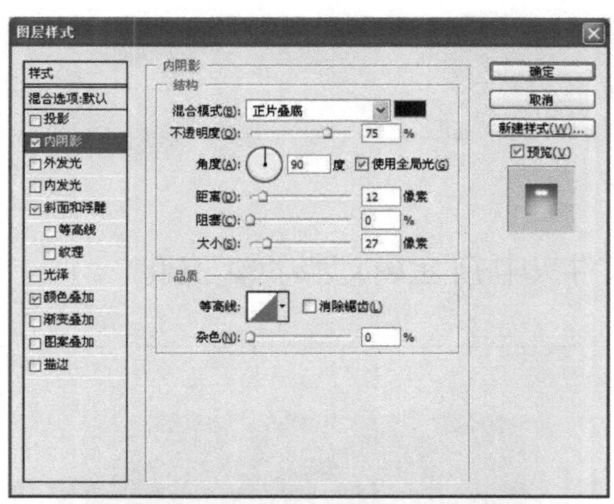

（4）勾选“内阴影”选项，参数设置如左图所示。

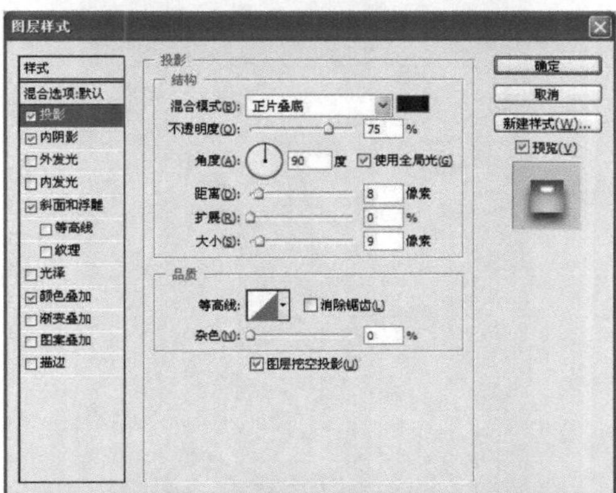

（5）勾选“投影”选项，参数设置如左图所示。

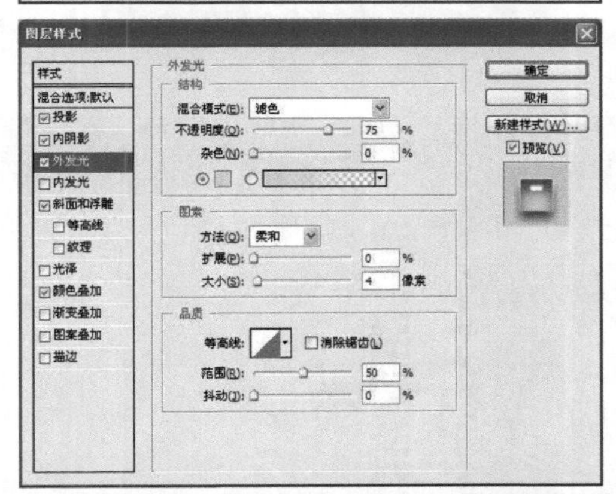

（6）勾选“外发光”选项，参数设置如左图所示。

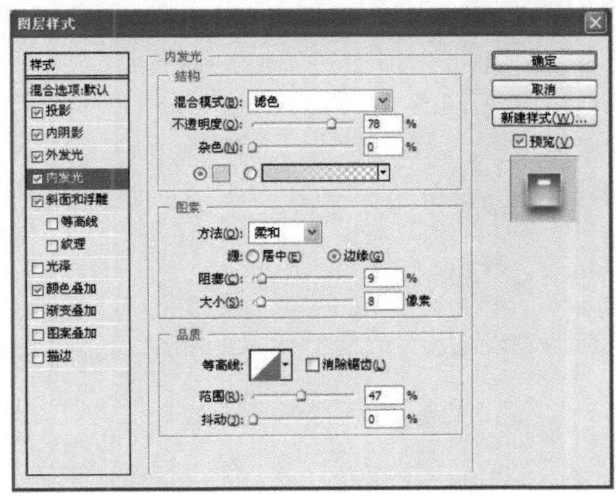

（7）勾选“内发光”选项，参数设置如左图所示。

（8）将作品存储为“水晶文字. jpg”。

初露锋芒——“金属文字”效果制作

路径指南

本例作品参见下载资料“第 4 章\第 3 节”文件夹中的“金属文字.psd”文件。

设计结果

本项目的效果如右图所示。

设计思路

首先用“多边形套索工具”和“油漆桶工具”画出彩色信纸。然后用文字工具做出相应文字并添加相应的文字图层样式，用“自定形状工具”绘制圆环。最后用蒙版工具处理文字的相交部分。

操作提示

（1）新建文件，大小为 560 × 800 像素，分辨率为 72 像素/英寸。

（2）新建图层，利用“多边形套索工具”绘制选区。

（3）选择“油漆桶工具”，设置“填充类型”为“图案”，加载彩色纸图案，用“浅黄牛皮纸”进行填充，如右图所示。

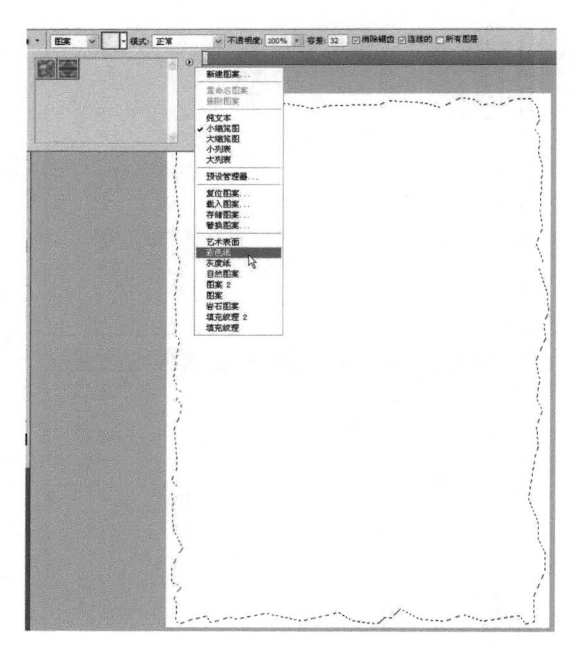

(4) 取消选区，为图层添加“投影”样式，效果如左图所示。

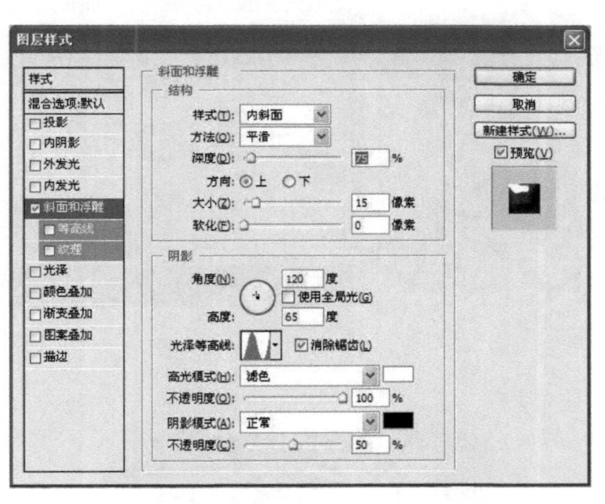

(5) 利用文本工具输入大写字母O，颜色为黑色，双击文本图层添加图层样式，选择“斜面和浮雕”，参数设置如左图所示。

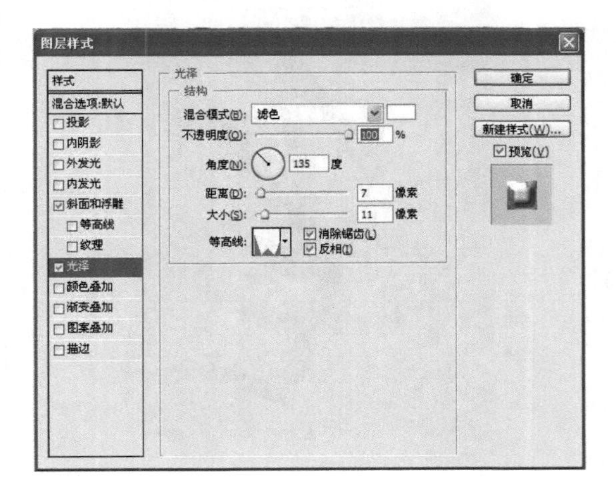

(6) 勾选“光泽”选项，参数设置如左图所示。

(7) 勾选“描边”选项，参数设置如右图所示。

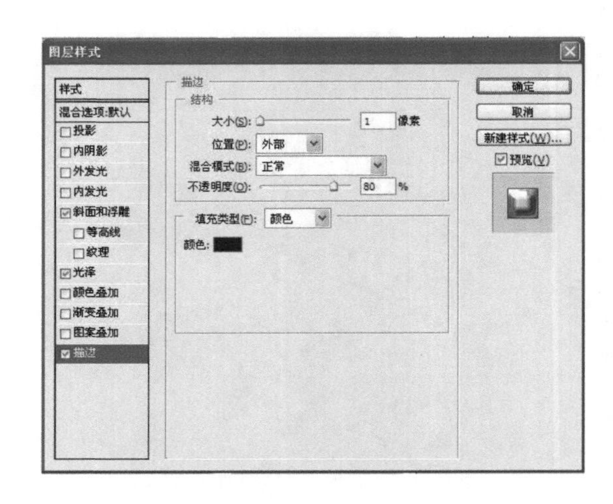

(8) 勾选“投影”选项，参数设置及最终效果如右图所示。

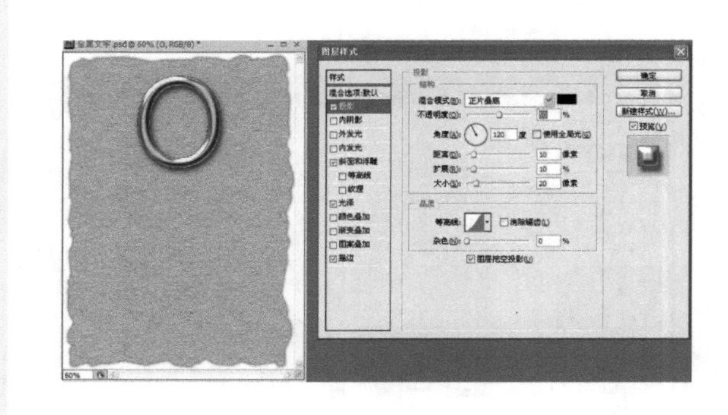

(9) 依次使用文本工具输入大写字母N和E，并调整大小及角度。选择字母N所在图层，右击鼠标，选择“栅格化图层”，利用“自定形状工具”绘制圆环，效果如右图所示。

（10）选择字母 O 所在图层，右击鼠标，选择“拷贝图层样式”，再分别选择 N 和 E 图层，右击鼠标，选择“粘贴图层样式”，效果如左图所示。

（11）选择字母 N 所在图层，添加图层蒙版，设置前景色为黑色，用“画笔工具”涂抹字母 N 与字母 O 相交的地方，效果如左图所示。

（12）利用上一步的方法制作字母 E 所在图层的图层蒙版，效果如左图所示。

（13）将作品存储为“金属文字.jpg”。

4.4 图层编组和图层构图方法的应用

知识点和技能

图层编组是图层应用中一项重要的手段,它可以将当前图层与其下一层或多层进行编组,图层编组的效果可以看作是将下层图层作为上层图层的蒙版。

在本项目中我们使用图层编组的方法来制作一些特殊的效果。

范例——制作“童年”图像效果

设计结果

童年的时光总是那么快乐,让我们和家人一起手牵手去郊游吧!

本项目效果如右图所示。(参见下载资料“第 4 章\第 4 节”文件夹中的“童年.psd”。需要的图像素材为下载资料“第 4 章\第 4 节”文件夹中的“SC4-4-1.jpg”~“SC4-4-3.jpg”。)

设计思路

首先制作浮雕文字的效果。然后分别复制两张素材图片。最后锁定要编组的图层,执行编组命令,完成最后的效果。

范例解题导引

Step 1

我们首先要进行的工作是制作文字效果。

(1) 打开下载资料“第 4 章\第 4 节”文件夹中的“SC4-4-1.jpg”，如左图所示。

(2) 选择“横排文字工具”，输入文字“童年”，调整合适的文字大小，字体为华文琥珀，如左图所示。

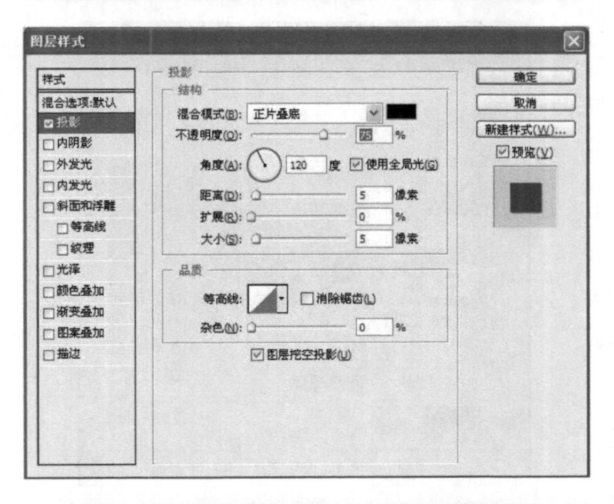

(3) 单击“图层”面板底部的“添加图层样式”按钮，在弹出的下拉菜单中选取“投影”，具体参数设置如左图所示。

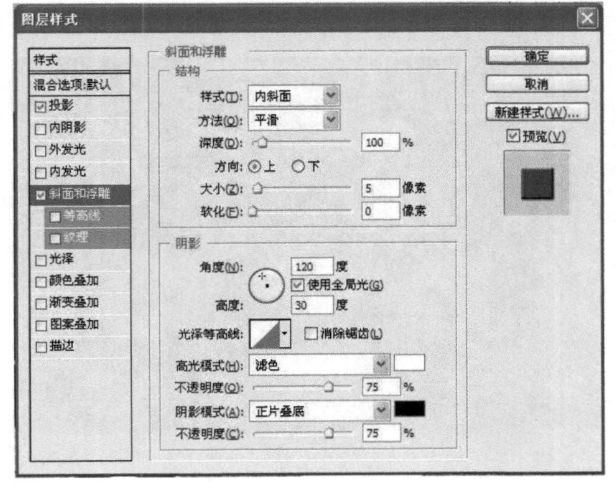

(4) 勾选“斜面和浮雕”，设置文字的浮雕效果，具体参数设置如左图所示。

Step 2

接下去，我们来复制素材图片。

打开下载资料“第 4 章\第 4 节”文件夹中的素材图片“SC4-4-2. jpg”、“SC4-4-3. jpg”，将两张图片依次拖动到目标文件中，并调整其大小及位置，效果如右图所示。

Step 3

最后，用图层编组的方法实现文字底纹效果。

（1）确保当前编辑图层在最顶层，链接除背景层以外的所有图层，如右图所示。

（2）同时选中“图层 1”和“图层 2”，执行“图层/创建剪贴蒙版”命令，将图层编组，编组后效果如右图所示。

（3）将作品存储为“童年. jpg”。

在本范例项目中，我们使用的是多层编组，在多层编组时必须同时选中需要编组的图层。由于编组命令是向下编组的，因此，必须确保编组时当前图层是在需要编组的最上方图层。

另外除了对多图层编组外，还可将当前图层与其下面的单个图层进行编组。

小试身手——"花朵拼图"效果制作

路径指南

本例作品参见下载资料"第 4 章\第 4 节"文件夹中的"花朵拼图.psd"文件。需要的图像素材为下载资料"第 4 章\第 4 节"文件夹中的"SC4-4-4.jpg"。

设计结果

本项目的效果如左图所示。

设计思路

先利用定义图案的方法，制作由符号填充的图层。然后将花卉图层与符号图层编组。最后调整花卉图层的色相/饱和度。

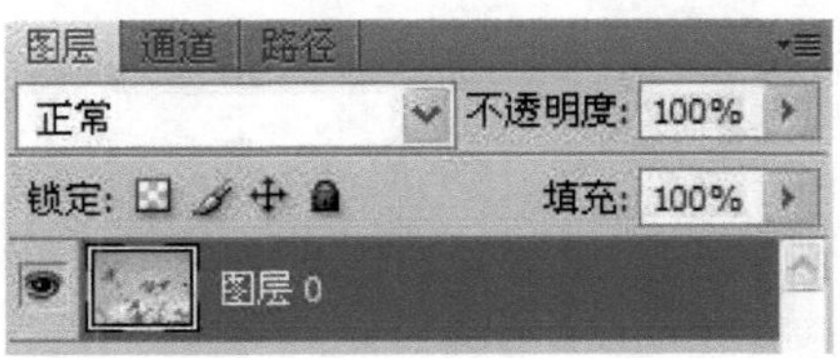

操作提示

(1) 打开下载资料"第 4 章\第 4 节"文件夹中的"SC4-4-4.jpg"，双击"背景"图层，将它转换为普通图层，如左图所示。

(2) 新建 10×10 像素大小的文档，背景为透明。使用"矩形选框工具"绘制矩形选区，填充白色，取消选区，如左图所示。

(3) 执行“编辑/定义图案”命令，如右图所示。

(4) 返回“SC4-4-4. jpg”窗口，新建“图层 1”，并使用“油漆桶工具”填充当前图层，填充的内容为步骤(3)中定义的图案，如右图所示。

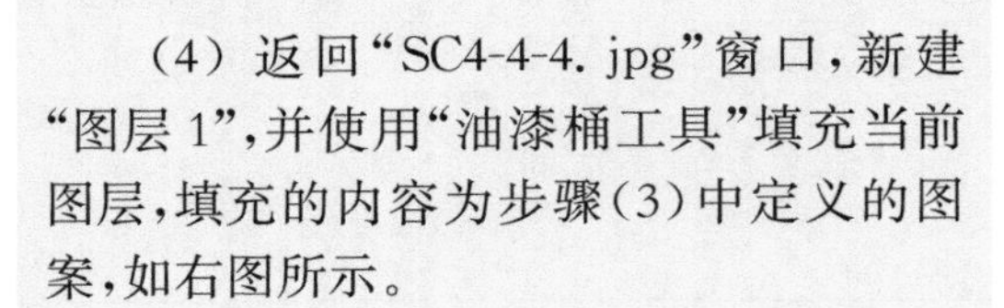

(5) 将“图层 0”与“图层 1”交换位置，选择“图层 0”，执行“图层/创建剪贴蒙版”命令，将花朵与符号图层编组，效果如右图所示。

(6) 新建图层，将图层填充为白色，并将该图层放置在最底层，效果如右图所示。

(7) 选择“图层 0”，执行“图像/调整/色相/饱和度”命令，具体参数设置如右图所示。

(8) 将作品保存为“花朵拼图. jpg”。

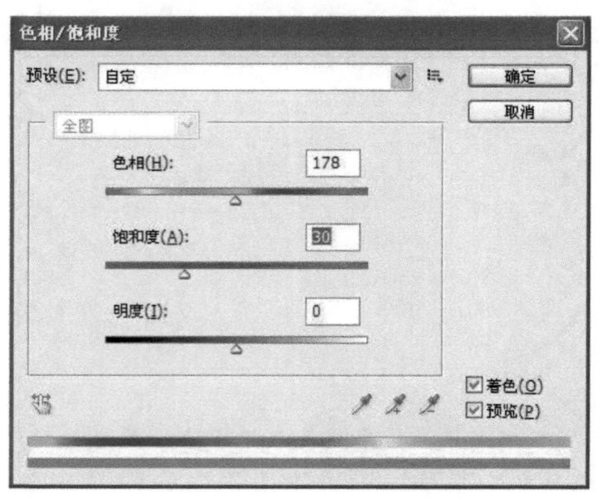

初露锋芒——“美好城市”效果制作

路径指南

本例作品参见下载资料“第 4 章\第 4 节”文件夹中的“美好城市. psd”文件。需要的图像素材为下载资料“第 4 章\第 4 节”文件夹下的“SC4-4-5. psd”～“SC4-4-9. psd”。

设计结果

本项目的效果如左图所示。

设计思路

利用图层编组制作图片与图形的叠加。然后利用“图层样式”给图形添加投影效果。最后添加文字与图形素材。

操作提示

(1) 新建文件，大小为 450 × 600 像素，分辨率为 72 像素/英寸，填充背景色为淡黄色。

(2) 打开下载资料“第 4 章\第 4 节”文件夹中的“SC4-4-5. psd”，选择图形所在图层，将鹰的剪影复制到新建文件中，如左图所示。

(3) 打开下载资料“第 4 章\第 4 节”文件夹中的“SC4-4-6. jpg”，将城市夜景图片复制到新建文件中，并调整其大小，效果如右图所示。

(4) 确定当前图层为夜景图片所在图层，执行“图层/创建剪贴蒙版”命令，效果如右图所示。

(5) 选择鹰所在图层，单击“图层”面板下方“添加图层样式”按钮，选择“投影”，使用默认参数设置，为图形添加投影效果，效果如右图所示。

(6) 打开下载资料“第 4 章\第 4 节”文件夹中的“SC4-4-7. jpg”、“SC4-4-8. jpg”,使用上述的方法制作剪贴蒙版,并添加投影效果,效果如左图所示。

(7) 打开下载资料“第 4 章\第 4 节”文件夹中的“SC4-4-9. psd”,将图片中的地球拖动到目标文件中,并调整其所在图层的位置,效果如左图所示。

(8) 添加文字“美好城市”,并为文字制作描边,效果如左图所示。

(9) 将作品存储为“美好城市. jpg”。

4.5 调整层特效的应用

知识点和技能

本章节中我们主要来认识一下调整层。在“图层”面板中我们只需单击“创建新的填充或调整图层”按钮，即可添加调整层。

调整层只对其以下的图层实现色调、亮度、对比度等的调整，不会改变图层原有的样子。充分使用调整层来处理图像，可以使得调整图像操作具有更大的灵活性、重复性和特效性。使用调整层调整图像的操作属于“非破坏性调整”操作。

接下来，我们通过下面的项目来体会调整层是如何将图层操作、调整操作和蒙版操作三者完美地结合在一起的。

范例——制作“眺望大海”图像效果

设计结果

旅游归来，拍摄的照片由于技术的原因不尽如人意，让我们用调整层来美化我们的照片吧！

本项目效果如右图所示。（参见下载资料“第 4 章\第 5 节”文件夹中的“眺望大海. psd”。需要的图像素材为下载资料“第 4 章\第 5 节”文件夹中的“SC4-5-1. jpg”。）

设计思路

首先使用调整层调整整张照片的色相和饱和度。然后使用蒙版调整照片的局部色调与山体的颜色。最后重复上述方法，调整天空的颜色。

范例解题导引

Step 1

我们首先要进行的工作是对整张照片做色相和饱和度的调整。

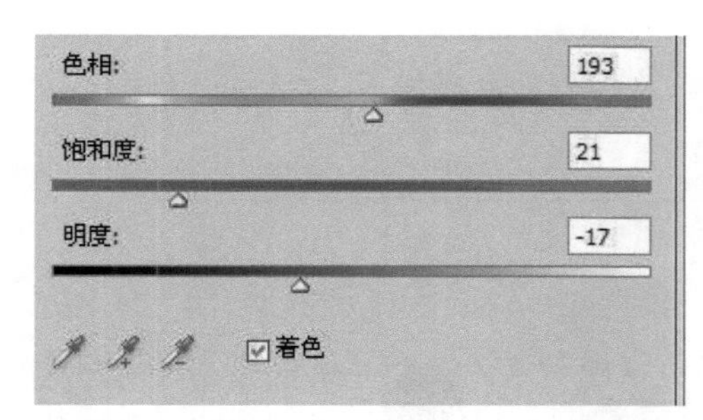

（1）打开下载资料“第 4 章\第 5 节”文件夹中的“SC4-5-1. jpg”，并复制“背景”图层。

（2）单击“图层”面板底部的“创建新的填充或调整图层”按钮，在弹出的下拉列表中选取“色相/饱和度”，“调整”面板中的参数设置如左图所示。

（3）选择“画笔工具”，设置前景色为黑色，对除了海面之外的区域用画笔进行涂抹，效果如左图所示。

Step 2

接下来我们来调整人物的颜色。

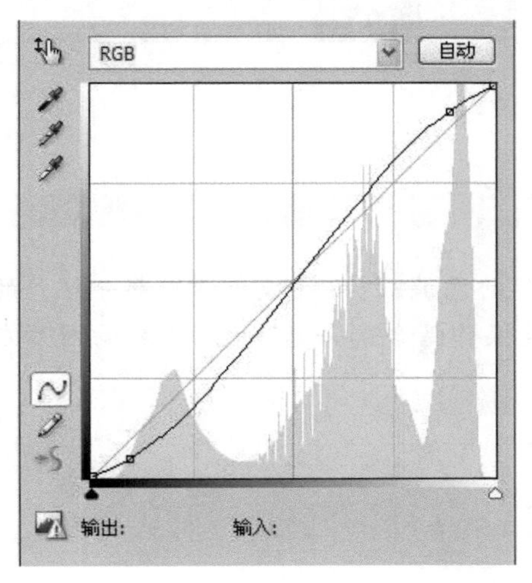

（1）单击“图层”面板底部的“创建新的填充或调整图层”按钮，在弹出的下拉列表中选取“曲线”，“调整”面板中的参数设置如左图所示。

（2）选择“画笔工具”，设置前景色为黑色，将除了人物之外的区域用画笔涂抹成黑色，效果如左图所示。

Step 3

最后，我们来调整天空和沙滩的颜色。

（1）利用调整海面的方法来调整沙滩的颜色，效果如右图所示。

（2）利用调整人物的方法来调整天空的曝光度，效果如右图所示。

（3）将作品存储为“眺望大海.jpg”。

范例项目小结

在本范例项目中，我们使用调整层来调整图片的色调；利用蒙版来调整部分照片的色调。可见，调整层将图层操作、调整操作和蒙版操作结合起来后，可以不影响图片本身而对图片进行调整。

小试身手——“季节变换”效果制作

路径指南

本例作品参见下载资料“第 4 章\第 5 节”文件夹中的“季节变换.psd”文件。需要的图像素材为下载资料“第 4 章\第 5 节”文件夹中的“SC4-5-2.jpg”。

设计结果

本项目的效果如左图所示。

设计思路

使用“色彩平衡”调整图层，为图片重新调整色调。

操作提示

（1）打开下载资料“第 4 章\第 5 节”文件夹中的“SC4-5-2. jpg”，如左图所示。

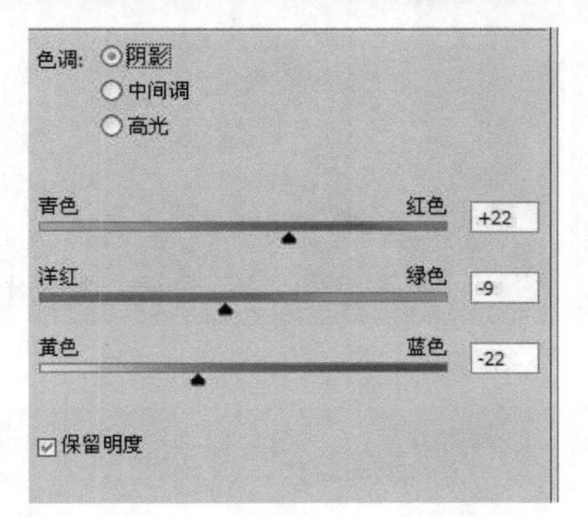

（2）单击“图层”面板底部的“创建新的填充或调整图层”按钮，在弹出的下拉列表中选择“色彩平衡”，在“调整”面板中选择“阴影”，参数设置如左图所示。

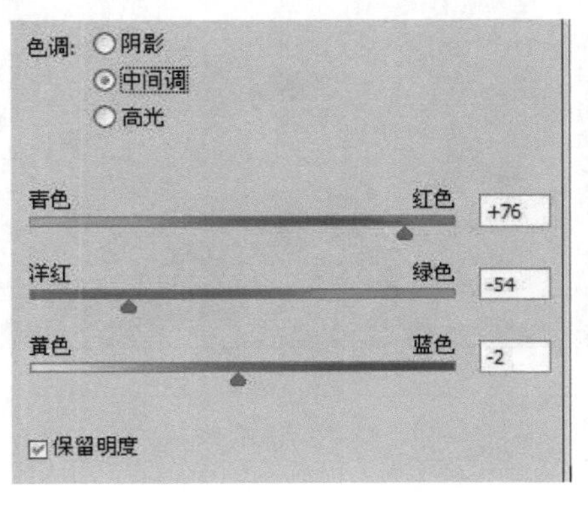

（3）选择“中间调”，参数设置如左图所示。

（4）选择“高光”，参数设置如右图所示。

（5）将作品保存为“季节变换.jpg”。

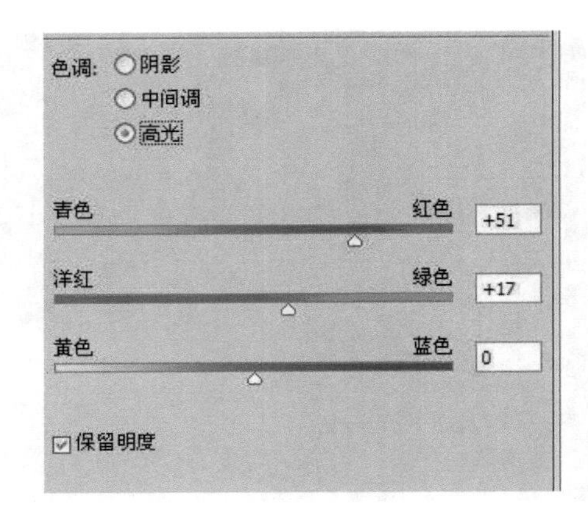

初露锋芒——“小猫”效果制作

路径指南

本例作品参见下载资料“第 4 章\第 5 节”文件夹中的“小猫.psd”文件。需要的图像素材为下载资料“第 4 章\第 5 节”文件夹中的“SC4-5-3.jpg”。

设计结果

本项目的效果如右图所示。

设计思路

利用照片滤镜调整图层来修正不同灯光下的照片偏色。

操作提示

（1）打开下载资料“第 4 章\第 5 节”文件夹中的“SC4-5-3.jpg”，如右图所示。

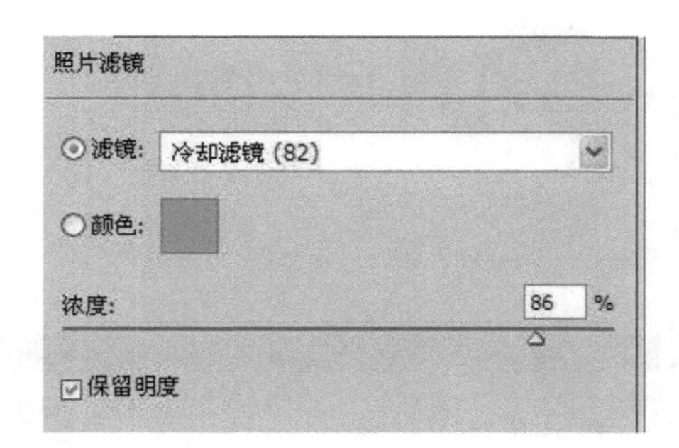

(2) 单击“图层”面板底部的“创建新的填充或调整图层”按钮，在弹出的下拉列表中选择“照片滤镜”，“调整”面板中的参数设置如左图所示。

(3) 将作品存储为“小猫.jpg”。

4.6 自动对齐、自动混合图层、堆叠图像及加深景深的应用

知识点和技能

本章节中，我们一起来学习一下 Photoshop CS4 中新增的功能——自动对齐图层与自动混合图层。

“自动对齐图层”命令可以根据不同图层中的相似内容(如:角和边)自动对齐图层。可以指定一个图层作为参考图层，也可以让 Photoshop 自动选择参考图层。其他图层将与参考图层对齐，以便匹配的内容能够自行叠加。

使用“自动混合图层”命令可缝合或组合图像，从而在最终复合图像中获得平滑的过渡效果。“自动混合图层”将根据需要对每个图层应用图层蒙版，以遮盖过度曝光或曝光不足的区域或内容差异。要注意的是，“自动混合图层”仅适用于 RGB 或灰度图像，不适用于智能对象、视频图层、3D 图层或背景图层。

范例——制作“泥塑娃娃”图像效果

设计结果

在拍摄小物品时，除了打光之外，我们最常遇到的问题就是景深不够深，导致拍出来的相片无法完整、清晰地呈现物品的样貌。其实，我们可以利用 Photoshop CS4 提供的自动混合图层功能解决这一问题。

本项目效果如左图所示。(参见下载资料“第 4 章\第 6 节”文件夹中的“泥塑娃娃.psd”。需要的图像素材为下载资料“第 4 章\第 6 节”文件夹中的“SC4-6-1.jpg”～“SC4-6-4.jpg”。)

设计思路

首先导入素材图片，并且将素材图片进行自动对齐。然后选中所有图层，利用自动混合图层功能完成制作。

Step 1

首先导入素材并自动对齐素材。

（1）执行“文件\脚本\将文件载入堆栈”命令。

（2）在弹出的“载入图层”对话框中单击“浏览”按钮，找到素材图片“SC4-6-1.jpg”～“SC4-6-4.jpg”，并勾选对话框底部的“尝试自动对齐源图像”，如右图所示。

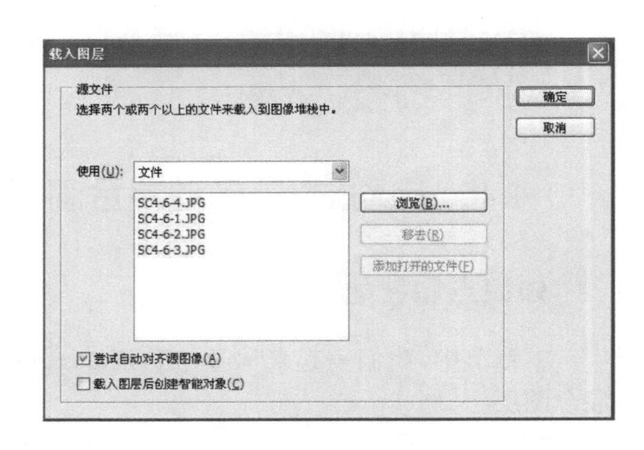

（3）单击“确定”按钮，Photoshop 会开启一个新文件，而在该文件中我们会发现刚刚所选择的相片各自成为不同的图层，如右图所示。

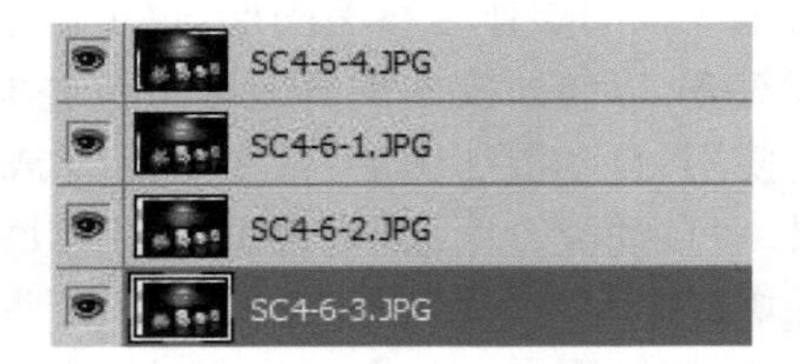

（4）利用“裁剪工具”对文件进行裁剪，将边缘白色的部分去除掉，如右图所示。

Step 2

接下来我们来调整娃娃的颜色。

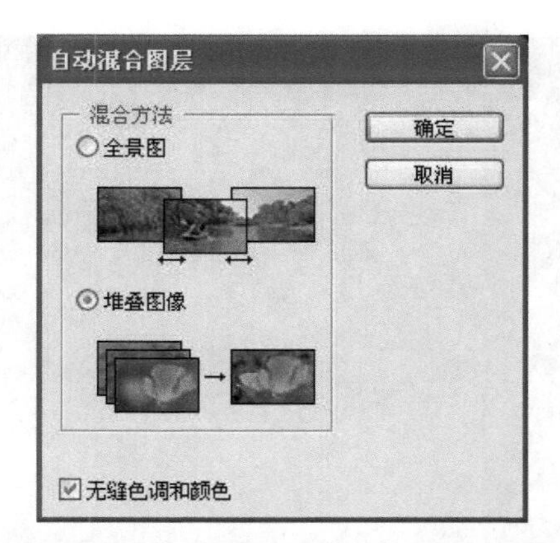

（1）全选所有图层，然后执行“编辑\自动混合图层”命令。

（2）在弹出的“自动混合图层”对话框的“混合方法”中选择“堆叠图像”，并勾选“无缝色调和颜色”，如左图所示。

（3）单击“确定”按钮，效果如左图所示。

（4）将作品存储为“泥塑娃娃.jpg”。

范例项目小结

在本范例项目中，我们使用脚本对素材进行批量导入，并使用“自动混合图层”命令来解决景深不足的问题。以后如果碰到类似的问题，我们也能轻松解决了。

小试身手——“黄昏印象”效果制作

路径指南

本例作品参见下载资料“第4章\第6节”文件夹中的“黄昏印象.psd”文件。需要的图像素材为下载资料“第4章\第6节”文件夹中的“SC4-6-5.psd”。

设计结果

本项目的效果如右图所示。

设计思路

本例素材是一个由两个图层和一个蒙版构成的PSD文件，两个图层分别是海滩和夕阳。这里主要利用图层导出功能，将其分离，并分别成为两个独立文件。

操作提示

（1）打开下载资料“第4章\第6节”文件夹中的“SC4-6-5.psd”，如右图所示。

（2）右击“图层”面板中的蒙版缩略图，在弹出的快捷菜单中选择“删除图层蒙版”命令，如右图所示。

（3）执行“文件/脚本/将图层导出到文件”命令，在弹出的“将图层导出到文件”对话框中，选择“目标”路径为“我的文档”，“文件类型”为JPEG，如右图所示。

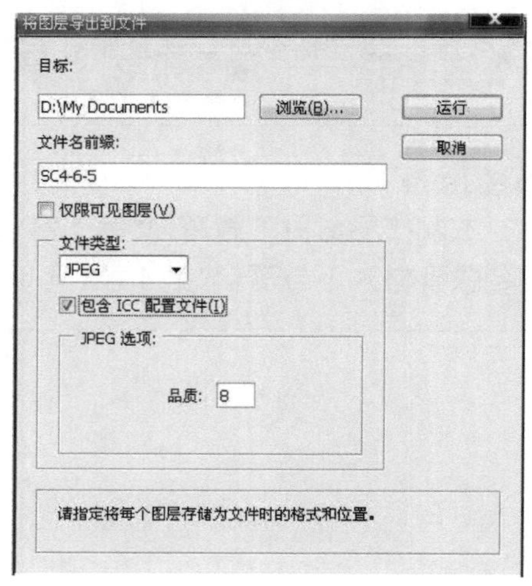

■ 小贴士

我们可以导出不同类型格式的图像文件，譬如PSD、BMP、JPEG、PDF、Targa和TIFF。

文件名的前缀可以默认使用被导出素材的文件名，也可以自己另外指定文件名。当选择使用被导出素材的文件名时，将会在每个被导出的文件名中自动添加上数字序号以及在原素材中的图层名。

(4) 单击"运行"按钮后,可以看到 PS 在自动执行相应的操作,当操作结束后,弹出如左图所示信息框。

(5) 打开"我的文档"文件夹,可以观察到如左图所示的两个图像文件。其文件名分别是"SC4-6-5_0000_图层 1. jpg"和"SC4-6-5_0001_背景. jpg"。

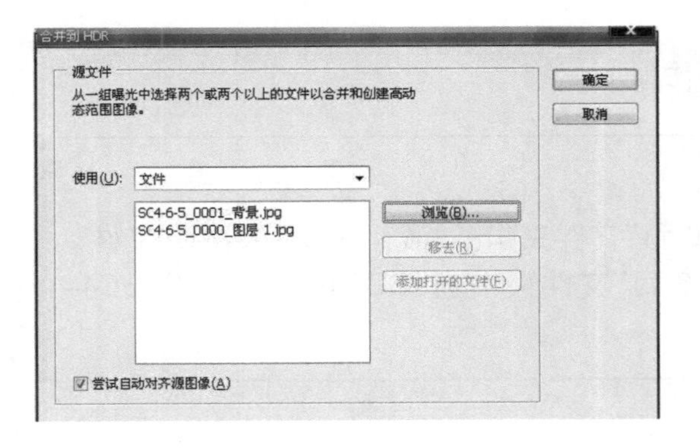

(6) 关闭 PSD 素材文件,执行"文件/自动/合并到 HDR"命令,打开如左图所示对话框。

(7) 在对话框中单击“浏览”按钮，选择刚才被导出的“SC4-6-5_0000_图层 1.jpg”和“SC4-6-5_0001_背景.jpg”。

(8) 单击“确定”按钮，弹出“手动设置曝光值”对话框，如右图所示。在此对话框中，可以根据需要调整照片的曝光时间、光圈等各项参数。

(9) 将第一张照片的曝光时间设置为 1/30，如右图所示。

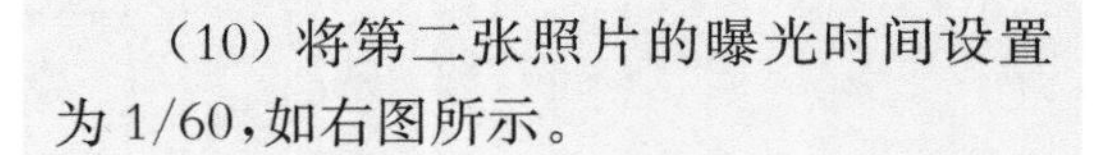

(10) 将第二张照片的曝光时间设置为 1/60，如右图所示。

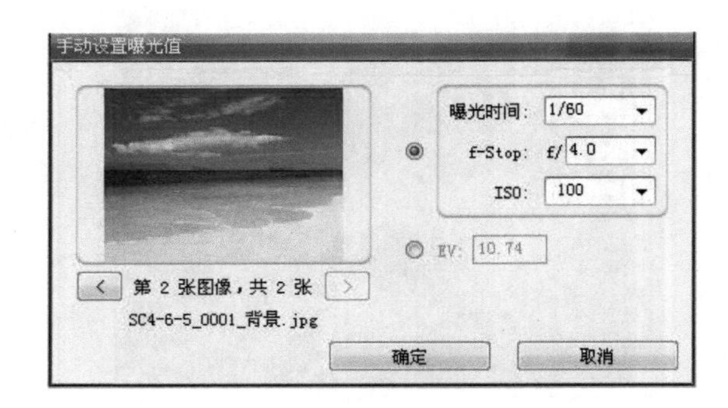

(11) 调整好参数后单击“确定”按钮，弹出如右图所示“合并到 HDR”对话框，在此对话框中可进一步调整“位深度”以及“设置场白”等参数。此时可将场白游标拖曳至最右边。

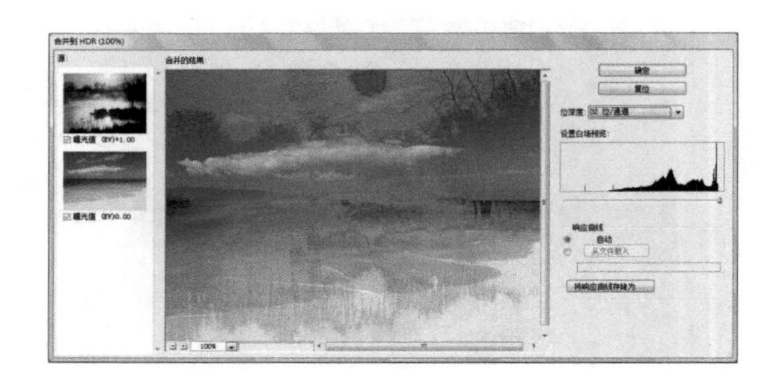

(12) 单击“确定”按钮，回到 Photoshop 窗口，使用文字工具，输入文字“黄昏印象”。

(13) 将作品存储为“黄昏印象.jpg”。

初露锋芒——“我们一家子”效果制作

路径指南

本例作品参见下载资料“第 4 章\第 6 节”文件夹中的“我们一家子.psd”文件。需要的图像素材为下载资料“第 4 章\第 6 节”文件夹中的“SC4-6-6.jpg”和“SC4-6-7.jpg”。

设计结果

本项目的效果如左图所示。

设计思路

利用自动对齐图像和蒙版将照片中人物表情不理想的地方进行修正。

操作提示

（1）执行“文件/脚本/将文件载入堆栈”命令，接着在开启的“载入图层”对话框中单击“浏览”按钮，找到下载资料“第4章\第6节”文件夹中的“SC4-6-6. jpg”、“SC4-6-7. jpg”，点击“确定”按钮关闭对话框，如左图所示。

（2）选择“图层”面板中的所有图层，然后执行“编辑/自动对齐图层”命令，在“自动对齐图层”对话框中，选择“自动”投影，效果如左图所示。使用“裁剪工具”将周围的白边裁剪掉。

（3）调整图层的位置，可以对图层位置进行上下调整，选中上面图片所在图层，单击“图层”面板下方的“添加图层蒙版”按钮，为该图层添加图层蒙版，效果如左图所示。

小贴士

此处在建立蒙版的时候将已经对齐的图层位置进行了对换，这样可以选择合适的人物进行修改，以便得到天衣无缝的效果。

（4）选择“画笔工具”，调整前景色为黑色，单击蒙版，对着照片中表情不理想的人物进行涂抹，前后效果对比如右图所示。

（5）将作品存储为“我们一家子.jpg”。

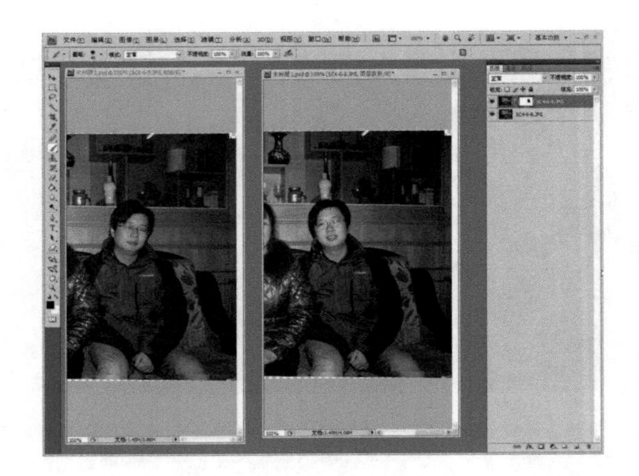

第五章　滤 镜 的 应 用

滤镜是 Photoshop CS4 中常用的功能。各种千变万化的特殊效果，都可以用滤镜功能来实现。滤镜的种类很多，本章主要介绍 Photoshop CS4 中一些常用的内置滤镜以及滤镜与滤镜之间的综合运用知识。

滤镜的操作虽然简单，但是要得到好的效果却并不容易。除了需要设计者具有一定的美学基础外，还需要对滤镜功能熟悉并具有良好操控能力。恰到好处地利用好滤镜效果可以让大家在平面设计的学习中有很大提高。

5.1　渲染类滤镜的应用

知识点和技能

滤镜分为内置滤镜和外置滤镜，在本章中主要介绍内置滤镜。滤镜的操作是非常简单的，但是真正用起来却很难恰到好处。滤镜通常需要同通道、图层等联合使用，才能取得最佳艺术效果。

渲染类滤镜的特点就是其自身可以产生图像，典型代表就是“云彩”滤镜，它利用前景色和背景色来生成随机云雾效果。由于是随机，所以每次生成的图像都不相同。充分而适度地利用好滤镜不仅可以改善图像效果，掩盖缺陷，还可以在原有图像的基础上产生许多特殊、炫目的效果。

范例——制作“我的 DIY 桌面”图像效果

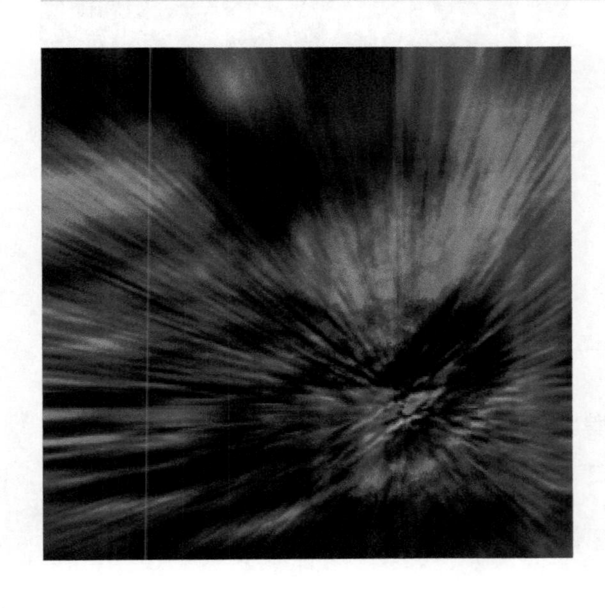

设计结果

绚丽夺目、生气勃勃的桌面可以给经常使用电脑的我们带来一整天的好心情。为自己的心情设计有个性的桌面背景，应该是件快乐的事情。

本项目效果如左图所示。（参见下载资料“第 5 章/第 1 节”文件夹中的“我的 DIY 桌面. psd”。）

设计思路

首先新建背景色为白色的文件，然后执行“滤镜/渲染/云彩”命令，并依次使用“滤镜”的一些其他内置命令，使图像生成一定的空间效果。通过对图像“色相/饱和度”、图层“混合模式”的调整与设置，使桌面更具有创意。

Step 1

首先新建图像，并用默认颜色执行“滤镜/渲染/云彩”命令，使背景呈现黑白云彩效果。

(1) 执行“文件/新建”命令，新建大小为 300×300 像素，分辨率为 72 像素/英寸，RGB 模式，背景色为白色的文件，如右图所示。

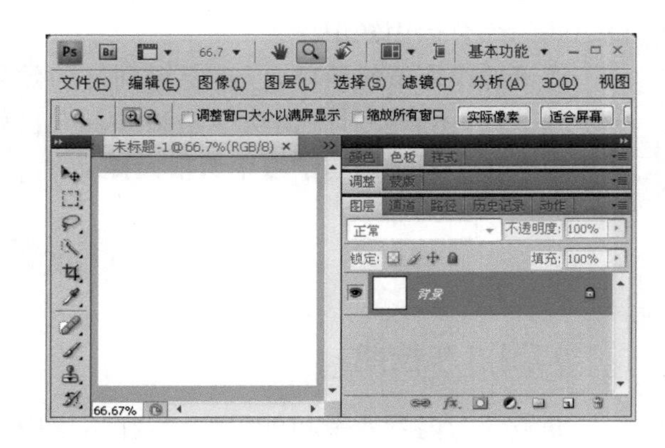

(2) 直接在“背景”图层上执行“滤镜/渲染/云彩”命令，效果如右图所示。

■ 小贴士

由于云彩的黑白灰效果是随机产生的，所以云彩滤镜可以重复使用。如果对云彩效果不是很满意，可以多做几次。

Step 2

接着利用“基底凸现”及“塑料效果”滤镜对云彩作不同的肌理效果。

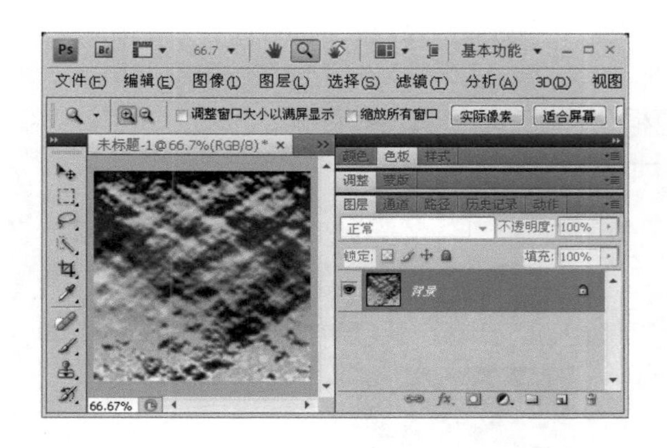

(1) 执行“滤镜/素描/基底凸现”命令,使用默认参数,使云彩产生黑白灰的凸现肌理,如左图所示。

(2) 执行“滤镜/素描/塑料效果”命令,在基底凸现的效果上进一步制作塑料肌理效果,如左图所示。

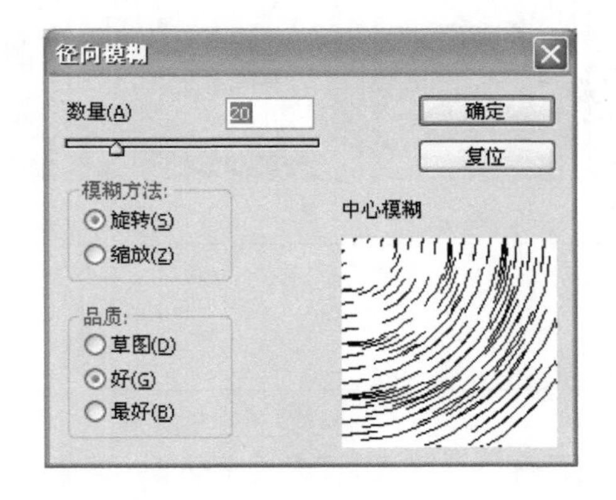

(3) 执行“滤镜/模糊/径向模糊”命令,设置“数量”为20,选择“旋转”,并拖动中心点位置,如左图所示。

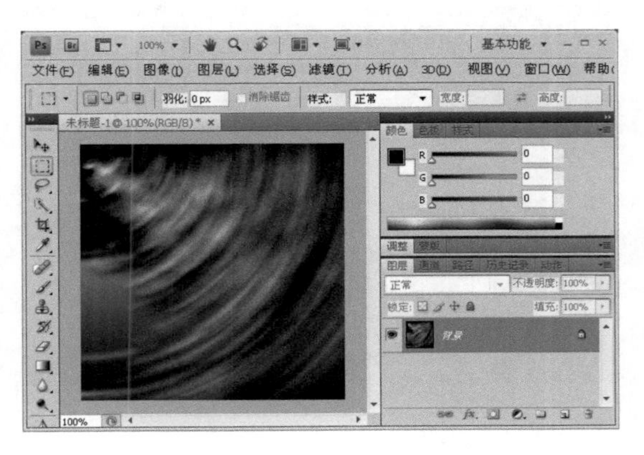

(4) 使用“径向模糊”后的效果如左图所示。

■ 小贴士

“径向模糊”参数设置中的数量大小表示同心圆由内向外发散的分布。其中“旋转”经常用在体现物体的高速旋转状态;“缩放”经常用在体现物体的夸张闪现。

Step 3

接着继续利用“龟裂缝”滤镜、“色相/饱和度”等继续调整图像。

（1）执行“滤镜/纹理/龟裂缝”命令，使用默认参数，使图像肌理变得粗糙。然后执行“图像/调整/色相/饱和度”命令，使用“着色”方式调整色相/饱和度，如右图所示。

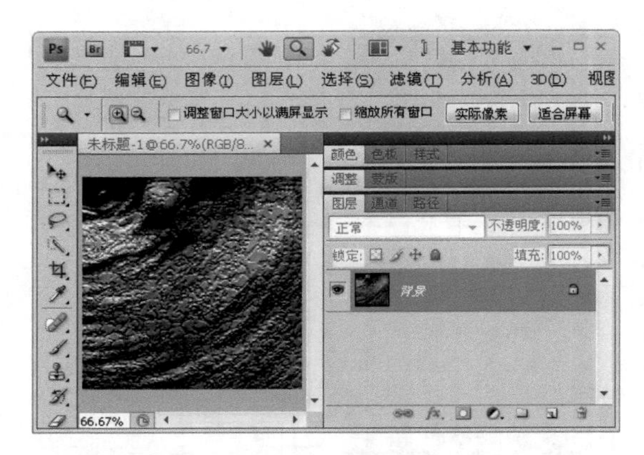

（2）新建图层，在新图层上执行“滤镜/渲染/云彩”命令，并将新图层的“混合模式”改为“滤色”，效果如右图所示。

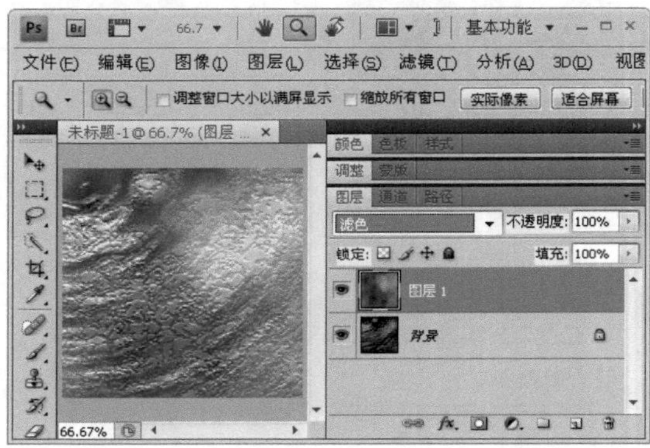

Step 4

最后使用“波浪”滤镜完成效果。

（1）执行“滤镜/扭曲/波浪”命令，设置默认参数，“类型”选择方形，使图像肌理呈方形波浪，效果如右图所示。

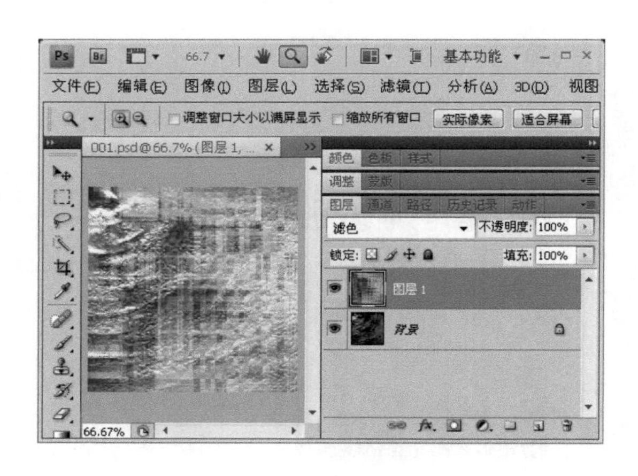

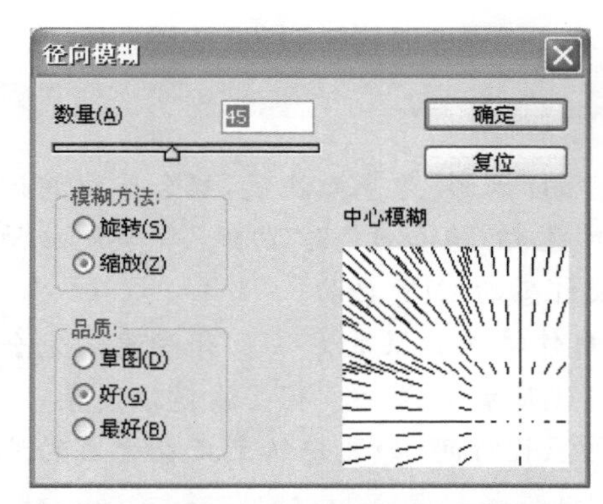

(2) 执行“滤镜/模糊/径向模糊”命令,设置“数量”为45,选择“缩放”,并拖动其中心点位置到右下方,如左图所示。

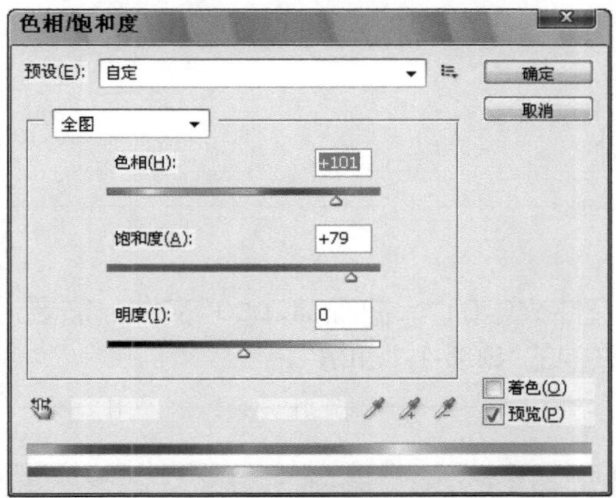

(3) 此时图像呈放射状,调整图像的“色相/饱和度”,设置成自己喜欢的桌面颜色,设置对话框如左图所示。

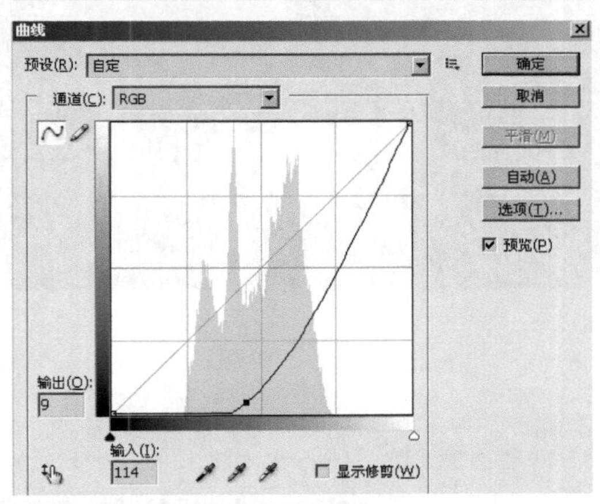

(4) 为了使图像更美观,我们还可以通过调整图像曲线来达到理想的画面效果,左图所示的设置参数仅供参考,效果如左下图所示。

(5) 将作品存储为“我的DIY桌面.jpg”。

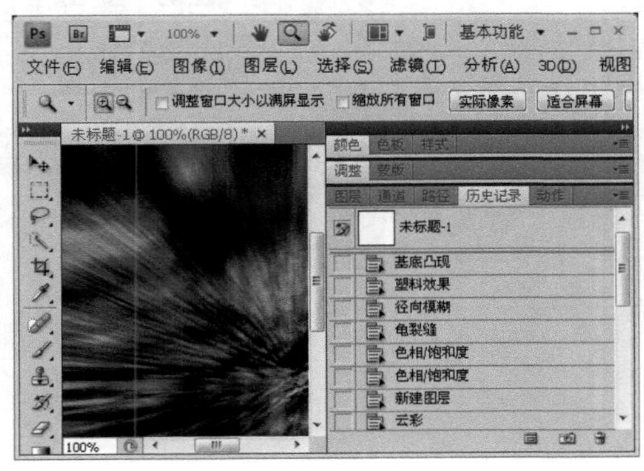

范例项目小结

在本范例项目中，我们主要利用“渲染”滤镜中的“云彩”为基础滤镜，配合其他滤镜的综合应用，制作了桌面背景；利用调整菜单中的“色相/饱和度”及“曲线”命令使画面变得更绚丽多姿；最后在效果图中合成具有空间设计感的 DIY 桌面。

通过这个项目的制作，我们尝试了使用滤镜制作特殊效果的方法。有些滤镜完全是在内存中处理的，所以内存的容量对滤镜的生成速度影响很大。有些滤镜很复杂，或者要应用滤镜的图像尺寸很大，执行时可能会需要很长时间，如果想结束正在生成的滤镜效果，只需按 Esc 键即可。

小试身手——“保护森林”公益广告设计

路径指南

本例作品参见下载资料“第 5 章\第 1 节”文件夹中的“保护森林.psd”文件。需要的图像素材为下载资料“第 5 章\第 1 节”文件夹中的“SC5-1-1.jpg”。

设计结果

本项目的效果如右图所示。

设计思路

本项目里所使用到的滤镜效果可以参照范例项目，但主要还是要发挥个人的想象空间以便更好地利用好滤镜功能。

操作提示

（1）新建大小为 580×300 像素，分辨率为 72 像素，背景色为白色的 RGB 文件。执行“滤镜/渲染/云彩”命令，如右图所示。

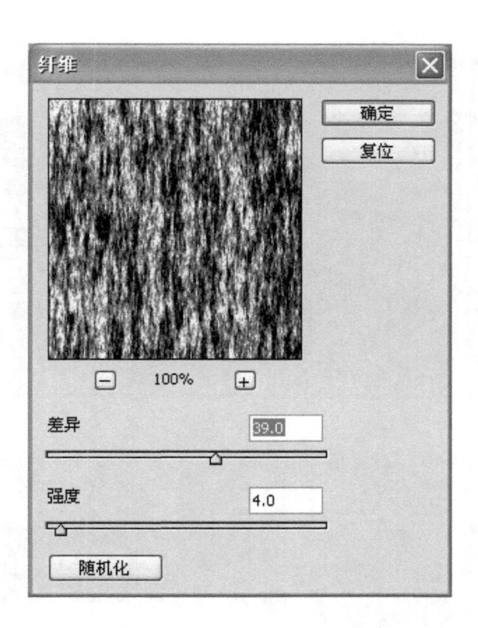

（2）接着执行“滤镜/渲染/纤维”命令，参数设置如左图所示。

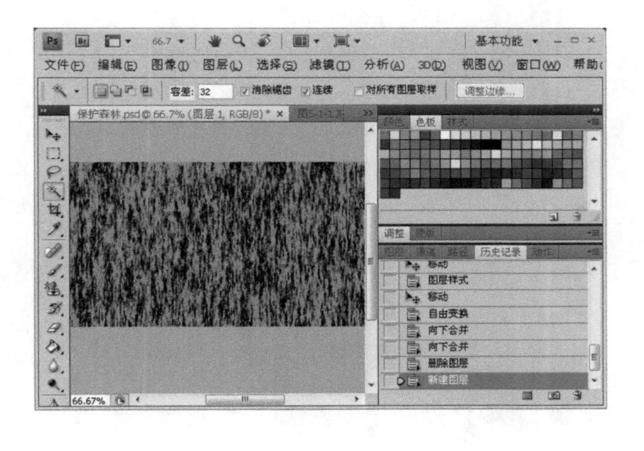

（3）调整色相/饱和度，把图像调整为绿色系，如左图所示。

（4）打开下载资料“第 5 章\第 1 节”文件夹中的“5-1-1.jpg”。

（5）利用“魔棒工具”和“选择/反向”命令选取大陆板块，如左图所示。

(6) 把选中的大陆板块拖动到之前做好的背景图像中来，系统会自动新建“图层 1”，把“图层 1”填充为红色，如右图所示。

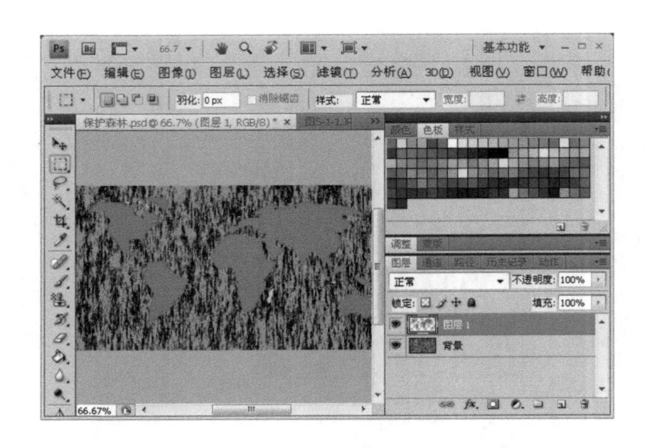

(7) 将“图层 1”选中，将图层“混合模式”设置为“滤色”，效果如右图所示。

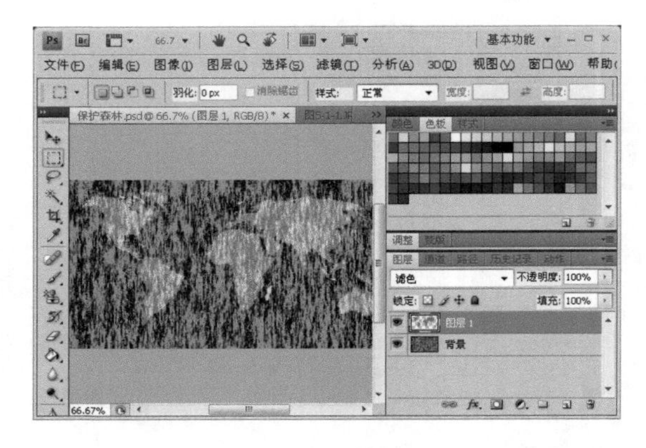

(8) 接着对“图层”样式添加“斜面和浮雕”效果，效果如右图所示。

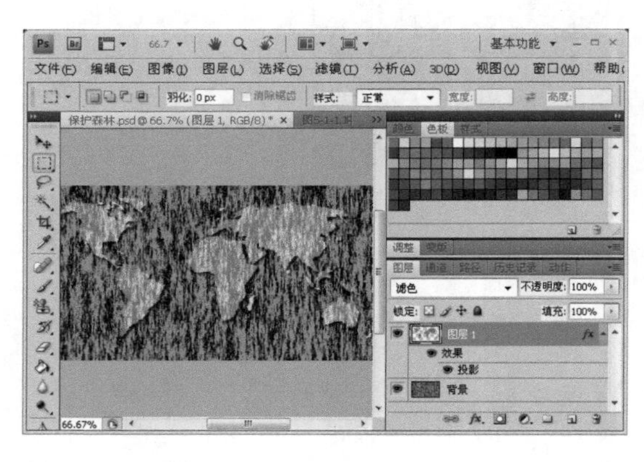

(9) 选择“直排文字工具”，输入文字“保护森林”。字体为黑体，颜色为黄色，描边粗细为 1，颜色为黑色。执行“编辑/自由变换”命令调整文字大小，效果如右图所示。

(10) 将作品存储为“保护森林. jpg”。

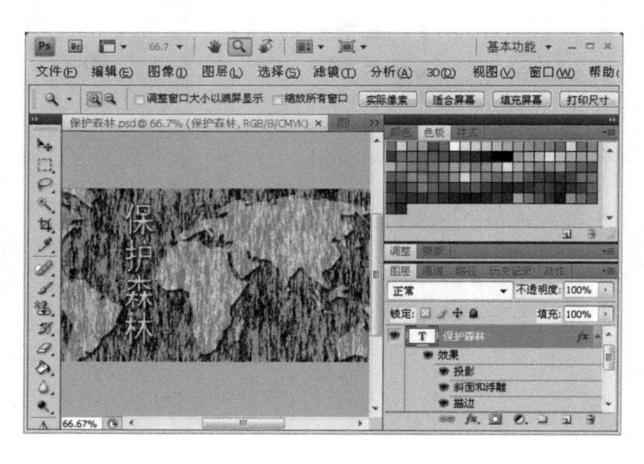

初露锋芒——“谁”效果制作

路径指南

本例作品参见下载资料“第 5 章\第 1 节”文件夹中的“谁.psd”文件。

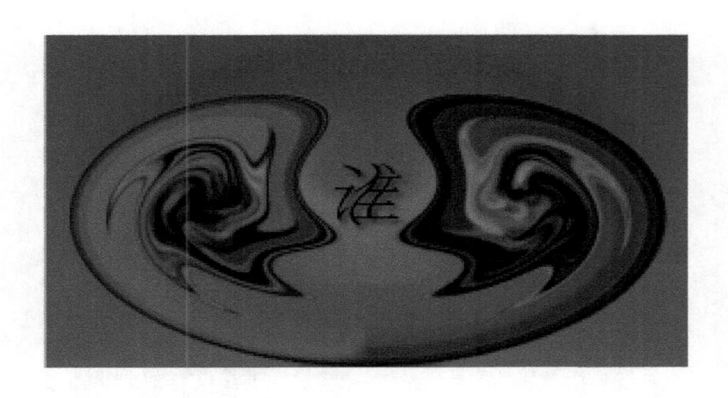

设计结果

设计结果如左图所示。

设计思路

首先新建背景色为白色的文件。然后使用“分层云彩”及其他滤镜，使图像具有流体质感效果。最后通过对图像色相/饱和度的调整，完成半流体溢出的效果图。

操作提示

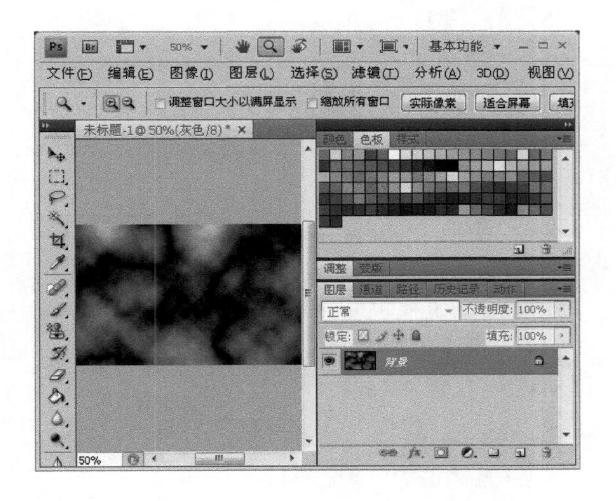

(1) 新建背景为白色的文件。执行“滤镜/渲染/分层云彩”命令，可按快捷键 Ctrl + F 反复执行，直到调整到合适的黑白灰效果，如左图所示。

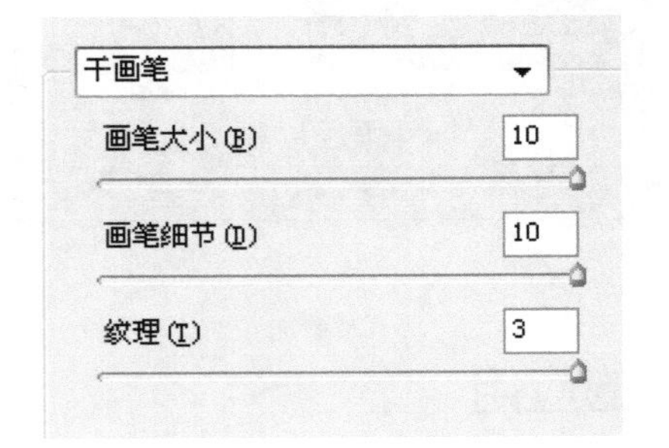

(2) 执行“滤镜/艺术效果/干画笔”命令，参数设置如左图所示，点击“确定”按钮。

(3) 执行“滤镜/扭曲/极坐标”命令，选择“平面坐标到极坐标”，如右图所示。按快捷键 Ctrl + F，重复执行极坐标滤镜三四次。

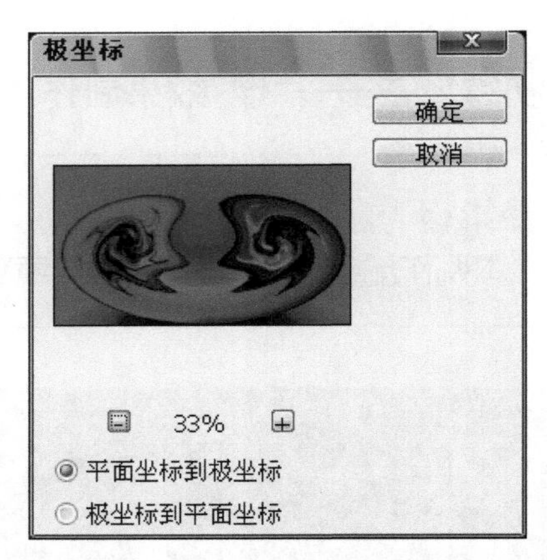

(4) 按快捷键 Ctrl + U 打开“色相/饱和度”对话框，调整色相/饱和度。

(5) 新建图层，使用文字工具输入文字“谁”，设置文字大小为 60 点，字体为宋体-方正，如右图所示。

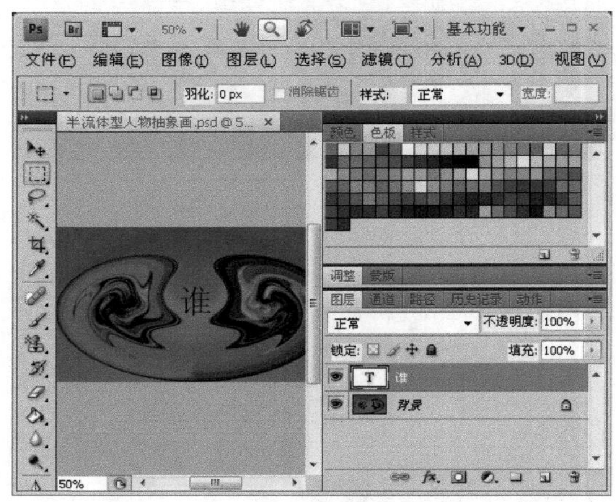

(6) 为了符合画面的变形效果，需要对文字进行变形，执行“图层/文字/文字变形”，设置“样式”为“波浪”。

(7) 最后对文字图层添加“投影”效果，效果如右图所示。

(8) 将作品保存为“谁. jpg”。

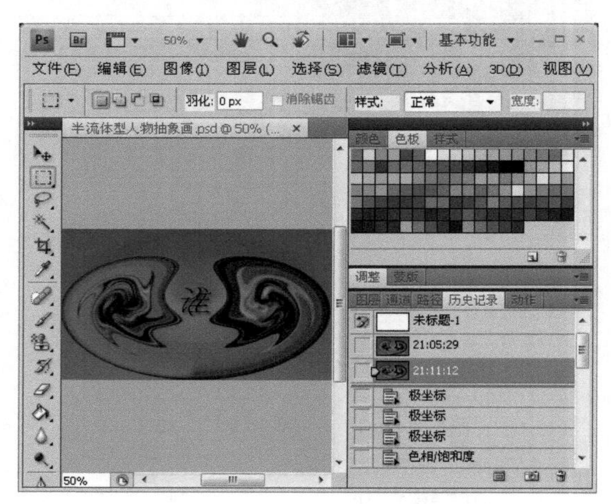

5.2 像素化滤镜的应用

知识点和技能

在本小节中我们主要使用的是像素化滤镜，像素化滤镜包括“彩块化”、“彩色半调”、“点状化”、“晶格化”、“马赛克”、“碎片”、“铜板雕刻”等多种滤镜。我们若把影像放大数倍，会发现这些连续色调其实是由许多色彩相近的小方点所组成，这些小方点就是构成影像的最小单位“像素”。

像素化滤镜的种类丰富，在这里我们主要介绍一些常用的像素化滤镜效果。

范例——制作“雨中情怀”图像效果

设计结果

好雨知时节，当春乃发生。春雨中掠过水面的飞鸟，为雨景增添了一抹别样的情怀。

本项目效果如左图所示。（参见下载资料“第5章\第2节”文件夹中的“雨中情怀.psd”。需要的图像素材为下载资料“第5章\第2节”文件夹中的“SC5-2-1.jpg”。）

设计思路

首先执行“滤镜/像素化/点状化”命令，形成雨点并添加蒙版。然后使用“模糊”滤镜并调整“色阶”，让图像形成“雨”的遮罩效果。最后添加文字。

范例解题导引

Step 1

首先新建图层并用白色填充，在新建图层上使用滤镜和蒙版，形成雨点效果。

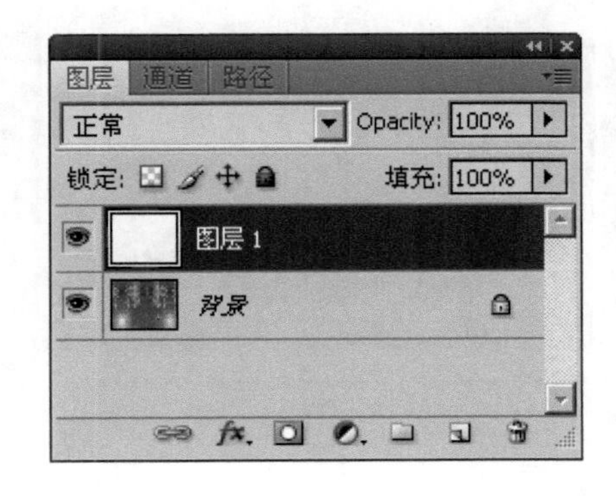

（1）打开下载资料“第5章\第2节”文件夹中的“SC5-2-1.jpg”，新建图层并用白色填充，如左图所示。

（2）按住 Alt 键并点击“添加图层蒙版”按钮，添加一个黑色蒙版层，执行“滤镜/像素化/点状化”命令，设置“单元格大小”为 5，效果如右图所示。

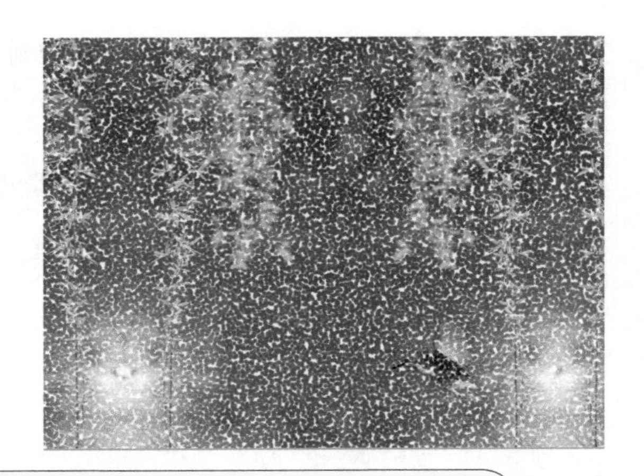

Step 2

接下来使用“模糊”滤镜并调整色阶，让图像形成“下雨”的遮罩效果。

（1）执行“滤镜/模糊/动感模糊”命令，参数设置如右图所示。

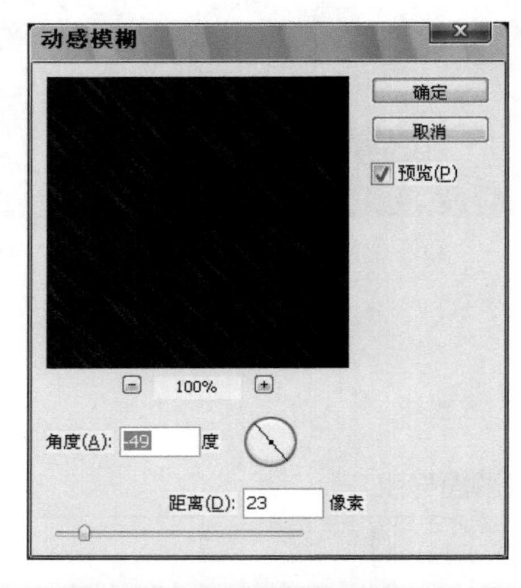

（2）为了让雨点效果更加逼真，可以进行“色阶”调整，参数可根据个人喜好设置，效果如右图所示。

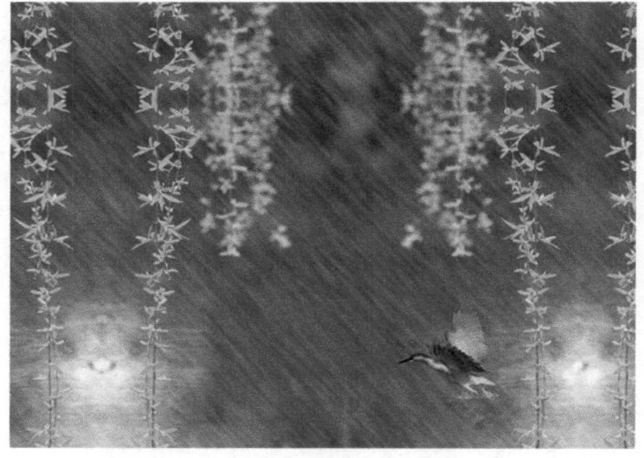

Step 3

最后添加文字并对文字做图层样式调整。

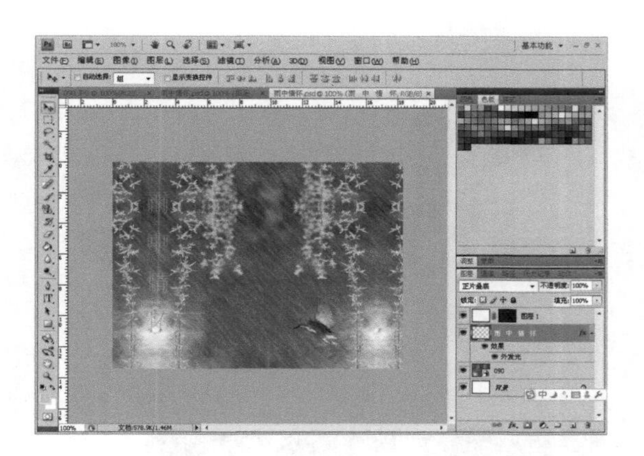

(1) 输入文字“雨中情怀”，对文字添加“外发光”的效果，如左图所示。

(2) 将作品存储为“雨中情怀.jpg”。

范例项目小结

在本范例项目中，我们已经体会到了像素化滤镜在编辑图像过程中带给我们的方便和乐趣。像素化滤镜将图像分成一定的区域，并将这些区域转变为相应的色块，再由色块构成图像，类似于色彩构成的效果。

小试身手——“小狗彩笺”效果制作

路径指南

本例作品参见下载资料“第5章\第2节”文件夹中的“小狗彩笺.psd”文件。需要的图像素材为下载资料“第5章\第2节”文件夹中的“SC5-2-2.jpg”。

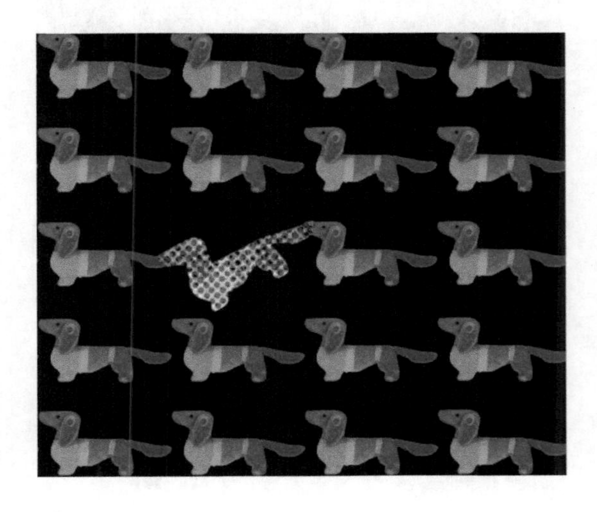

设计结果

本项目的效果如左图所示。

设计思路

使用“彩色半调”滤镜模拟在图像的每个通道上使用半调网屏的效果，将一个通道分解为若干个矩形，然后用圆形替换掉矩形。圆形的大小与矩形的亮度成正比。

操作提示

（1）新建大小为600×500像素，分辨率为72像素，背景色为黑色的RGB文件。然后打开下载资料“第5章\第2节”文件夹中的“SC5-2-2.jpg”，如右图所示。

（2）利用“魔棒工具”选取图像白色部分并执行反选，把图像复制到新建背景图层上。系统将自动生成“图层1”，如右图所示。

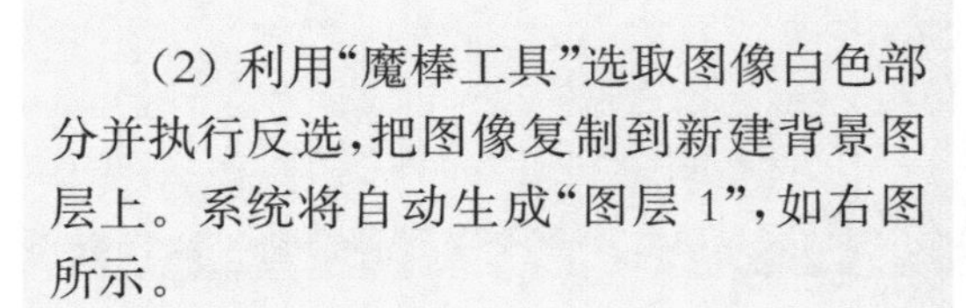

（3）执行“编辑/自由变换”命令，把图像缩放到适当大小，选中图像同时按住Alt和Shift键复制若干个图像，如右图所示。

（4）再次选中一排图像，同时按住Alt和Shift键复制若干排图像，如右图所示。

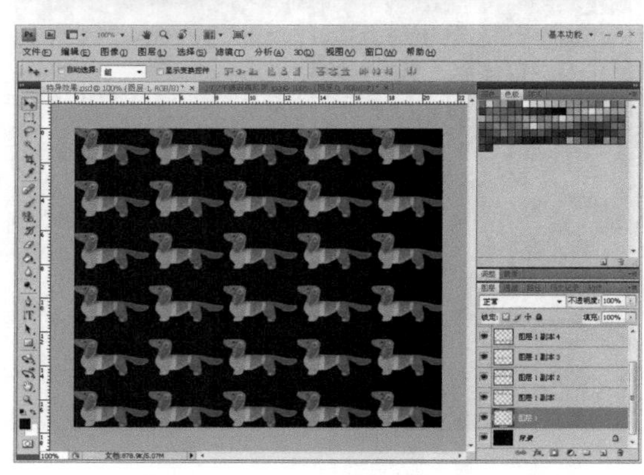

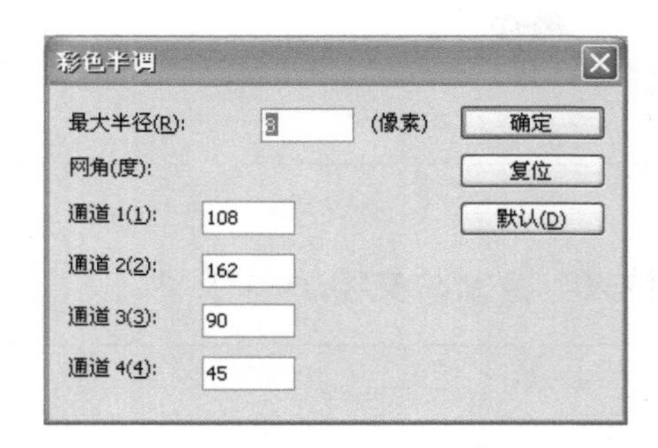

(5) 合并可见图层。回到刚才打开的素材“SC5-2-2. jpg”，利用“魔棒工具”选中图像。

(6) 执行“滤镜/像素化/彩色半调”命令，设置“最大半径”为 8 像素，其他参数为默认值，如左上图所示，效果如左二图所示。

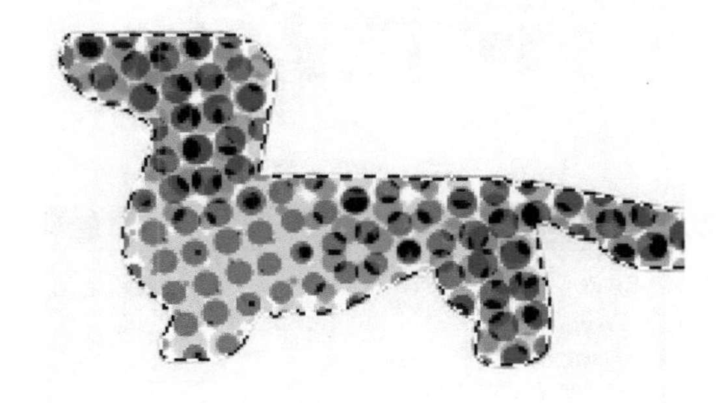

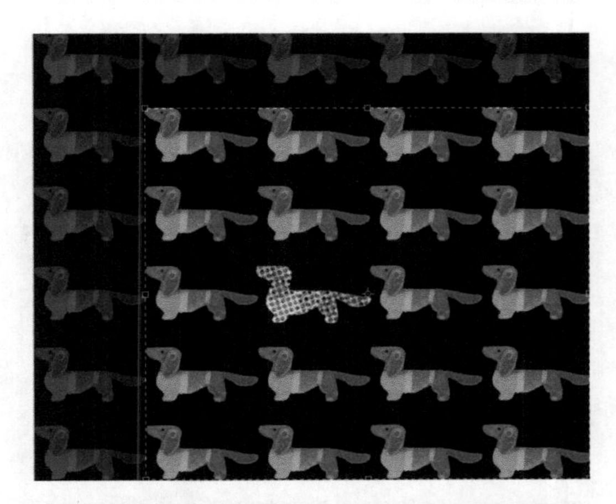

(7) 选中图像，将其复制至新建文件，适当调整其大小，覆盖中间位置的一只小狗图形。利用“裁剪工具”将整张图裁剪到适当的大小，如左图所示。

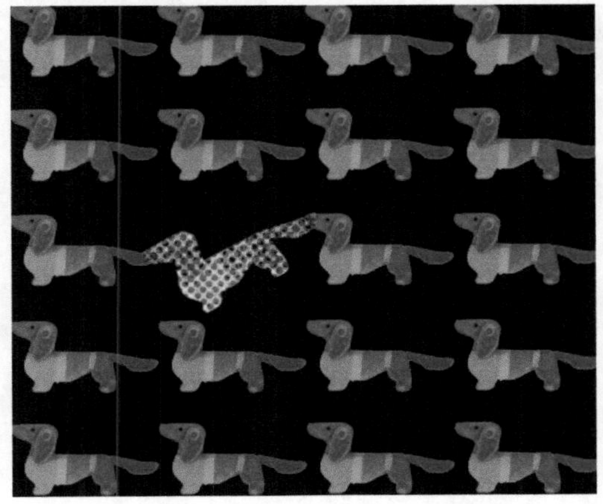

(8) 最后执行“编辑/自由变换”命令将“图层 3”的小狗图形旋转一定角度完成效果，如左图所示。

(9) 将作品存储为“小狗彩笺. jpg”。

初露锋芒——“碎片文字”效果制作

路径指南

本例作品参见下载资料“第 5 章\第 2 节”文件夹中的“碎片文字.psd”文件。

设计结果

本项目效果如右图所示。

设计思路

新建文件和通道，通过对通道的设置以及使用“晶格化”等滤镜，完成碎片文字效果。

操作提示

(1) 新建一个模式为 RGB、背景色为白色的文件。设置前景色为白色，在“通道”面板下方点击“创建新通道”按钮，创建“Alpha 1”通道。双击“Alpha 1”缩宽图，设置“色彩指示”为“被蒙版区域”，“不透明度”为 50% 的新通道“Alpha 1”，如右图所示。

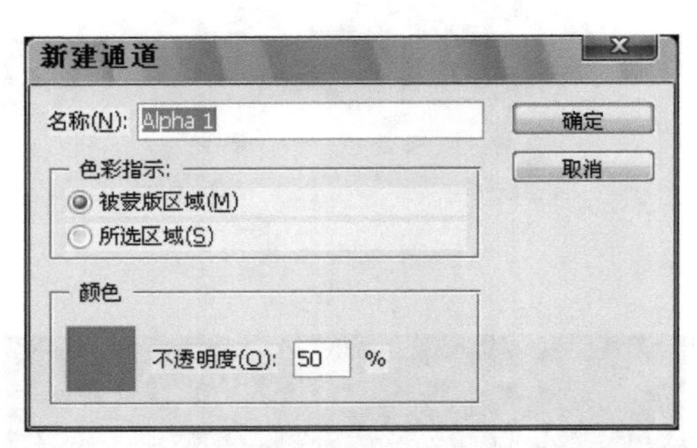

(2) 选择“横排文字工具”，在图像上输入文字“碎片”，字体为黑体，大小为 120 点，如右图所示。

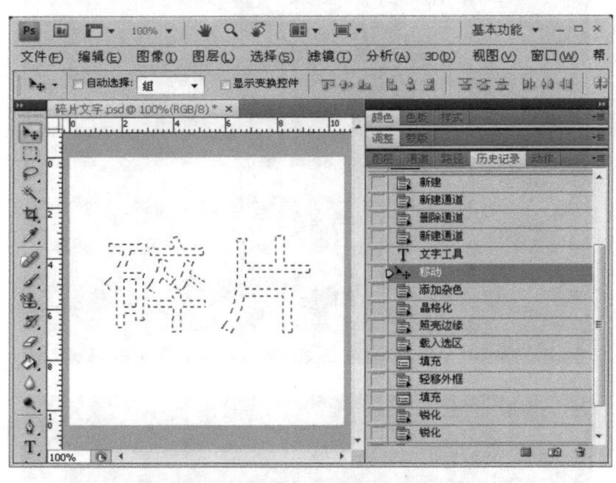

(3) 保持选中对“Alpha 1”通道，执行“滤镜/杂色/添加杂色”命令，在弹出的窗口中设置“数量”为 400，“分布”为“高斯分布”，点击“确定”按钮。效果如右图所示。

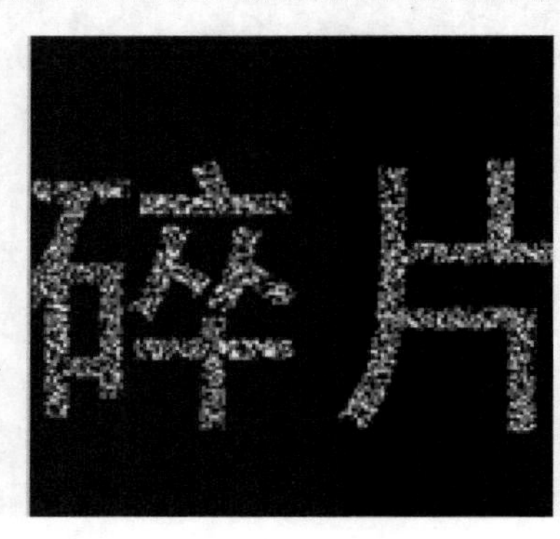

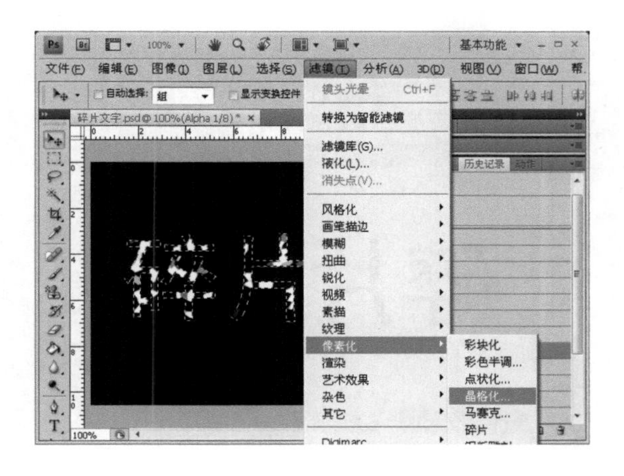

（4）接着执行“滤镜/像素化/晶格化”命令，设置“单元格大小”为 14，效果如左图所示。

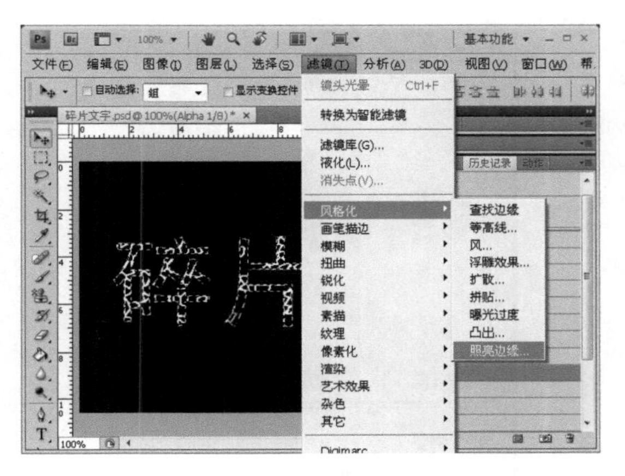

（5）执行“滤镜/风格化/照亮边缘”命令，设置“边缘宽度”为 1，“边缘亮度”为 16，“平滑度”为 1，效果如左图所示。

（6）回到“通道”面版，选中 RGB 混合彩色通道，执行“选择/载入选区”命令，设置“通道”为“Alpha 1”，“操作”为“从选区中减去”，如左图所示。

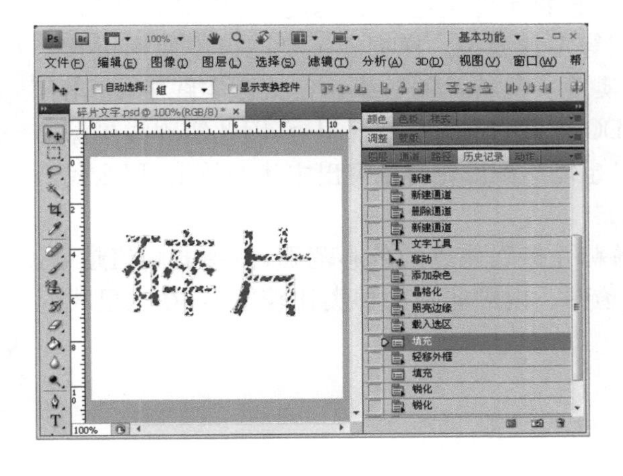

（7）接下来设置前景色为灰色，执行“编辑/填充”命令，保持默认值以前景色填充文字，效果如左图所示。

(8) 选择“矩形选框工具”，先后按两下方向键盘上的左键和上键，然后设置前景色为黑色，执行“编辑/填充”命令，以前景色填充图像，效果如右图所示。

(9) 执行“滤镜/下锐化/锐化”命令，然后按住快捷键 Ctrl + F 重复一次。

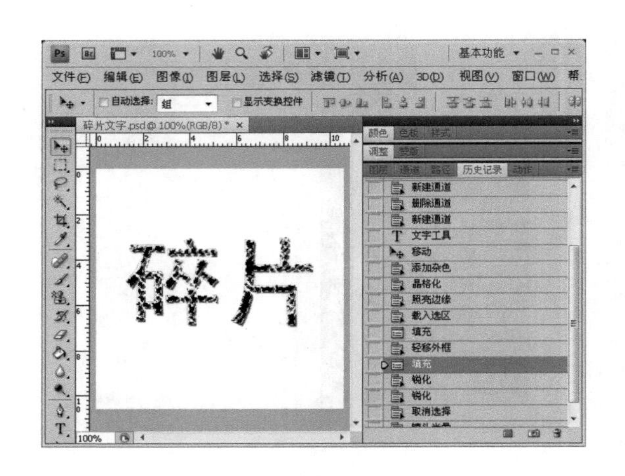

(10) 取消对文字的选择，执行“滤镜/渲染/镜头光晕”命令，设置“亮度”为 150，“镜头类型”为“50 - 300 毫米变焦”，十字线放置在两个字的中间，如右图所示。

(11) 将作品存储为“碎片文字. jpg”。

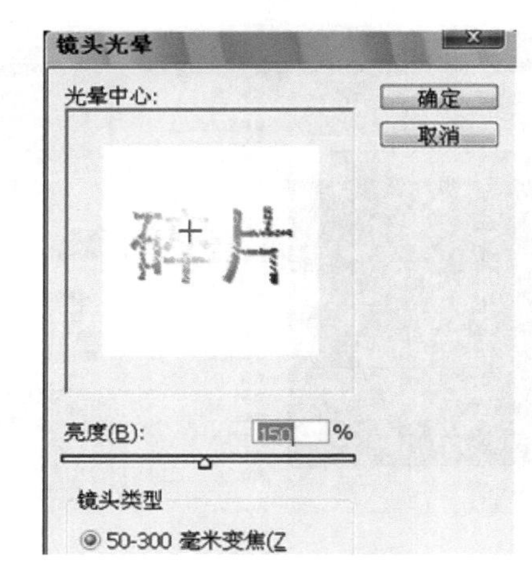

5.3 模糊类滤镜的应用

知识点和技能

在本小节中我们主要使用的是模糊类滤镜，模糊类滤镜包括了“动感模糊”、“形状”、“径向”、“方框”、“特殊”、“表面”、“镜头”和“高斯”等多种滤镜。模糊滤镜是滤镜中使用很频繁的一种滤镜，经常与其他滤镜共同配合使用，实现一些特殊的效果。在摄影实践中，虚化背景是突出主体的常用手段。但是由于消费级 DC 镜头的实际焦距都很短，因此实现浅景深而虚化背景的难度较大。如果希望用消费级 DC 也能达到虚化背景突出主体的效果，那么我们可以使用滤镜。

模糊滤镜的原理就是以像素点为单位，稀释并扩展该点的色彩范围，模糊的阈值越高，稀释度就越高，色彩扩展范围也越大、越接近透明。模糊滤镜的种类比较繁多，在这里我们主要介绍一些常用的模糊滤镜效果。

范例——制作“落叶”图像效果

设计结果

秋天，阳光照着金黄的落叶，这淡淡的静寂透出一丝别样的美。

本项目效果如左图所示。（参见下载资料“第 5 章\第 3 节”文件夹中的“落叶.psd”。需要的图像素材为下资资料“第 5 章\第 3 节”文件夹中的“SC5-3-1. jpg”。）

设计思路

首先打开素材，复制背景。建立图层蒙版并在背景副本中使用“径向”滤镜实现模糊特效。然后利用图层蒙版及“画笔工具”突显其中一片红叶。最后利用“色相/饱和度”调整到自己满意的色彩。

范例解题导引

Step 1

首先打开素材图像，复制背景层，对背景副本添加“径向模糊”效果。

(1) 打开下载资料“第 5 章\第 3 节”文件夹中的“SC5-3-1jpg”，如左图所示。

(2) 把“背景”层拖到“创建新的图层”图标，建立一个“背景副本”图层。执行“滤镜/模糊/径向模糊”命令，设置“数量”为30，如右图所示，效果如右二图所示。

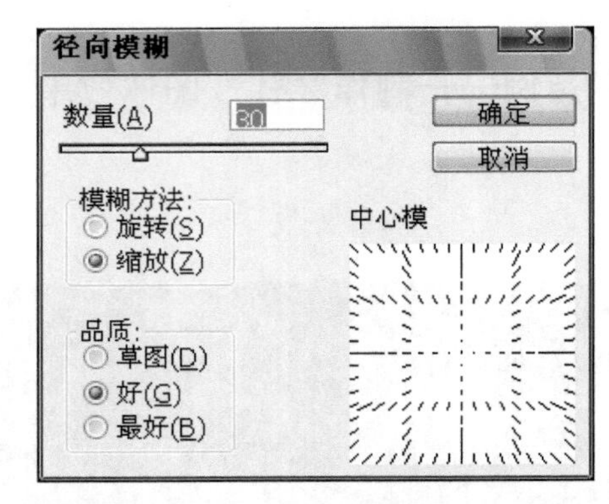

Step 2

添加图层蒙版，在图层蒙版中使用“画笔工具”描绘红色叶子。

(1) 为“背景副本”图层添加蒙版，如右图所示。

■ 小贴士

为了确保画笔的颜色是涂抹在蒙版上，我们要先单击“图层”面板中的蒙版缩略图，这样就能保证当前是对蒙版进行操作了。

(2) 选择“画笔工具”，将前景色设置为黑色，在蒙版中沿模糊中心的红叶涂抹，如左图所示。

(3) 执行“图像/调整/色相/饱和度”命令，设置自己喜欢的色彩，效果如左图所示。

Step 3

最后添加文字并且对文字添加效果。

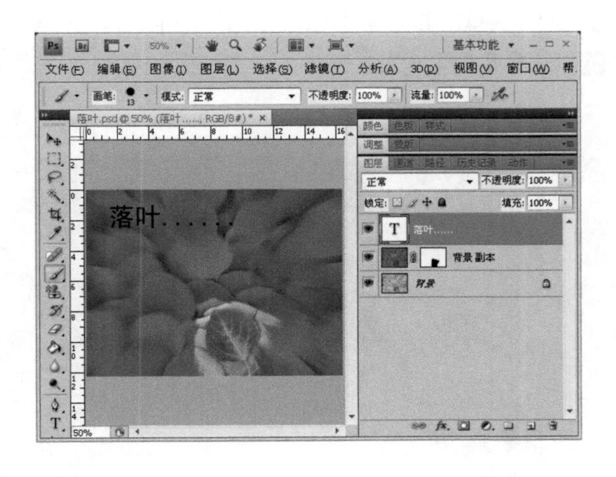

(1) 新建文字图层，字体为黑体，大小为48点，颜色为黑色，输入文字“落叶……”，如左图所示。

（2）在“图层”面板中选中文字层，执行“图层/图层样式/投影”命令，设置“角度”为 30，“混合模式”为“溶解”，如右图所示。

（3）将作品存储为“落叶.jpg”。

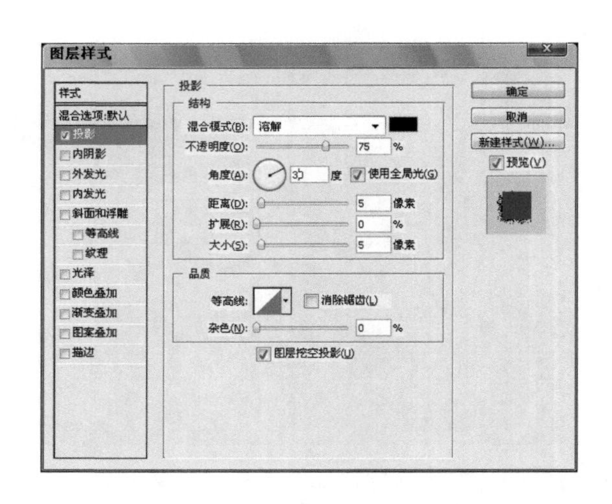

范例项目小结

在本范例项目中，我们主要利用模糊滤镜中的“径向模糊”滤镜在画面中制作径向模糊效果。利用图层蒙版和“画笔工具”，使画面中的部分区域不显示径向模糊效果。最后添加文字。

通过这个项目的制作，我们尝试了使用滤镜结合图层蒙版，使画面中部分显示滤镜效果。在实例制作中，我们往往并不单独使用滤镜，而是将滤镜效果与 Photoshop CS4 中的各种功能结合起来。这样，就可以做出许多意想不到的效果。

小试身手——“喝彩世博”效果制作

路径指南

本例作品参见下载资料“第 5 章\第 3 节”文件夹中的“喝彩世博.psd”文件。需要的图像素材为下载资料“第 5 章/第 3 节”中的“SC5-3-2.jpg”。

设计结果

本项目效果如右图所示。

设计思路

首先利用素材图中的现有通道，使用“镜头模糊”命令，设置出海豚清晰、背景模糊且有颗粒状的纹理效果。然后输入相应文本，并制作特效，完成整个招贴的设计。

操作提示

(1) 打开下载资料“第 5 章\第 3 节”文件夹中的“SC5-3-2. jpg”,如左图所示。

(2) 在“图层”面板中把“背景”图层拖到“创建新的图层”图标上,建立“背景”副本“图层”,如左图所示。

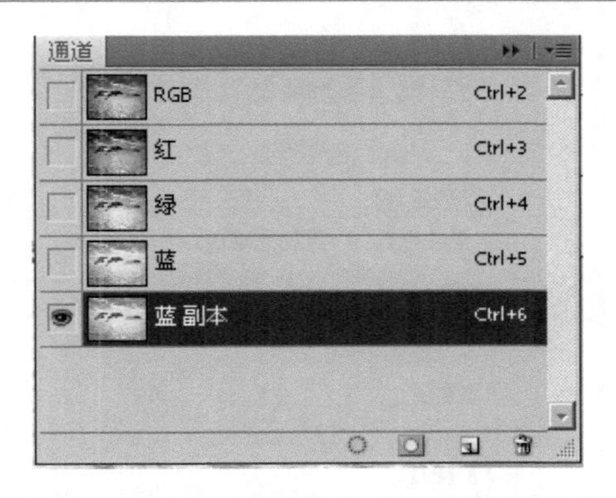

(3) 为了实现比较精确的效果,我们要把海豚从图中选取出来。首先切换到“通道”面板,通过比较发现“蓝通道”对比较强,把“蓝通道”拉到“创建新通道”按钮来创建一个“蓝 副本”通道,如左图所示。

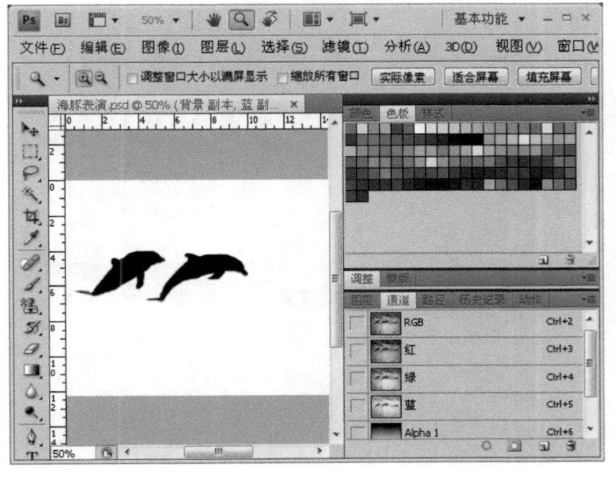

(4) 按快捷键 Ctrl + M 打开曲线“调整”界面板,进一步拉大对比度。

(5) 选择“画笔工具”,前景色和背景色设为默认的黑白色,仔细把海豚擦成黑色,其他区域擦成白色,效果如左图所示。

(6) 打开“通道”面板，单击“创建新通道”图标，创建一个新的通道“Alpha 1”，在工具箱中选“渐变工具”，前景色和背景色设置为默认的黑白色，按住 Shift 键从上到下在图片上拉出一个渐变效果，效果如右图所示。

(7) 选中“蓝 副本”通道，点击“将通道作为选区载入”。

(8) 回到“图层”面板，按快捷键 Ctrl+J 复制一个选区图层，可以看到新图层中海豚已被选取出去，如右图所示。

(9) 执行“滤镜/模糊/镜头模糊”命令，设置“深度映射”的“源”为“Alpha 1”通道，“模糊焦距”为 64，如右图所示。

(10) 选择“横排文字工具”输入文字“让我们一起为世博喝彩”，字体为黑体，大小为 24 点，颜色为白色。

(11) 执行“文字/变形”命令，选择样式为鱼形。

(12) 在“图层”面板中选中文字层，执行“图层/图层样式/投影”命令，完成“海豚招贴”图像合成效果，如右图所示。

(13) 将作品存储为“喝彩世博. jpg.”

初露锋芒——“风吹草动”效果制作

路径指南

本例作品参见下载资料“第 5 章\第 3 节”文件夹中的“风吹草动.psd”文件。

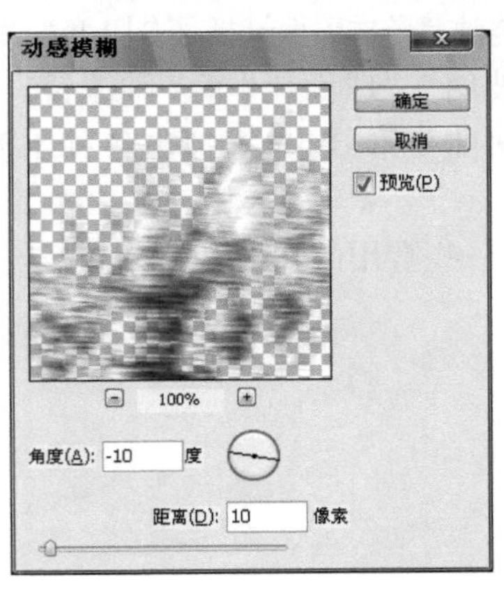

设计结果

本项目效果如左图所示。

设计思路

本项目使用的是模糊滤镜中的“动感模糊”，结合“风”滤镜和“画笔工具”的综合应用完成风吹草动的效果。

操作提示

(1) 新建 400×380 像素大小，分辨率为 72，模式为 RGB 的图像文件。选择“画笔工具”的青草形状的笔触，调整适当的直径大小。

(2) 调整前景色为草绿色，背景色为墨绿色，随意绘出青草，选中青草并复制多个图层，如左图所示。

小贴士

在选取青草时可使用“魔棒工具”，选中背景图像中的青草区域。再执行“选择/反向”命令。按快捷键 Ctrl + C 将选中的图像复制，然后按快捷键 Ctrl + V 粘贴两次，把所增加的图层分别命名为“图层 2”和“图层 3”。

(3) 选中最上层的“图层 3”，执行“滤镜/模糊/动感模糊”命令，其参数设置如左图所示。

(4) 执行“滤镜/风格化/风”命令，设置风的“方向”为“从左”，“方法”为“风”，如右图所示。

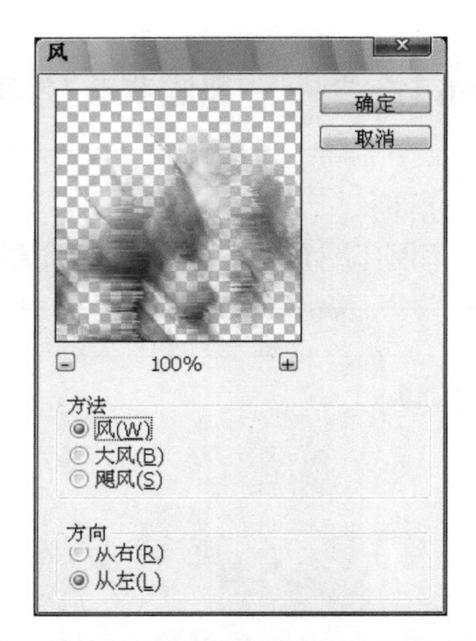

(5) 要使风的效果完成得更自然可以按快捷键 Ctrl + F 多执行几次。

(6) 参照处理“图层 3”的方法处理“图层 2”。

(7) 设置“图层 3”的“不透明度”为 70%，“图层 2”的“不透明度”为 80%。

(8) 新建文字图层，设置字体为华文彩云，大小为 18 点，文字颜色为草绿色，输入文字“风吹草动”。适当调整文字在图像中的位置，如右图所示。

(9) 将作品存储为“风吹草动. jpg”。

5.4 扭曲类滤镜的应用

知识点和技能

在本小节中我们主要使用的是扭曲类滤镜，扭曲类滤镜包括了包括了“切变”、“挤压”、“旋转”、“扭曲”、“极坐标”、“水波”、“波浪”、“波纹”、“玻璃”、“球面化”等多种滤镜。扭曲滤镜是滤镜中非常特殊的一类滤镜，它可以制作出多种扭曲变形效果，模拟出各种水波效果、镜头特效等。

扭曲类滤镜的种类比较繁多，在这里我们主要介绍一些常用的扭曲滤镜效果。

范例——制作“艺术文字”图像效果

设计结果

艺术文字的设计能衬托出事物的内涵与品位，让我们一起来设计具有艺术感的文字吧！

本项目效果如左图所示。（参见下载资料“第 5 章\第 4 节”文件夹中的“艺术文字. psd”。）

设计思路

首先新建背景色为黑色的文件，使用文本文字工具输入文字。然后对文字进行“风格化”与“波纹”的处理并添加“外发光”效果。最后结合渐变映射来完成艺术文字的设计。

范例解题导引

Step 1

首先新建文字图层并复制副本文字层，再对副本文字层的文字进行风吹效果处理。

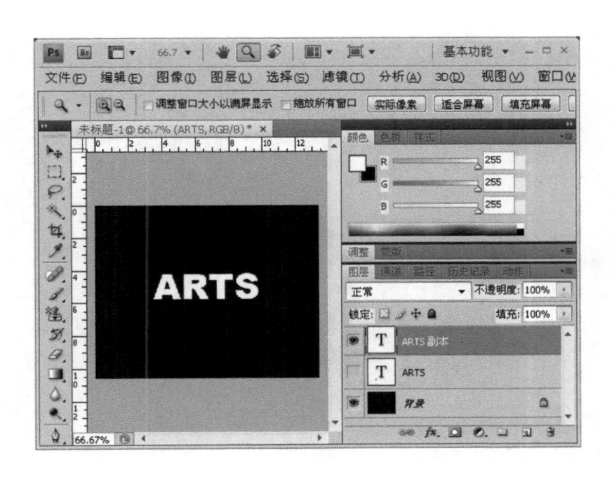

（1）执行“文件/新建”命令，新建大小为 380 × 300 像素，分辨率为 72 像素，RGB 模式，背景色为黑色的文件。

（2）选择“横排文字工具”，设置字体为 Arial Black，大小为 60 点，颜色为白色，输入文字“ARTS”。将文字层进行复制并将原图层隐藏，如左图所示。

(3) 选择"ARTS 副本"层，执行"滤镜/风格化/风"命令。参数设置如右图所示。按 Ctrl+F 重置一次。

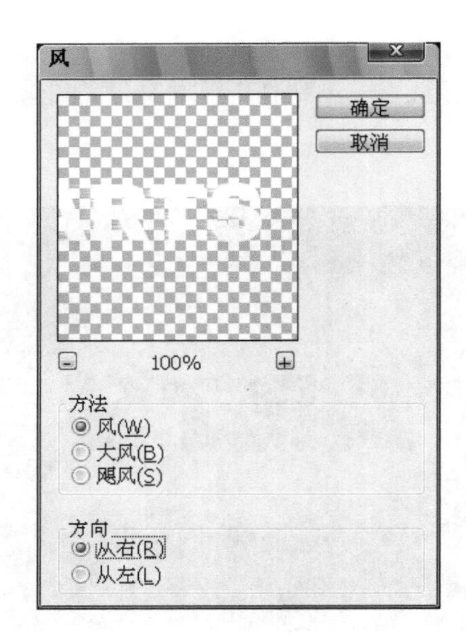

■ 小贴士

此时文字图层必须执行栅格化，如忘记执行，系统会跳出是否栅格化的提示框，此时按"确定"即可。

(4) 执行"图像/旋转画布/90 度(顺时针)"命令，再按 Ctrl+F 两次，重复旋转与风滤镜，效果如右图所示。

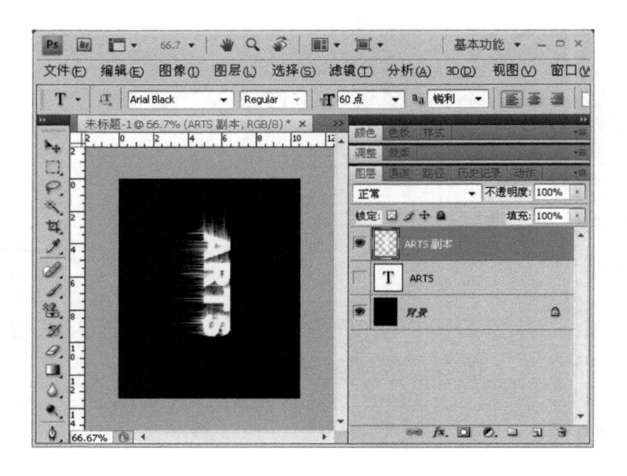

(5) 执行"图像/旋转画布/180 度(顺时针)"命令，再按 Ctrl+F 执行两次风滤镜，效果如右图所示。

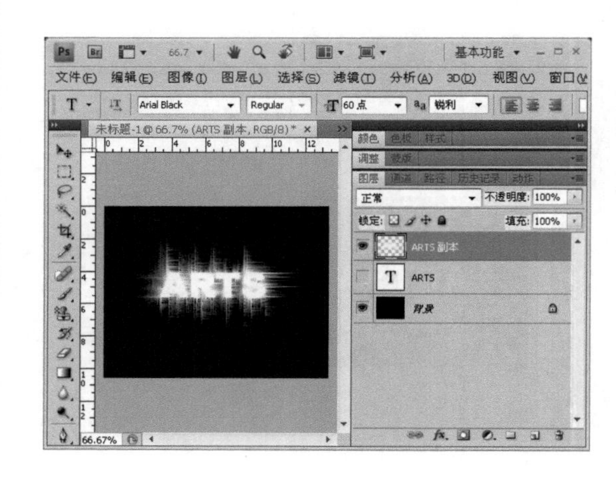

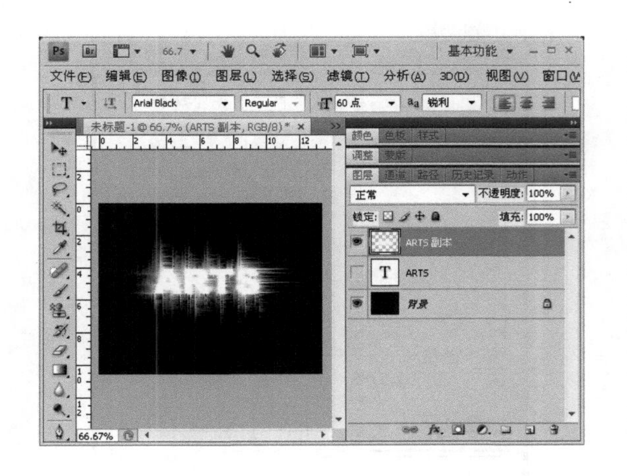

（6）执行“图像/旋转画布/270 度（顺时针）”命令，再按 Ctrl + F 执行两次风滤镜。直到转回到原先的角度，得到如左图所示效果。

Step 2

对文字图层应两次“波纹”滤镜并分别更改其图层样式。

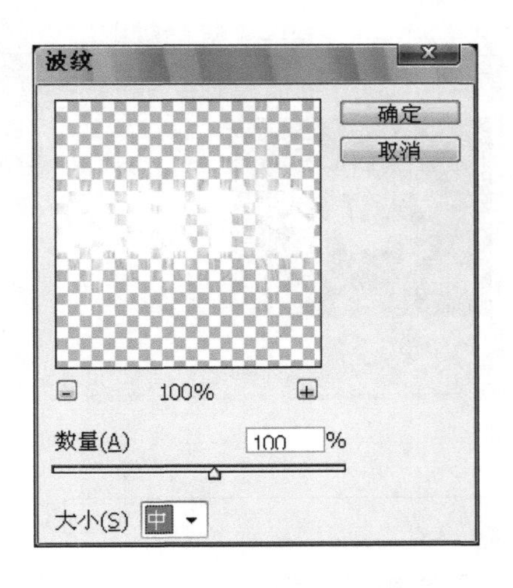

（1）将执行完风滤镜的图层复制一份，执行“滤镜/扭曲/波纹”命令，参数设置如左图所示。

（2）将图层的“混合模式”改为“叠加”，如左图所示。

（3）复制图层，执行“滤镜/扭曲/波纹”命令，参数设置如右图所示。

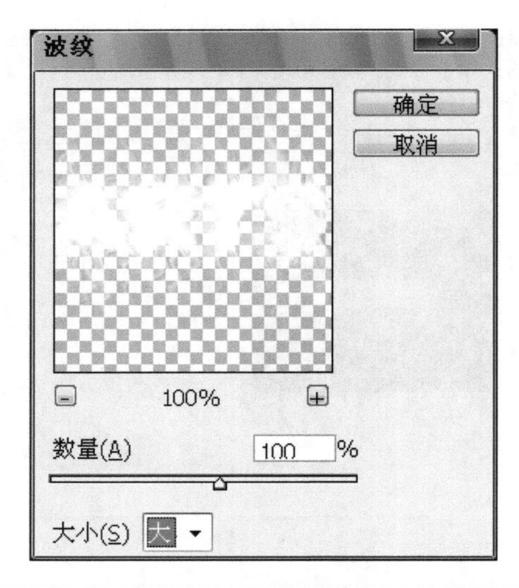

（4）然后将图层的“混合模式”改为“排除”，如右图所示。

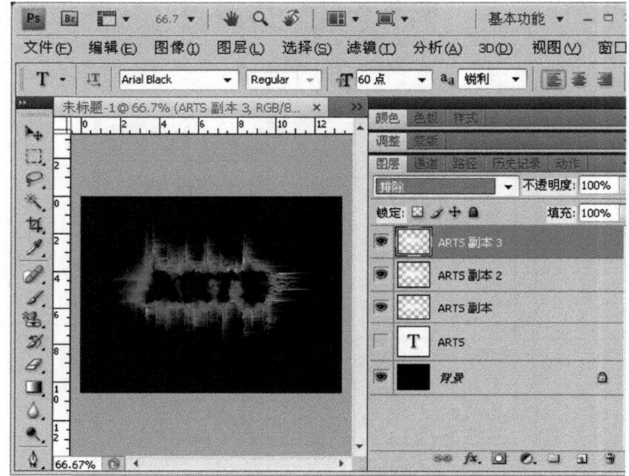

Step 3

接着复制背景层，对“背景 副本”层应用“径向模糊”滤镜。

（1）将原先隐藏的文字层显示出来拖至最上层，将文字颜色改为黑色，并为其添加“外发光”图层样式，参数设置如右图所示，效果如下页左上图所示。

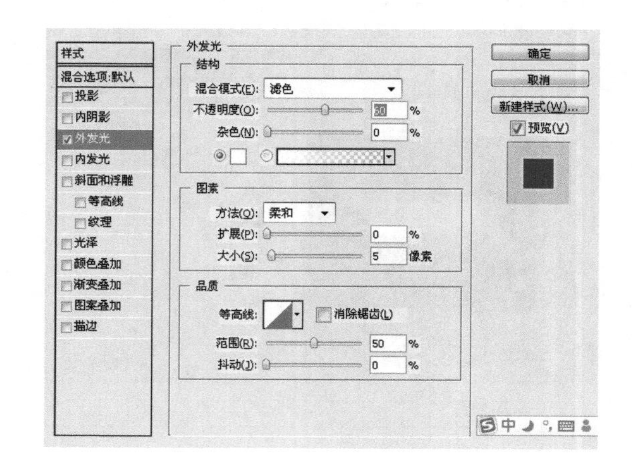

■ 小贴士

用“风”滤镜和“波纹”滤镜产生四周的扩散效果。“外发光”样式的添加是为了令文字边缘突出，不至于被背景所融合。

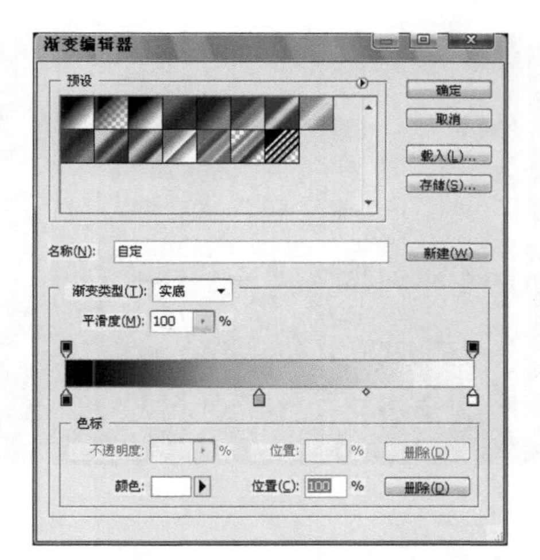

（2）点击“图层”面板底下的“创建新的填充或调整图层”按钮，在图层的最上层建立“渐变映射”调整层，参数设置如左图所示。

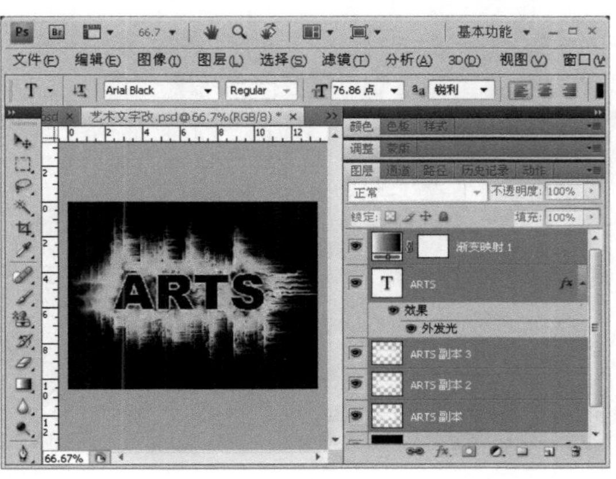

（3）选中除背景层以外的所有层，执行“编辑/自由变换”命令调整图像大小，效果如左图所示。

（4）将作品存储为“艺术文字.jpg”。

范例项目小结

在本范例项目中，我们主要进行利用“风”滤镜和“波纹”滤镜产生四周的扩散效果，“外发光”样式的添加是为了令文字边缘突出，不至于被背景所融合。我们还用到了“渐变映射”命令，这是渐变滤镜的一种表象手法。怎样把“渐变工具”结合到“渐变”滤镜中来，这需要我们不断地在实践中体会。

小试身手——“马到成功”效果制作

路径指南

本例作品参见下载资料“第5章\第4节”文件夹中的“马到成功.psd”文件。需要的图像素材为下载资料“第5章\第4节”文件夹中的“SC5-4-1.jpg”和“SC5-4-2.jpg”。

设计结果

本项目效果如右图所示。

设计思路

首先使用“扭曲类”滤镜制作透明玻璃马和湖水荡漾的效果。然后利用“魔棒工具”选取出马的图案，利用通道填充颜色，完成整个图像的设计。

操作提示

（1）打开下载资料“第 5 章\第 4 节”文件夹中的“SC5-4-1. jpg”，将这张风景照片作为背景，如右图所示。复制“背景”层，产生“背本 副本”图层。

（2）打开下载资料“第 5 章\第 4 节”文件夹中的“SC5-4-2. jpg”。利用“魔棒工具”将马选取并移动至图像“SC5-4-1. jpg”内。

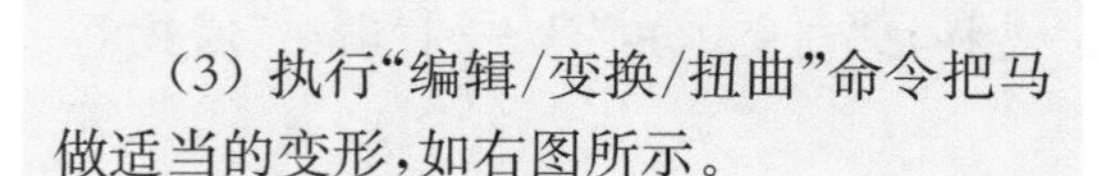

（3）执行“编辑/变换/扭曲”命令把马做适当的变形，如右图所示。

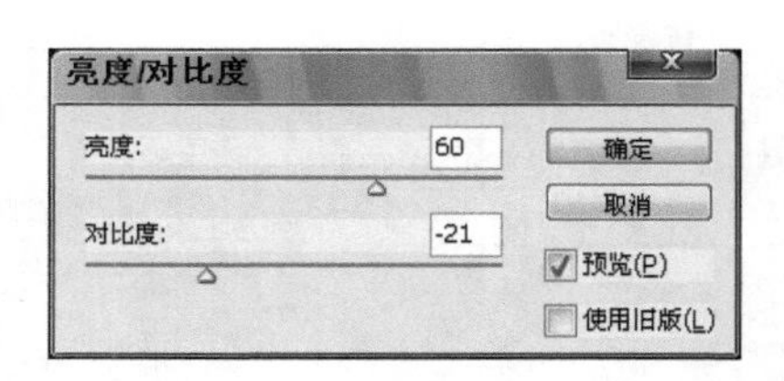

（4）对“图层 1”执行“图像/去色”命令，并调整其“亮度/对比度”，参数设置如左图所示，效果如左二图所示。

（5）将背景和背景副本图层设为不可见，将“图层 1”储存为 PSD 文件，以后在做玻璃纹理时要用到。

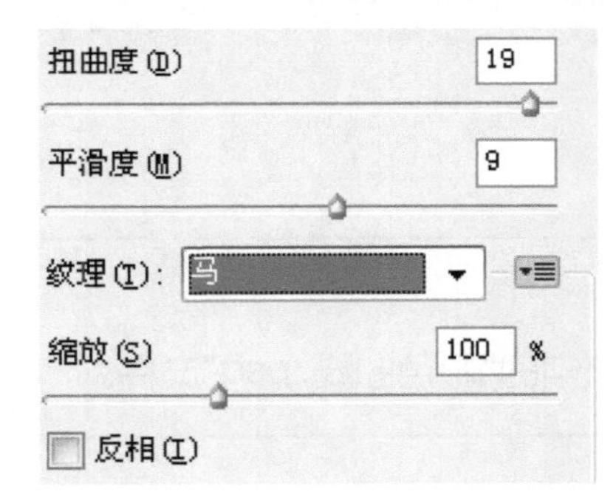

（6）回到“背景 副本”图层，将“图层 1”设为不可见。执行“滤镜/扭曲/玻璃”命令，设置“扭曲度”为 19，“平滑度”为 9，“缩放”为 100%，“纹理”选择刚才保存的马 PSD 文件，如左图所示。

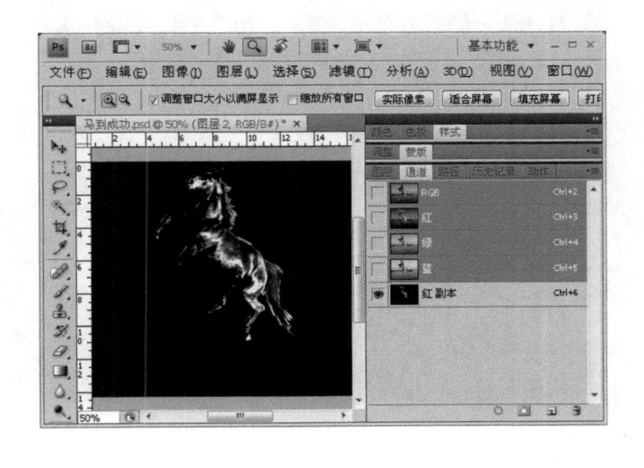

（7）在“通道”面板内复制“图层 1”的“红”通道。

（8）回到“图层”面板，按住 Ctrl 键点击“图层 1”得到选区后再回到“红 副本”通道，反选并填充黑色，取消选择，如左图所示。然后将通道作为选区载入。

（9）保留选区，回到“图层”面板，新建“图层 2”，在选区内填充白色。

（10）按住 Ctrl 键点击“图层 1”获得马的轮廓选区，执行反选，用“历史画笔工具”沿着马的轮廓边缘擦涂，将刚才因扭曲过度的部分擦去，如右图所示。

（11）在“背景 副本”图层上拉出一个矩形选框，执行“滤镜/扭曲/水波”命令，设置“数量”为 60，“起伏”为 8，“样式”为“水池波纹”。

（12）选中“图层 2”，设置其图层“混合模式”为“柔光”，添加“投影”效果。

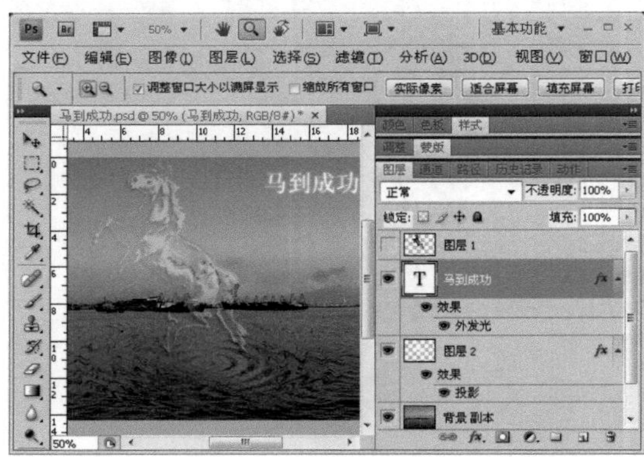

（13）新建文字图层，字体为黑体，大小为 60 点，颜色为白色，输入文字“马到成功”，并对文字添加“外发光”效果，如右图所示。

（14）最后将作品存储为“马到成功.jpg”。

初露锋芒——“彩色曲线”效果制作

路径指南

本例作品参见下载资料“第 5 章\第 4 节”文件夹中的“彩色曲线.psd”文件。

设计结果

本项目效果如右图所示。

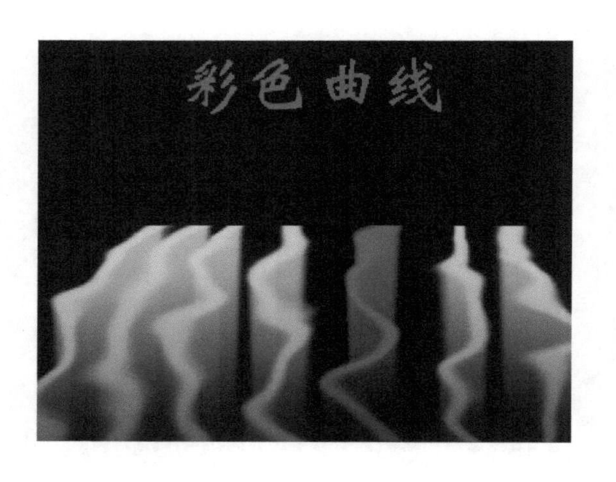

设计思路

首先新建文件，用“画笔工具”任意描绘数条曲线。然后结合“置换”与“风”滤镜，完成彩色曲线的制作。

操作提示

（1）新建 600 × 600 大小的文档，将“背景”层填充为黑色。

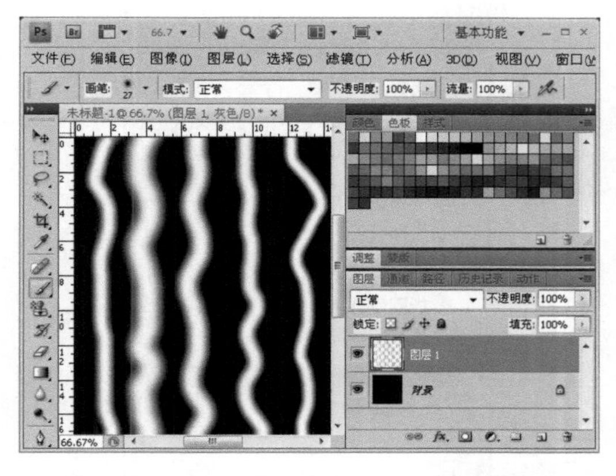

（2）新建“图层 1”，前景色设置为白色，用不同粗细的笔刷在“图层 1”中绘制几条粗细不同的白色曲线，如左图所示。

（3）新建“图层 2”，设置前景色为黑色，背景色为白色，执行“滤镜/渲染/云彩”命令，效果如左图所示。

（4）对“图层 2”执行“滤镜/模糊/高斯模糊”，设置“半径”为 18。

（5）按快捷键 Ctrl + Alt + S，将当前图像以副本方式保存为“副本. psd”备用。

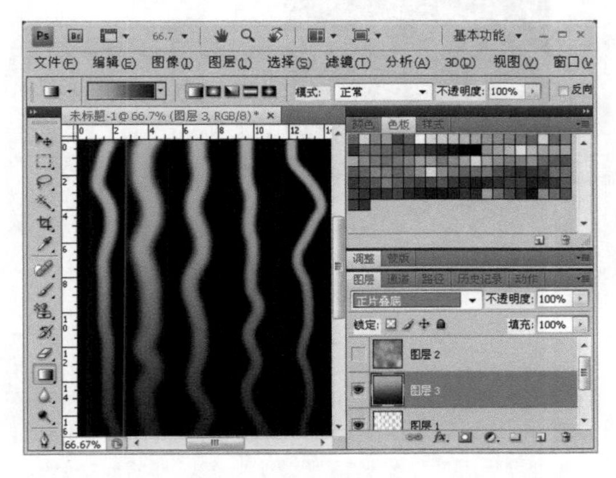

（6）将“图层 2”隐藏，在“图层 1”之上新建“图层 3”，设置前景色与背景色为自己喜欢的颜色，渐变填充“图层 3”，如左图所示。

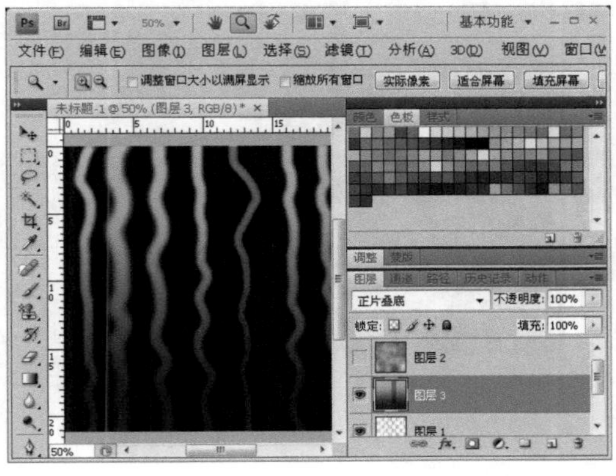

（7）将“图层 3”的“混合模式”设置为“正片叠底”。选择其中的一条曲线的区域，执行“图像/调整/反相”命令，将此曲线的颜色改变。也可通过“色相/饱和度”操作，将其调整成其他颜色，效果如左图所示。

（8）合并可见层，并复制“背景”层，并将“背景”层填充成为黑色。

(9) 选择“背景 副本”层，执行“滤镜/扭曲/置换”命令，参数设置如右图所示。

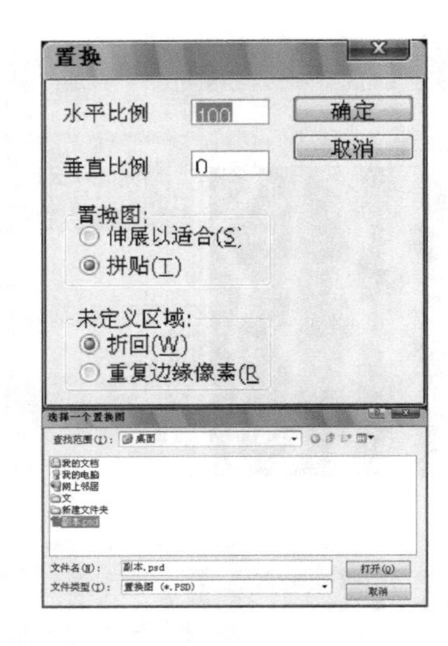

■ 小贴士

“置换”滤镜比较特殊的是，设置完毕后，还需要选择一个图像文件作为位移图，滤镜根据位移图上的颜色值移动图像像素。

这就是为什么刚才我们在第(5)步操作中保存副本文件的原因，此文件的作用就是作为位移图，作为置换滤镜移动图像像素的颜色依据。

(10) 对“背景 副本”层执行“编辑/变换/斜切”命令，如右图所示。

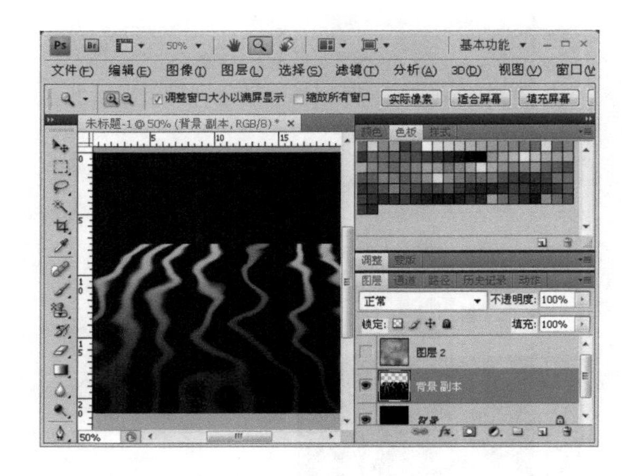

(11) 合并可见层，再复制一个“背景”层的副本，执行“图像/旋转画布/90 度(逆时针)”命令，如右图所示。

(12) 将“背景”层隐藏，选择“背景副本”层，执行“滤镜/风格化/风”命令。

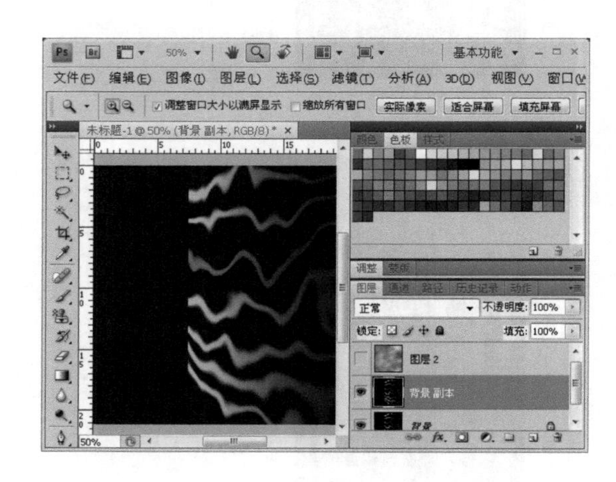

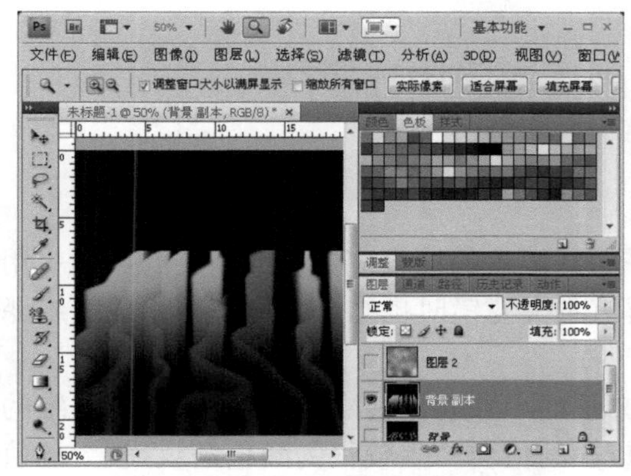

(13) 执行“图像/旋转画布/90 度(顺时针)”命令。将“背景 副本”层的“混合模式”设置为“滤色”,如左图所示。

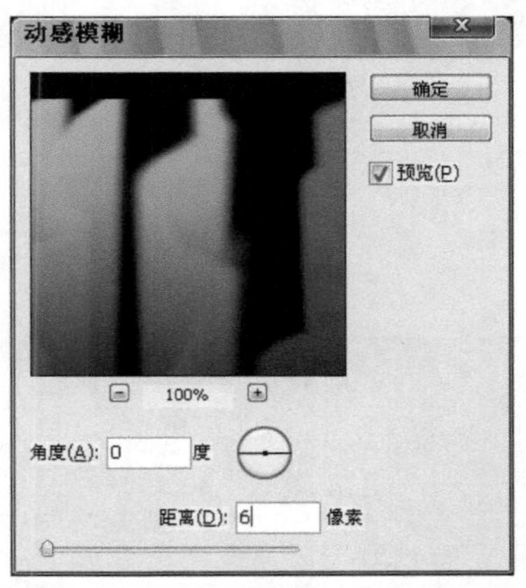

(14) 为了使曲线更加自然,选择“背景”层,执行“滤镜/模糊/动感模糊”命令,参数设置如左图所示。

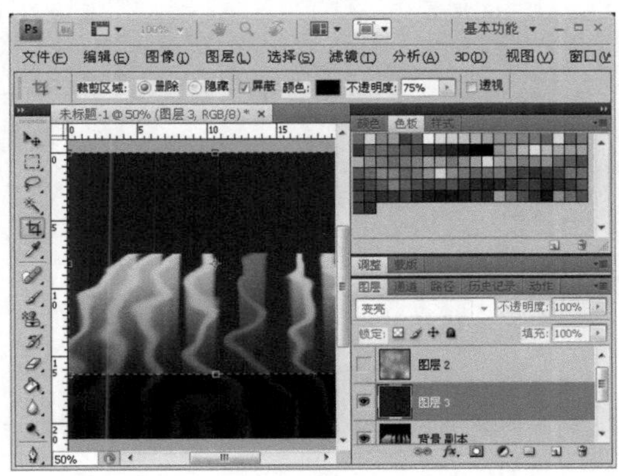

(15) 在“背景 副本”层之上建立一个新的图层,随意设置前景色和背景色进行渐变填充,将其“混合模式”设置为“变亮”,如左图所示。

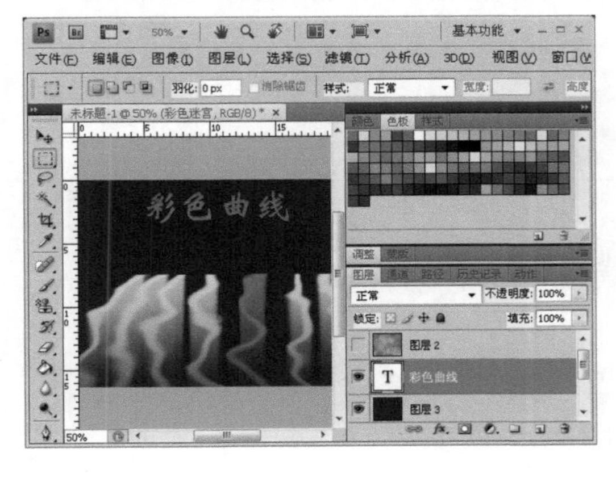

(16) 用“裁切工具”裁出需要的区域。新建文字图层,选择“横排文字工具”,设置字体为华文新魏,大小为 60 点,颜色为紫色,输入文字“彩色曲线”,如左图所示。

(17) 将作品存储为“彩色曲线.jpg”。

5.5　纤维滤镜模块与平均滤镜组的应用

知识点和技能

在本小节中我们主要介绍纤维滤镜模块与平均滤镜组的结合应用。纤维类滤镜的应用范围较广，是渲染类滤镜的分支，我们之前在讲解渲染类滤镜时也结合使用了其中的纤维滤镜效果。

纤维滤镜使用前景色和背景色生成的随机纹理对图像进行重绘，生成类似树干纤维的图案。其“差异”参数用于控制颜色的变换方式，较小的值会产生较长的颜色条纹，较大的值会产生非常短且颜色分布变化更多的条纹；“强度”参数用于控制每根纤维的外观，值越大，产生的纤维条纹越短。

范例——制作“海上日出”图像效果

设计结果

海上的日出总是带着一种明亮而柔和的光芒，在舒展着的云层里透出它温暖的颜色。

本项目效果如右图所示。（参见下载资料“第 5 章\第 5 节”文件夹中的“海上日出. psd”。需要的图像素材为下载资料“第 5 章\第 5 节”文件夹中的“SC5-5-1. jpg”。）

设计思路

首先用径向渐变做底色，为后面的叠加模式做铺垫，然后结合“纤维”滤镜绘制具有质感海平面效果图，使用椭圆框选工具绘制太阳并对太阳进行外发光的样式处理。最后利用“液化”滤镜绘制出太阳的投影效果。

范例解题导引

Step 1

首先新建文件，使用“渐变工具”在背景图层中创建一个径向渐变。

执行“文件/新建“命令，新建 800×600 像素大小的文件，使用“渐变工具”在背景图层中创建一个桔色的径向渐变，效果如左图所示。

Step 2

利用“云彩”和“纤维”滤镜，调整画布的方向与叠加模式制作海面效果图，并利用“椭圆选框工具”与“液化”滤镜绘制太阳与投影。

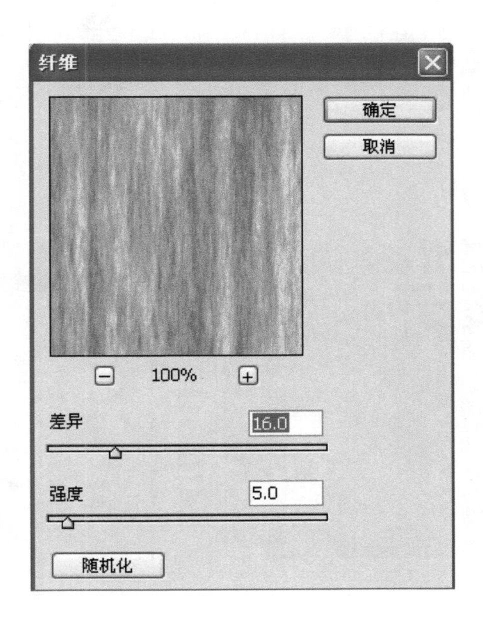

(1) 按快捷键 Ctrl + Shift + N 新建图层。设置前景色为赤色，背景色为嫩黄色。执行“滤镜/渲染/云彩”命令。

(2) 执行“图像/旋转画布/90 度(顺时针)”命令。

(3) 执行“滤镜/渲染/纤维”命令，参数设置如左图所示。

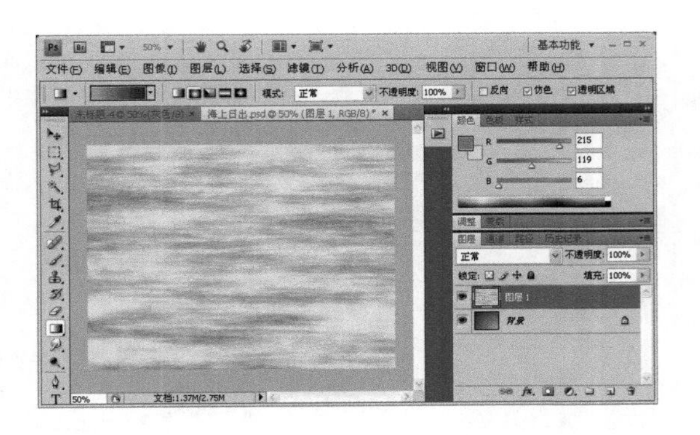

(4) 再次旋转画布 90 度(逆时针)，将画布旋转回来。执行“滤镜/扭曲/扩散亮光”命令，效果如左图所示。

（5）设置“图层 1”的“混合模式”为“叠加”，实现晚霞光线和云彩的效果。

（6）使用“矩形选框工具”选择“图层 1”的下半部分，按 Delete 键将其删除，如右图所示。

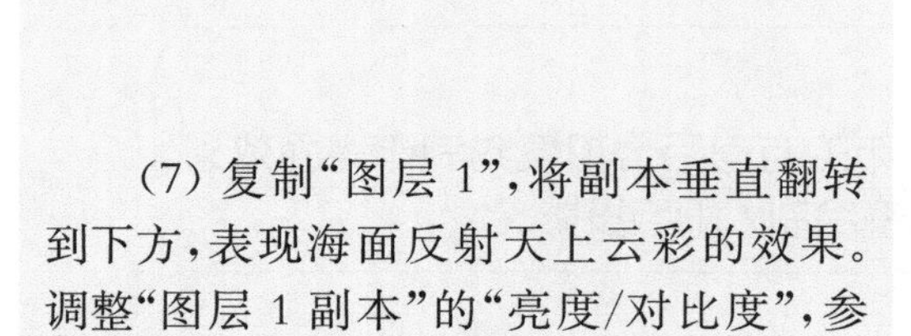

（7）复制“图层 1”，将副本垂直翻转到下方，表现海面反射天上云彩的效果。调整“图层 1 副本”的“亮度/对比度”，参数设置如右图所示。

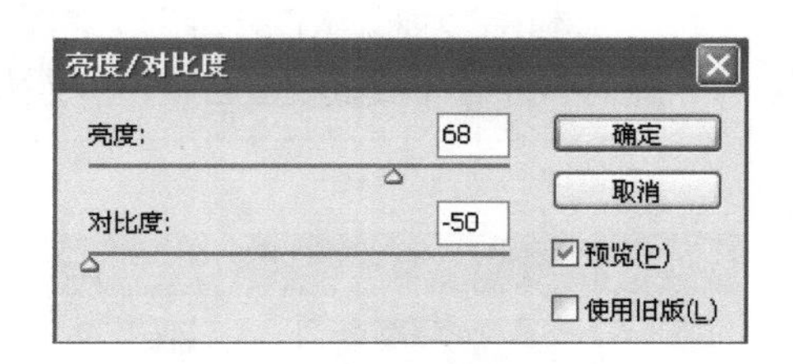

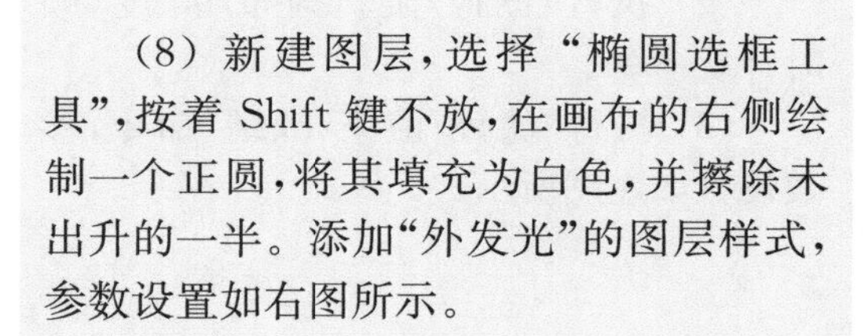

（8）新建图层，选择“椭圆选框工具”，按着 Shift 键不放，在画布的右侧绘制一个正圆，将其填充为白色，并擦除未出升的一半。添加“外发光”的图层样式，参数设置如右图所示。

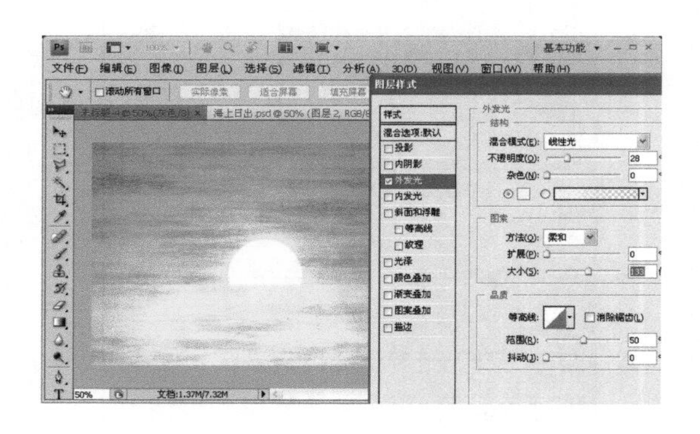

（9）新建图层，在画面中画出海平面，注意降低其不透明度。然后再利用“液化”滤镜为太阳制作倒影，效果如右图所示。

Step 3

最后添加海鸥，让背景更加丰富多彩。

（1）打开下载资料“第 5 章\第 5 节”文件夹中的“SC5-5-1. jpg”，利用“魔棒工具”反向选择海鸥并剪切到原图上，效果如左图所示。

（2）复制些海鸥的图层，变换每只海鸥的大小与角度，添加文字，效果如左图所示。

（3）将作品存储为“海上日出. jpg”。

范例项目小结

在本范例项目中，我们主要使用了纤维滤镜，设置前景色和背景色生成的随机纹理对图像进行重绘，生成类似树干纤维的图案；使用“图层样式”制作倒影等效果。

小试身手——“木纹相框”效果制作

路径指南

本例作品参见下载资料“第 5 章\第 5 节”文件夹中的“木纹相框. psd”文件。需要的图像素材为下载资料“第 5 章\第 5 节”文件夹中的“SC5-5-2. jpg”。

设计结果

本项目效果如右图所示。

设计思路

首先通过“纤维”滤镜来获得木纹的基础纹理。然后利用“色彩范围”提取部分纹理加以立体化，产生木材表面的凹凸感觉，来获得真实的效果。最后添加相片。

操作提示

（1）执行“文件\新建”命令，设置文件大小为 600×780 像素，分辨率为 72 像素，背景为白色，名称为“木质相框”。对“背景”图层执行“滤镜\转换为智能滤镜”命令。

（2）选取土黄色作为前景色，选取咖啡色作为背景色，执行“滤镜\渲染\纤维”命令，在弹出的“纤维”对话框中设置“差异”为 20，“强度”为 10，效果如右图所示。

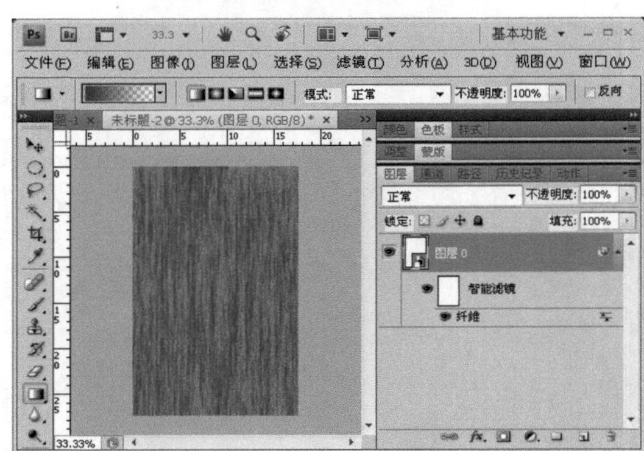

（3）执行“选择\色彩范围”命令，设置“颜色容差”为 50，使容差范围内的部分变为选区。执行“图层\新建\通过拷贝的图层”命令，拷贝得到新图层，如右图所示。

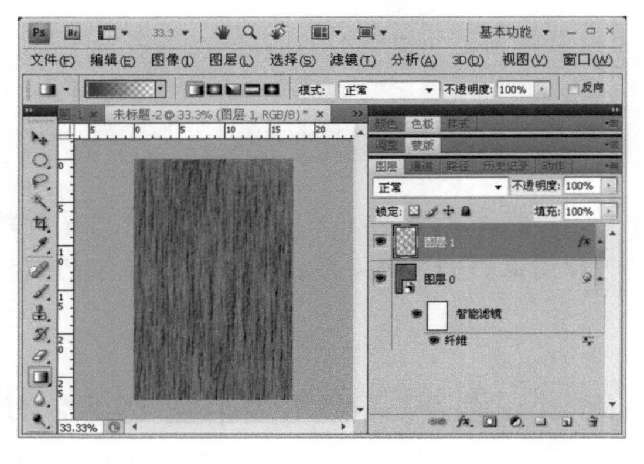

（4）单击“图层”面板下方的“添加图层样式”按钮，为拷贝得到的“图层 1”添加“斜面和浮雕”及“纹影”效果，参数设置可以根据自己的需要稍做调整，如右图所示。

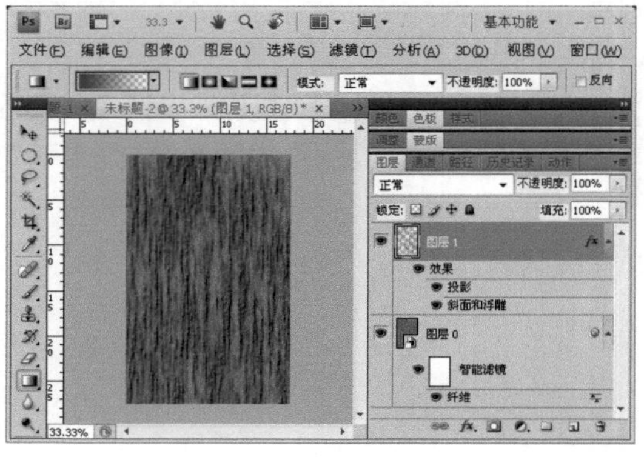

（5）选择“魔棒工具”，设置“容差”为 10，不勾选“连续”，在画布上点击，选出容差颜色的范围。

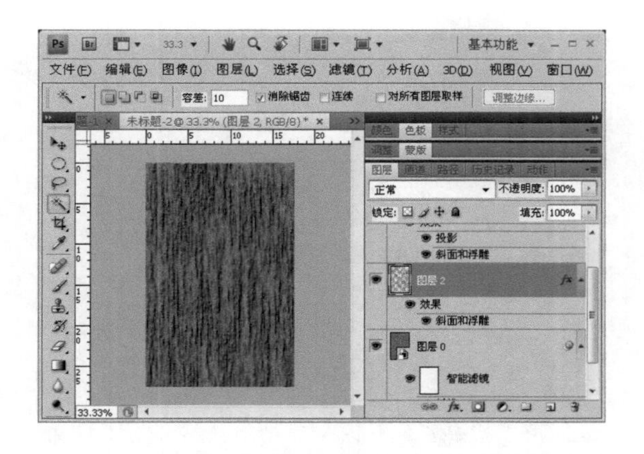

(6) 保持选区，执行“图层\新建\通过拷贝的图层”命令，拷贝得到“图层 2”，完成木纹部分的制作，如左图所示。

(7) 把所有图层合并为一个图层，更名为“木纹”，继续复制一个“木纹 副本”图层，执行“编辑\变换\旋转 90 度”命令。

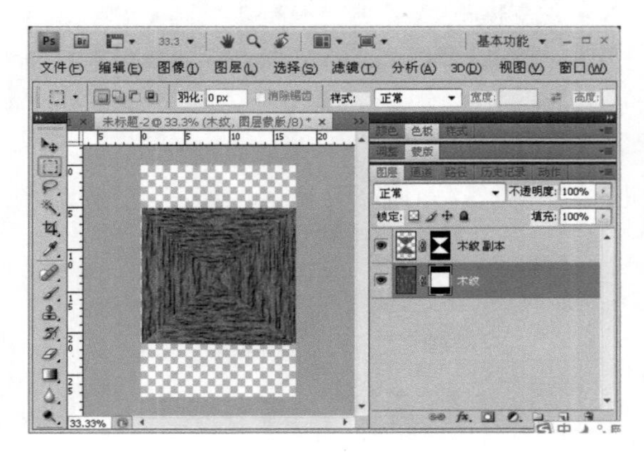

(8) 保持选区，分别为“木纹 ”图层与“木纹 副本 ”图层添加一个图层蒙版，结合“画笔工具”，使选区以外的部分被蒙版遮挡，如左图所示。

(9) 将“木纹 ”图层与“木纹 副本 ”图层变形为相框的比例，添加一个金属边框的“描边”效果。载入“SC5-5-2.jpg”，如左图所示。

(10) 将作品存储为“木纹相框.jpg”。

初露锋芒——“枫叶墙纸”效果制作

路径指南

本例作品参见下载资料“第 5 章\第 5 节”文件夹中的“枫叶墙纸.psd”文件。需要的图像素材为下载资料“第 5 章\第 5 节”文件夹下的“SC5-5-5.jpg”。

设计结果

本项目效果如右图所示。

设计思路

通过“添加杂色”和“高反差保留”等滤镜的应用，制作一张具有亚光质感的墙纸。

操作提示

(1) 执行“文件/打开”命令，打开下载资料“第 5 章\第 5 节”文件夹中的“SC5-5-3. jpg”，如右图所示。

(2) 执行“文件\新建”命令，设置文件大小为 400 × 360 像素，分辨率为 72 像素，背景为白色。

(3) 使用“魔棒工具”选中“SC5-5-3. jpg”的空白处，执行“选择/反向”命令，剪切枫叶至新建文件中，如右图所示。

(4) 在新建文件夹中选择“图层 1”，调整枫叶大小，排列并复制图层，如右图所示。

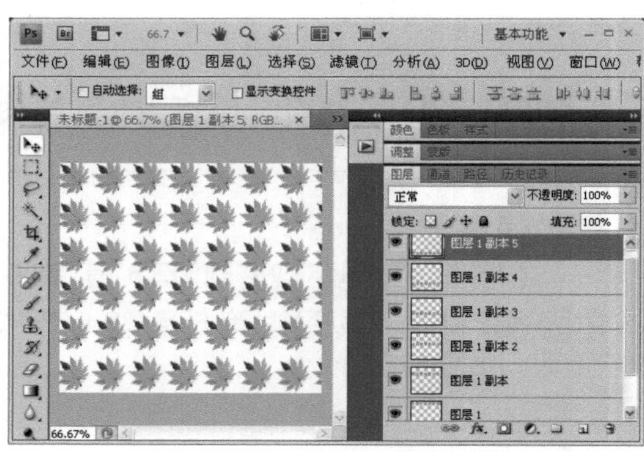

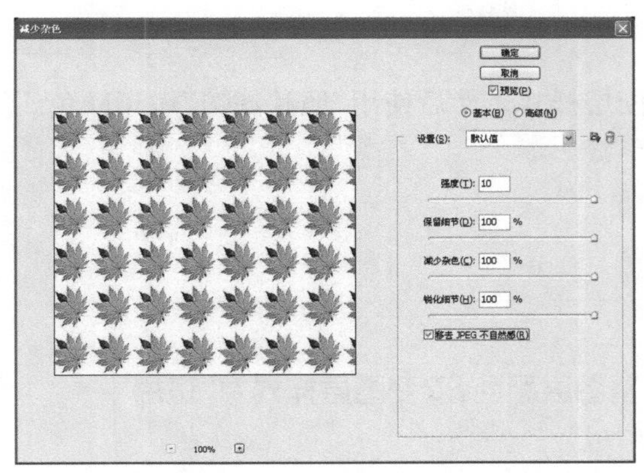

(5) 最后合并可见图层，复制“背景”图层，执行“滤镜/杂色/减少杂色”命令，设置“强度”为 10，“保留细节”为 100，“减少杂色”为 100，“锐化细节”为 100，如左图所示。

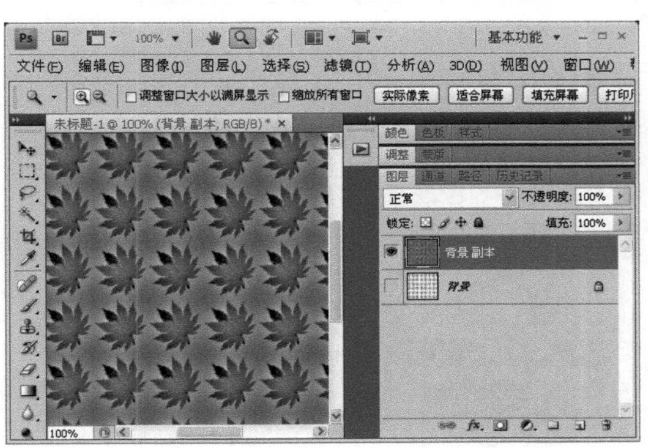

(6) 执行“滤镜/其他/高反差保留”命令，设置“半径”为 10，如左图所示。

■ 小贴士

高反差保留就是提取照片中的反差，反差越大的地方提取出来的图案效果越明显，反差小的地方提取出来就是一片灰色。

(7) 将作品存储为“枫叶墙纸.jpg”。

5.6 渐变滤镜的应用

知识点和技能

渐变滤镜可取代价格不菲又不时需要更换的相机镜片，使我们能坐在电脑前，轻松改变照片的色彩。渐变滤镜虽然调节的范围较小，但能够精确调节照片中轻微的色彩偏差。

范例——制作“夕阳”图像效果

设计结果

傍晚，夕阳只露了露面，然后就又躲进它周围淡淡的彩云里去了。

本项目效果如左图所示。(参见下载资料“第 5 章\第 6 节”文件夹中的“夕阳.psd”。需要的图像素材为下载资料“第 5 章\第 6 节”文件夹中的“SC3-6-1.jpg”。)

设计思路

首先使用“渐变工具”设置渐变颜色，调整图层样式。然后使用“照片滤镜”矫正颜色。最后通过“色相/饱和度”的调整使照片色彩更丰富。

范例解题导引

Step 1

首先打开素材图象，新建图层并调整图层颜色，改变图层样式为“正片叠底”模式。

（1）执行“文件/打开“命令，打开下载资料“第5章\第6节”文件夹中的“SC5-6-1.jpg”，如右图所示。

（2）新建图层，设置图层渐变颜色，如右图所示。

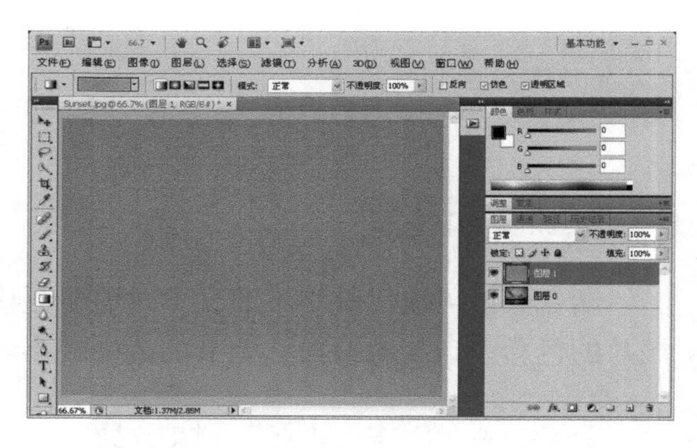

小贴士

在调整渐变的色条上，上下分别有2个游标，上面的游标是控制颜色范围，双击下面的游标可以选取颜色。

（3）设置图层“混合模式”为“正片叠底”，如右图所示。

Step 2

接着利用"照片滤镜"命令对照片作镜头颜色的矫正。

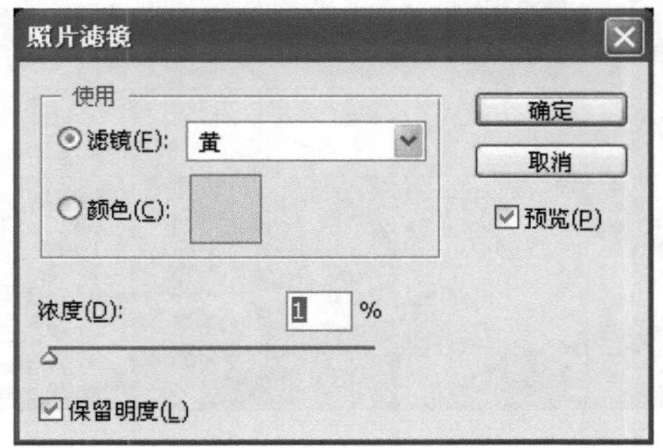

（1）执行"图像/调整/照片滤镜" 命令，参数设置如左图所示。

（2）执行 "图像/调整色相/饱和度" 命令，根据需要调整各参数。

（3）新建文字图层，输入"夕阳"，字体为黑体，颜色为橘黄色，如左图所示。

（4）将作品存储为"夕阳.jpg"。

范例项目小结

在本范例项目中，我们主要利用渐变层修改图层样式；用"照片滤镜"调整图像的颜色和浓度；最后调整了整体图像的色相饱和度，对"夕阳"这张照片做了后期处理。

小试身手——"海边写真"效果制作

路径指南

本例作品参见下载资料"第5章\第6节"文件夹中的"海边写真.psd"文件。需要的图像素材为下载资料"第5章\第6节"文件夹中的"SC5-6-2.jpg"。

设计结果

本项目效果如右图所示。

设计思路

本设计方案里所使用到的滤镜效果可以参照范例项目，主要还是要发挥个人的色彩空间感以便更好地利用好照片滤镜工具。

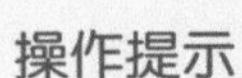

操作提示

（1）执行“文件/打开”命令，打开下载资料“第5章\第6节”文件夹中的“SC5-6-2.jpg”，如右图所示。

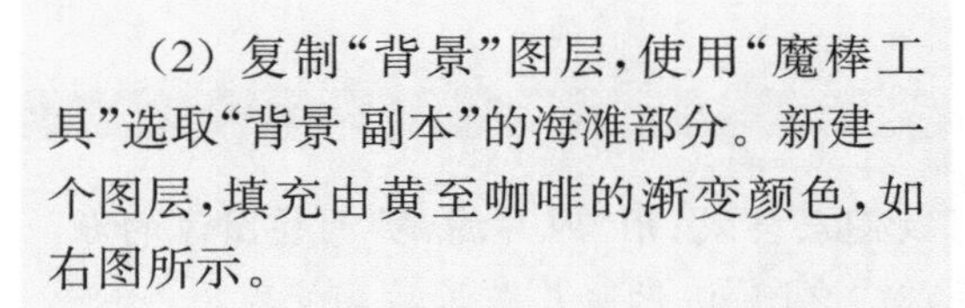

（2）复制“背景”图层，使用“魔棒工具”选取“背景 副本”的海滩部分。新建一个图层，填充由黄至咖啡的渐变颜色，如右图所示。

（3）调整图层顺序，对“背景 副本”执行“图像/调整/照片滤镜”命令，参数设置如右图所示。将图层“混合模式”设置为“正片叠底”。

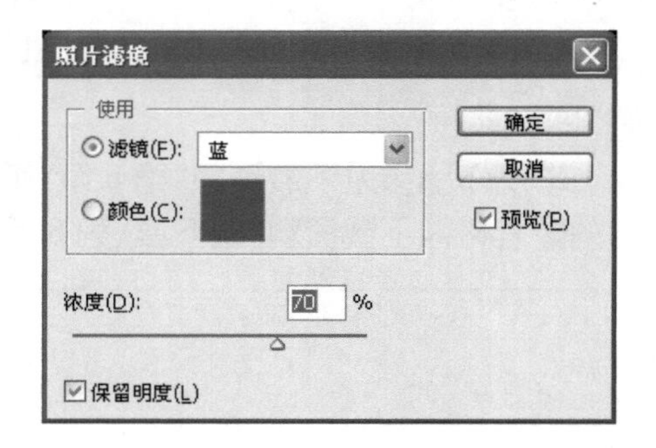

(4) 合并可见图层，调整“亮度/对比度”，效果如左图所示。

(5) 将作品存储为“海边写真.jpg”。

初露锋芒——“水墨画”效果制作

路径指南

本例作品参见下载资料“第 5 章\第 6 节”文件夹中的“水墨画.psd”文件。需要的图像素材为下载资料“第 5 章\第 6 节”文件夹中的“SC5-6-3.jpg”。

设计结果

本项目效果如左图所示。

设计思路

首先新建图层。然后使用“特殊模糊”和“水彩”滤镜使图像形成水墨画效果。

操作提示

(1) 执行“文件/打开“命令，打开下载资料“第 5 章\第 6 节”文件夹中的“SC5-6-3.jpg”。创建两个“背景”的副本图层，如左图所示。

(2) 首先选中“背景 副本 2”，执行“滤镜/模糊/特殊模糊”命令，设置“半径”为100，“阈值”为100，“品质”为高，“模式”为正常，效果如右图所示。

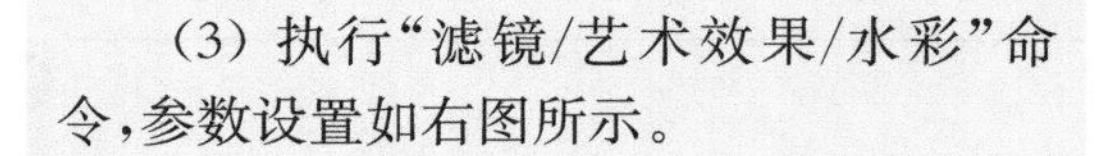

(3) 执行“滤镜/艺术效果/水彩”命令，参数设置如右图所示。

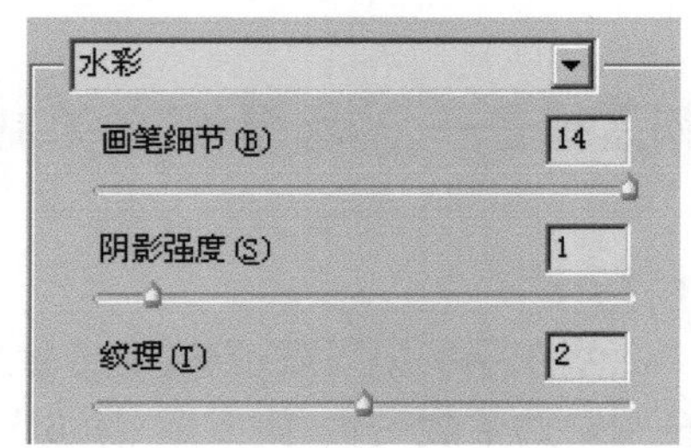

(4) 在“图层”面板中将“背景副本 2”的图层“混合模式”设置为“强光”，如右图所示。

(5) 选中“背景 副本”，执行“滤镜/模糊/高斯模糊”命令，设置“半径”为5.0。

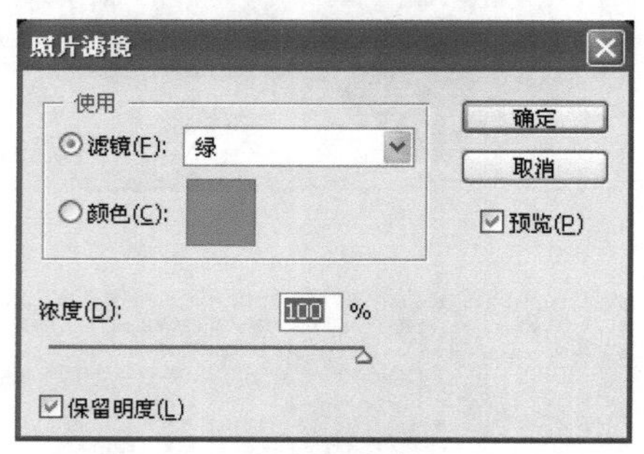

(6) 执行“图像/调整/照片滤镜”命令，参数设置如右图所示。将“背景 副本”的图层“混合模式”设置为“颜色”，如右下图所示。

(7) 将作品存储为“水墨画.jpg”。

第六章　路径的应用

“路径”是图像处理中的重要工具。主要用于光滑图像区域选择、辅助抠图、绘制光滑线条、定义画笔等工具的轨迹绘制、输出路径及选择区域间的转换。对于一些需要将点阵图像用矢量图形方法操作的情形，我们可以利用“路径”的技术手段。当我们需要对某个区域进行选取，而该区域的边界又不够精确平滑的情况下，我们也可以使用“路径”的方法进行处理，然后再转换为选择区域加以使用。

路径具有强大的可编辑性，具有光滑曲率属性，与通道相比，有着更精确、更光滑的特点。学好路径操作，对于我们进行图形、图像处理，可以带来很大的益处。

6.1　钢笔工具和路径

知识点和技能

利用“钢笔工具”可以绘制各种各样的路径，所绘制出的线条是由多个节点组成的。路径的绘制和应用往往需要“钢笔工具”和“路径”面板的配合使用。我们先来认识一下“钢笔工具”中的几个按钮。

钢笔工具　P 绘制路径，单击鼠标，可以创建直线路径；单击后拖曳鼠标，可以创建曲线路径；可以绘制闭合和不闭合路径。

自由钢笔工具　P 绘制路径，以鼠标拖曳后划过的轨迹作为路径。

添加锚点工具 增加路径的节点。

删除锚点工具 删除路径的节点。

转换点工具 转换锚点属性，即将直线锚点与曲线锚点互换。

接下来我们来认识一下“路径”面板中常用的一些按钮。

删除当前选择的路径。

新建路径。

以前景色描边路径。

以前景色填充路径。

我们已经初步认识了路径的一些常用按钮，接着我们用“钢笔工具”来制作简单的星空画面。在本项目中，我们将通过绘制星空图，来熟悉路径的基本绘制和编辑方法。结合“路径”面板的使用，掌握路径的描边和填充。

范例——制作“夜空”图像效果

设计结果

夜晚来临，让我们用闪烁的星星和弯弯的月亮来点缀一下属于自己的夜空吧！

本项目效果如右图所示。（参见下载资料“第 6 章\第 1 节”文件夹中的“夜空.psd”。需要的图像素材为下载资料“第 6 章\第 6 节”文件夹中的“SC6-1-1.jpg”。）

设计思路

首先用“钢笔工具”和“椭圆框选工具”绘制星星、月亮和云彩，并利用基本编辑命令进行路径的复制和变换。然后为图层添加图层样式，并利用“画笔工具”的设置，绘制夜空中远处的小星星。最后利用“钢笔工具”勾选素材中的卡通少女并转换为选区，利用“移动工具”将卡通少女移动到我们所绘制的图像中来。

范例解题导引

Step 1

我们首先要进行的工作是制作月亮、星星和云彩的路径。

（1）执行“文件/新建”命令，新建大小为 500 × 400 像素，分辨率为 72 像素，RGB 模式，背景色为黑色的文件。

（2）新建“图层 1”，选择“画笔工具”，设置笔触大小为 70，前景色为绿色，背景色为淡绿色，形状为青草，绘制草地。

（3）新建“图层 2”，使用“椭圆框选工具”绘制一个圆，并设置其“羽化”值为 30，执行“滤镜/渲染/云彩”命令，效果如右图所示。

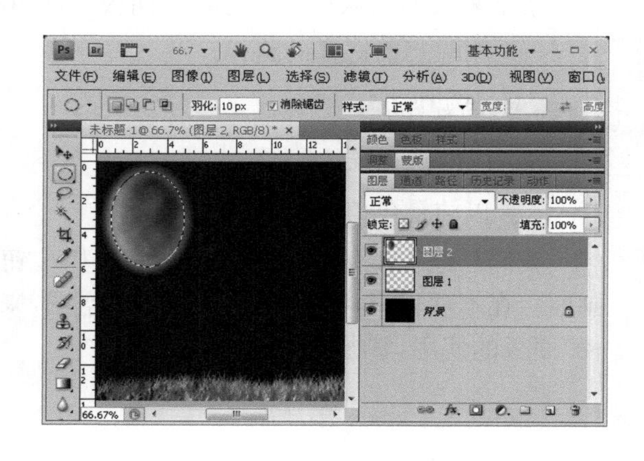

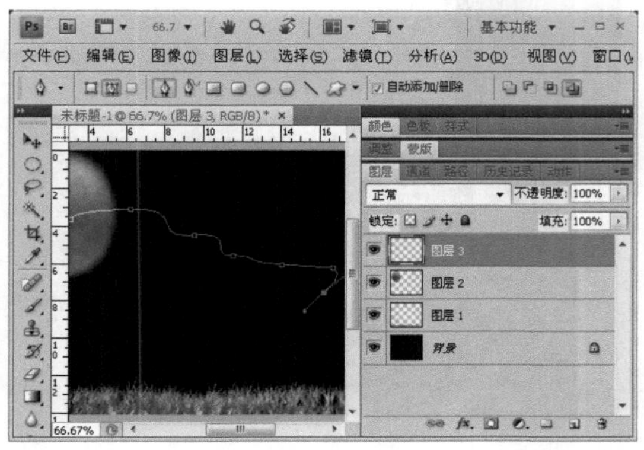
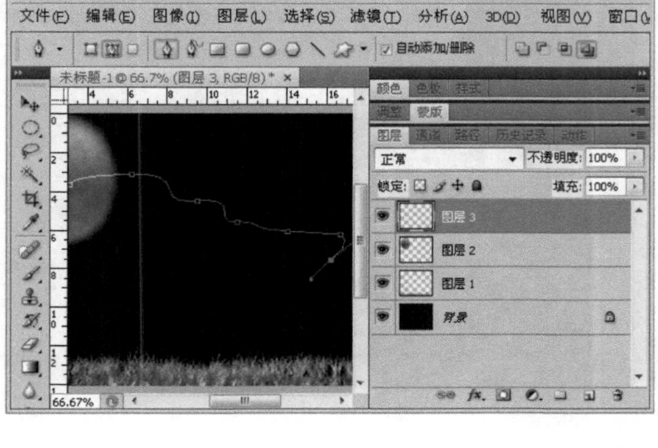

（4）新建“图层 3”，选择“钢笔工具” ，选择工具栏中的“路径”按钮 ，然后在图像中单击，绘制云彩，如左图所示。

（5）选择工具箱中的“直接选择工具” 直接选择工具 A ，单击路径中的锚点，选中后利用方向键或鼠标拖动进行调整。

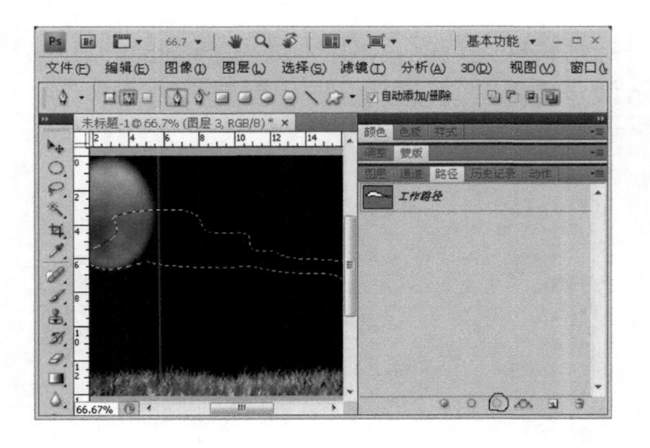

（6）双击“路径”面板中的“工作路径”，在弹出的“存储路径”对话框中进行确认，将刚才的工作路径变换为选区，如左图所示。

Step 2

为已经绘制好的月亮和云彩添加图层样式。

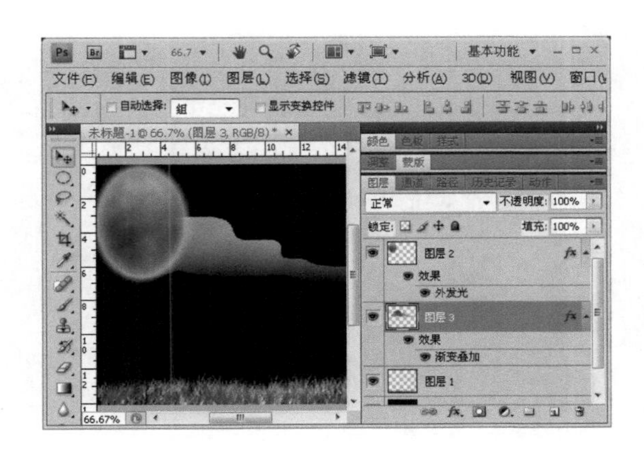

（1）在“图层 3”中填充由白到黑的渐变。把“图层 2”置于最上层，添加“外发光”样式，如左图所示。

（2）用同样的方法来绘制菱形星星并添加“外发光”样式，如右图所示。

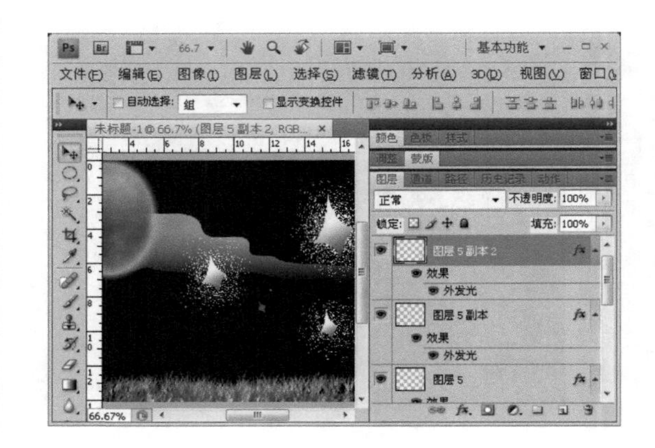

Step 3

利用“钢笔工具”选取卡通女孩，并把她转换为选区，利用“移动工具”把卡通少女移到我们所绘制的图像中来，最后调整画面，添加一些小星星。

（1）打开下载资料“第 6 章\第 1 节”文件夹中的“SC6-1-1. jpg”，利用“钢笔工具”把她仔细地描绘出来并转换为选区，如右图所示。

（2）用“移动工具”把女孩拖动到我们之前所绘制的图像中来，执行“滤镜/风格化/风”命令，如右图所示。

（3）调整图层，用“画笔工具”直接绘制一些小的星星，让整个画面看上去更有层次感。

（4）将作品存储为“夜空. jpg”。

范例项目小结

在本范例项目中，我们主要使用“钢笔工具”绘制路径，并利用编辑中的变换路径命令实现对路径的编辑。同时使用“画笔工具”绘制草地和星星。

其中要特别注意的是，在使用“钢笔工具”绘制一些路径时，要注意直线锚点和曲线锚点之间的切换，同时配合相应的辅助工具。只有通过多加练习，才能对该工具灵活运用。

小试身手——“心想事成”效果制作

路径指南

本例作品参见下载资料“第6章\第1节”文件夹中的“心想事成.psd”文件。

设计结果

本项目效果如左图所示。

设计思路

先利用“自定形状工具”绘制心形。然后利用“钢笔工具”绘制手图形。最后输入广告文字。本设计的解题方案可以模仿范例项目。

操作提示

(1) 新建400×360像素大小的文件，背景色为白色。使用“自定形状工具”，选择心形图案，按住Shift键绘制适当比例的红色心形，如左图所示。

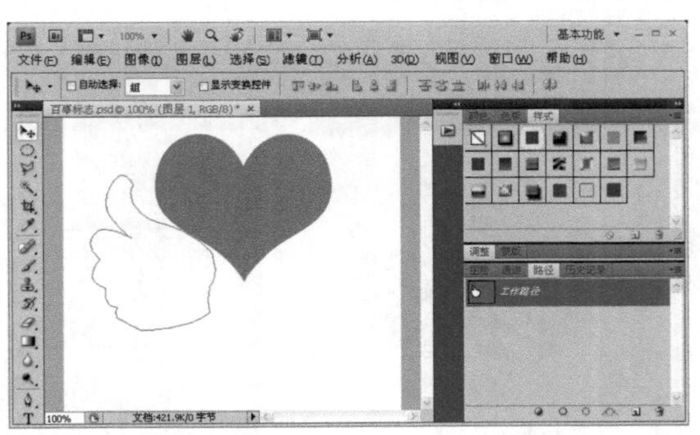

(2) 新建图层，利用“钢笔工具”绘制手形状，选取节点时可以按住Alt键，做适当调整，效果如左图所示。

(3) 按 Ctrl + T 键调整手的形状并填充蓝色，效果如右图所示。

(4) 按 Ctrl + J 键复制图层并将其对称翻转，效果如右图所示。

■ 小贴士

在绘制复杂的形状时，不可能一次就绘制成功。应该先绘制一个大致的轮廓，然后结合添加锚点工具和删除锚点工具对其逐步进行细化，直到达到最终效果。

(5) 新建图层，使用“钢笔工具”勾勒出手内部的结构并填充白色，效果如右图所示。

(6) 按 Ctrl + T 键调整手与手的角度。新建文字图层，输入文字“心想事成”，效果如右图所示。

(7) 将作品存储为“心想事成.jpg”。

初露锋芒——“信纸”效果制作

路径指南

本例作品参见下载资料“第 6 章\第 1 节”文件夹中的“信纸.psd”文件。

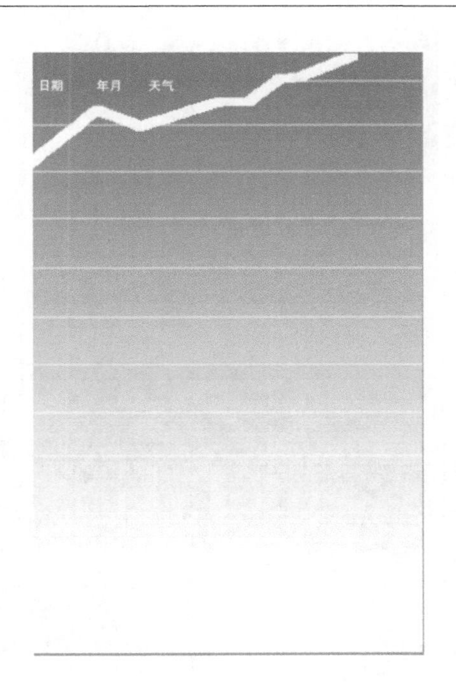

设计结果

本项目效果如左图所示。

设计思路

首先绘制背景。然后使用“钢笔工具”绘制直线和曲线，并对其进行路径描边。最后添加文字，完成信纸的制作。

操作提示

（1）新建 300×480 像素大小的文档，背景色为白色。复制“背景”图层，改名为“图层 1”，对“图层 1”添加“颜色叠加”和“渐变叠加”图层样式，如左图所示。

(2) 新建“图层 2”,选择“铅笔工具”,设置画笔大小为 1 px,按住 Shift 键绘制直线,如右图所示。

(3) 新建“图层 3”,选择“钢笔工具”,同样按住 Shift 键绘制曲线。在“路径”面版中选择“工作路径”,并选择“用画笔描绘路径”,设置描边宽度为 2,颜色为白色,效果如右图所示。

(4) 新建文字图层,设置文字大小为 10,字体为黑体,颜色为白色,输入文字“日期　年月　时间”。

(5) 将作品存储为“信纸. jpg”。

6.2 选区和路径

知识点和技能

我们已经初步学会了“钢笔工具”的基本绘制方法。但有些比较特殊的路径,如果使用“钢笔工具”直接绘制,那么难度将会很大。我们可以利用“路径”面板中选区与路径转换的按钮,来实现一些特殊路径的绘制。接下来,我们来认识一些转换方式。

路径可以直接选择区域,在“图层”、“通道”、“路径”板上,按 Ctrl 键并单击一图层、通道或路径会将其作为选区载入;按 Ctrl + Shift 键并单击,则添加到当前选区;按 Ctrl + Shift + Alt 键并单击,则与当前选区交。

接下来,我们通过下面的项目来体会一下具体的应用方法。

范例——制作“流线”图像效果

设计结果

线条是最基本的造型手段。如果说造型是一种艺术语言，那么线条便是这语言中最基本的语素。当一条简单的线条被用于表达某一事物或某一特定环境时，就具有一定的内涵。

本项目效果如左图所示。（参见下载资料“第6章\第1节”文件夹中的“流线.psd”。）

设计思路

先用“钢笔工具”勾出流畅的曲线。然后描边路径，用画笔根据路径装饰一下高光背景。最后把曲线复制并模糊变形，设置不同的图层样式即可。

范例解题导引

Step 1

先用“钢笔工具”勾出流畅的曲线，然后描边路径，再用画笔根据路径装饰一下高光背景。

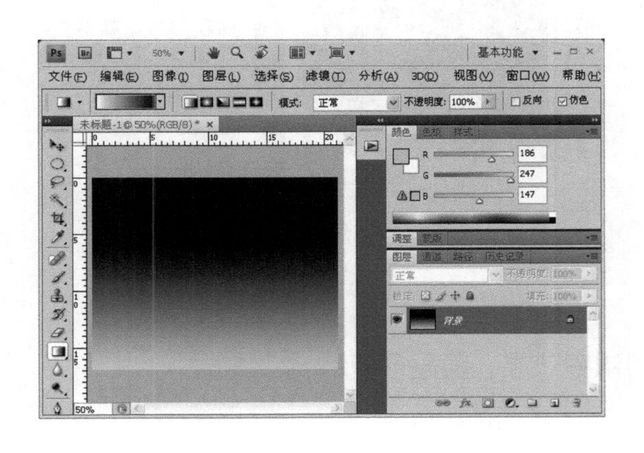

（1）执行“文件/新建”命令，新建大小为600×480像素，分辨率为72像素，RGB模式，背景色为白色的文件。

（2）对背景设置渐变色，如左图所示。

（3）使用“钢笔工具”绘制自己喜欢的线条形状。

（4）创建新图层，打开“路径”面板，描绘出线条的大体情况，然后设置画笔大小为1像素，再选择“描边路径”，效果如右图所示。

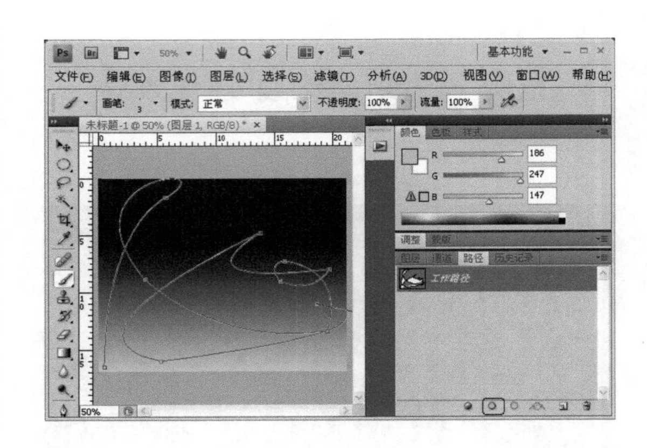

（5）设置图层“混合模式”为“叠加”，如右图所示。

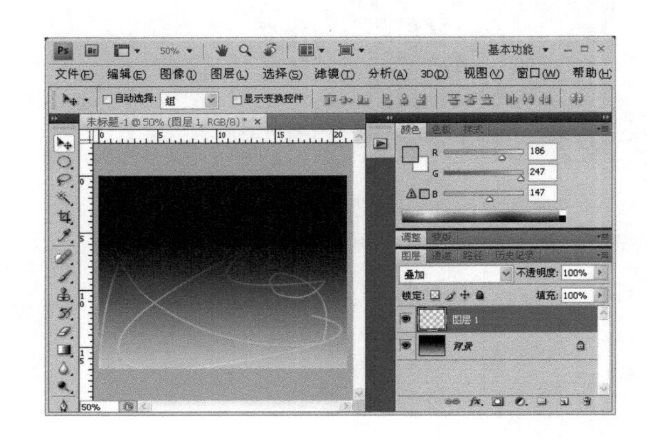

（6）在“背景”图层上面新建一个图层，把前景颜色设置为稍亮的色调，再用画笔在线条有交点部位点上高光，并对高光图层添加“叠加”模式，如右图所示。

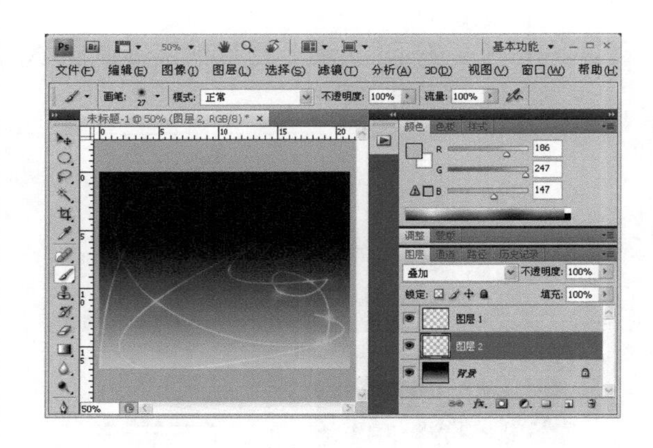

Step 2

接下来对绘制的曲线及高光添加滤镜效果。随后多复制几个图层，分别添加不同的图层样式。

（1）把线条图层复制一层，按 Ctrl＋T 键适当改变下角度，然后再执行“滤镜/模糊/高斯模糊”命令，设置“半径”为 3，确定后把图层“混合模式”改为“差值”，如左图所示。

（2）把线条图层再复制一层，按 Ctrl＋T 键适当改变下角度，然后再执行“滤镜/模糊/高斯模糊”命令，设置“半径”为 3，确定后把图层“混合模式”改为“排除”。

（3）选中线条图层，对其添加“外发光”效果，设置描边参数为 3。最后新建文字图层，输入文字“Streaming”，对文字添加渐变颜色，并调整字间距为适当大小，如左图所示。

（4）将作品存储为“流线. jpg”。

范例项目小结

在本范例项目中，我们主要使用“线性渐变”绘制背景；使用“钢笔工具”绘制线条路径后，勾出流畅的曲线，然后描边路径；用画笔根据路径装饰高光背景；最后把曲线复制并模糊变形。

小试身手——“小小钢琴家”效果制作

路径指南

本例作品参见下载资料“第 6 章\第 2 节”文件夹中的“小小钢琴家. psd”文件。需要的图像素材为下载资料“第 6 章\第 7 节”文件夹中的“SC6-2-1. jpg”和“SC6-2-2. jpg”。

设计结果

本项目效果如右图所示。

设计思路

主要利用“路径”工具来将人物从原背景图中选取出来并放到新的背景中。

操作提示

(1) 打开下载资料“第 6 章\第 2 节”文件夹中的“SC6-2-1.jpg”，如右图所示。

■小贴士

我们经常会使用 Photoshop 将照片中的人物素材提取出来，以便实现背景更换等特殊效果。主要方法有：

(1) 工具法——巧用“魔棒工具”替换背景；

(2) 路径法——用“钢笔工具”来抠取人物；

(3) 蒙版法——利用蒙版技术抠图；

(4) 滤镜法——使用功能强大的“抽出”滤镜。

(2) 利用“钢笔工具”来选取人物，在“路径”面版中将路径转换为选区，如右图所示。

(3) 打开下载资料“第 6 章\第 2 节”文件夹中的“SC6-2-2. jpg”。将宝宝照片复制到“SC6-2-2. jpg”中，并调整其位置和大小。

(4) 新建图层，利用“铅笔工具”输入文字“小小钢琴家”，对文字添加“投影”效果，如右图所示。

(5) 将作品存储为“小小钢琴家. jpg”。

初露锋芒——“纱巾”效果作用

路径指南

本例作品参见下载资料“第 6 章\第 2 节”文件夹中的“纱巾.psd”文件。

设计结果

本项目效果如左图所示。

设计思路

首先新建背景色为灰色的图层。然后使用“钢笔工具”绘制曲线对其进行路径描边，把路径定义为画笔并设置画笔参数。最后添加“蒙尘与划痕”滤镜。

操作提示

（1）新建 600×480 像素大小的文档，背景色为灰色。新建图层，使用“钢笔工具”绘制一条路径，如左图所示。

（2）在“路径”面板中，选择需要转换为选区的路径栏，将路径作为选区，在“图层”面板中选择路径标签。选择“画笔工具”，将画笔大小调整为 3 像素，颜色为黑色，对路径进行修饰，如左图所示。

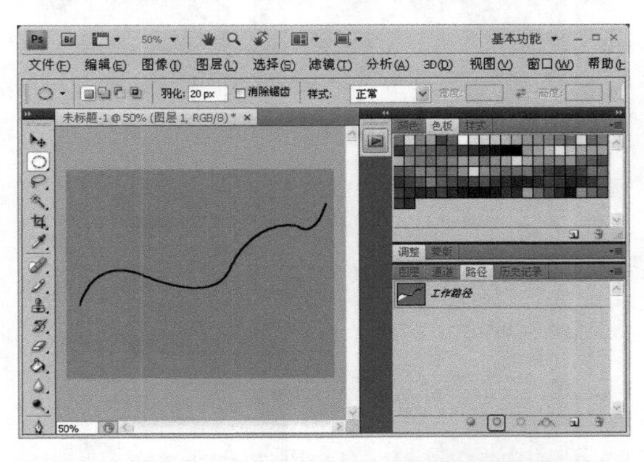

（3）回到“图层”面板，隐藏背景图层。执行“编辑/定义画笔预设”命令，在弹出的窗口中将画笔命名为“纱巾”，如左图所示。

(4) 设置画笔“主直径”为100，如右图所示。

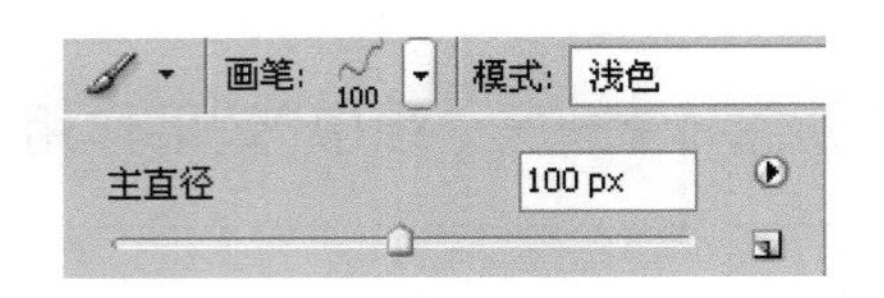

(5) 选择“画笔工具”，此时画笔的形状应该是刚才我们刚才定义的“纱巾”，按F5键调出画笔预设，调整画笔各个参数。选中“画笔笔尖形状”，设置“间距”为1%；选中“形状动态”，设置“大小抖动”的“控制”为“钢笔压力”，“角度抖动”的“控制”为“渐隐”，参数为1600，如右图所示；选中“颜色动态”，设置“前景/背景抖动”为55%，“色相抖动”为45%，“饱和度抖动”为15，“纯度”为0。

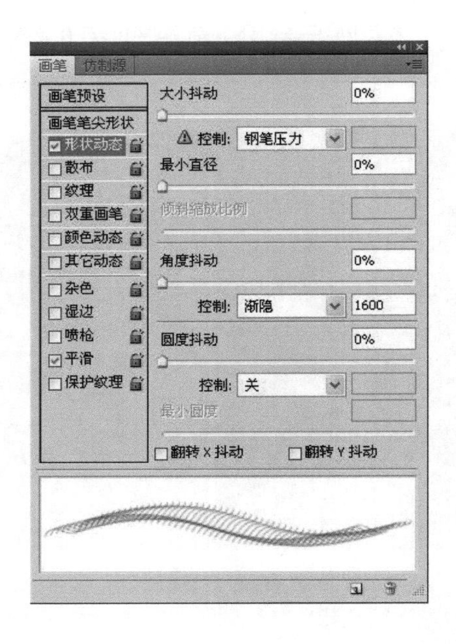

(6) 新建“图层2”，绘制一条新的路径。展开“路径”面板，利用已经预设好的画笔在路径面版中直接点击“路径描边”选项，如右图所示。

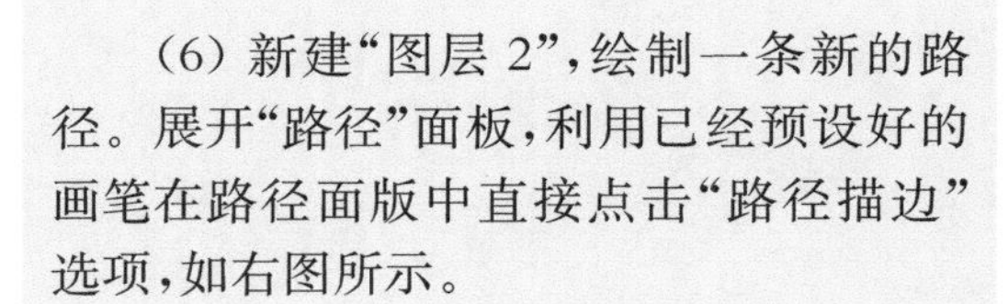

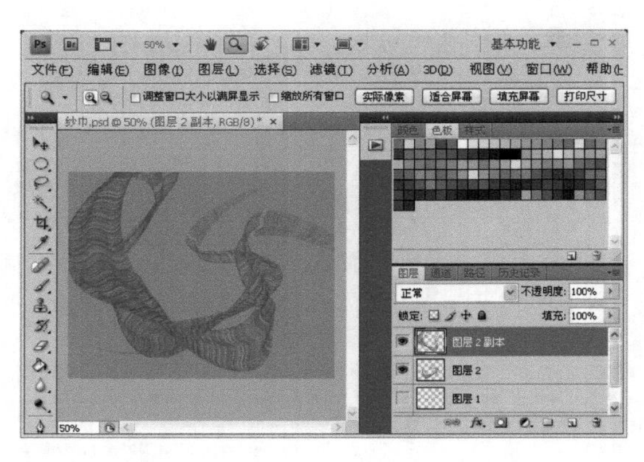

(7) 最后执行“滤镜/杂色/蒙尘与划痕”命令并且复制变形，效果如右图所示。

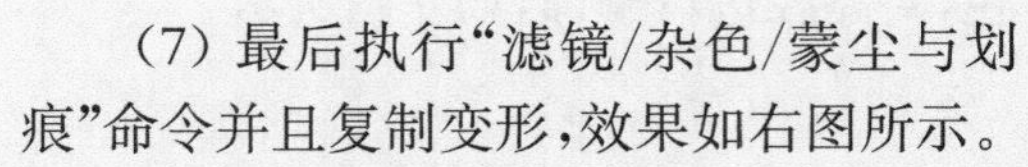

(8) 将作品存储为“纱巾.jpg”。

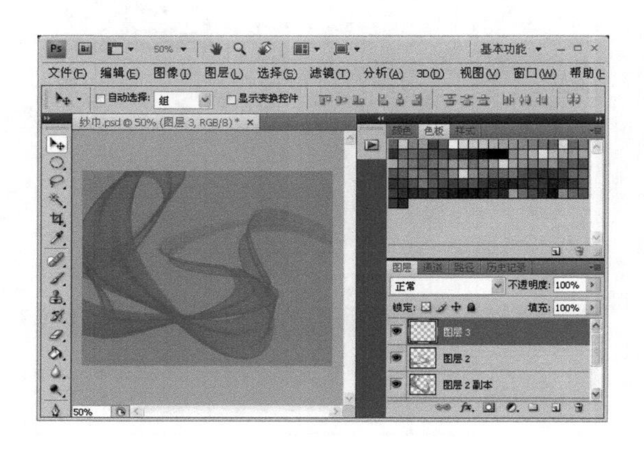

6.3 画笔工具和路径

知识点和技能

我们已经学会了路径的基本绘制及与选区相互转换的方法。在前面两节中，我们已经配合使用"画笔工具"，对路径进行描边。在本小结中我们将利用画笔调板中的一些特性，来描边路径，制作一些特殊效果。

范例——制作"光翼"图像效果

设计结果

漆黑的背景中，一条条柔和的曲线构成了美丽的光之翼，挥出点点星光。

本项目效果如左图所示。(参见下载资料"第 6 章\第 3 节"文件夹中的"光翼.psd"。)

设计思路

首先用"渐变工具"绘制中心。然后用"钢笔工具"勾出曲线，用画笔进行修饰。

范例解题导引

Step 1

新建文件，在左下角拉出一个紫色到紫黑色的径向渐变。

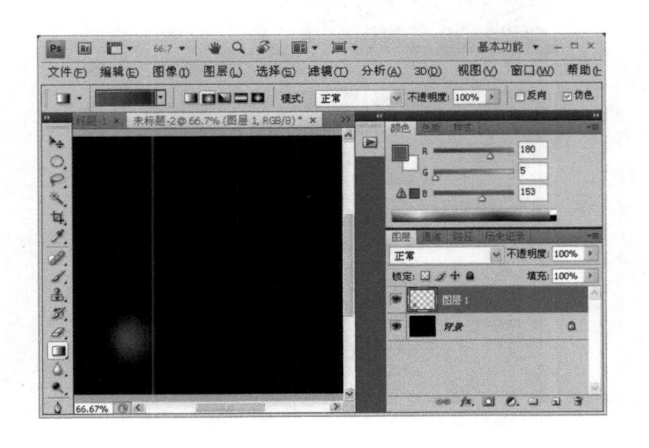

(1) 执行"文件/新建"命令，新建大小为 600 × 480 像素，分辨率为 72 像素，RGB 模式，背景色为黑色的文件。

(2) 新建图层，使用"渐变工具"，在图像左下角拉出一个紫色到紫黑色的径向渐变，如左图所示。

Step 2

用画笔画出几根线条，再用“钢笔工具”勾出流畅的曲线，描边路径，用画笔根据路径修饰一下。

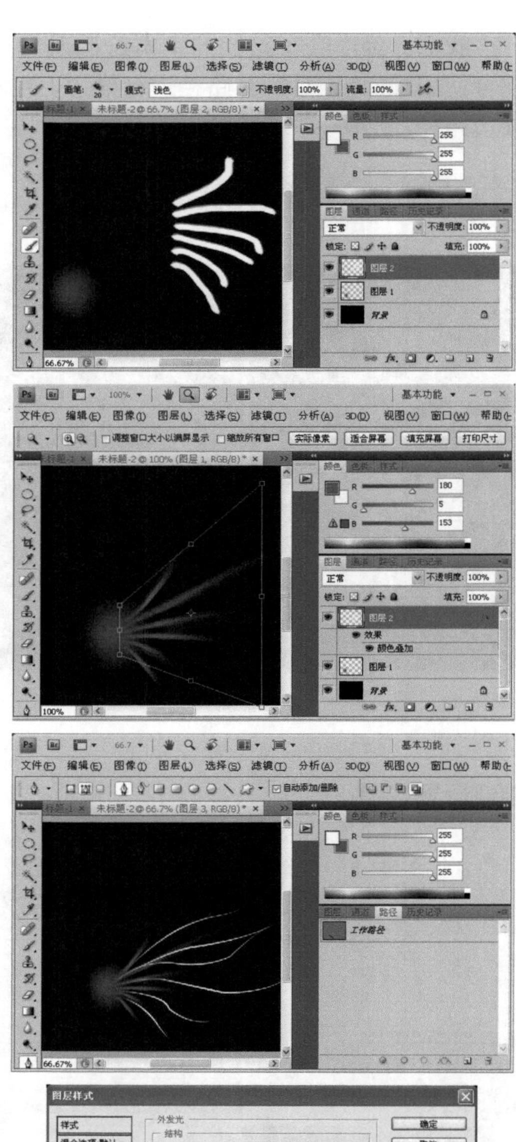

（1）新建图层，前景色设置为白色，选择扁方形笔刷，勾画几根线条，如右图所示。

（2）执行“滤镜/模糊/径向模糊”命令，对图层添加“颜色叠加”效果并调整其大小比例，如右图所示。

（3）新建图层，前景色设置为白色，用“钢笔工具”描绘出曲线。然后转换为路径，用画笔描边，如右图所示。

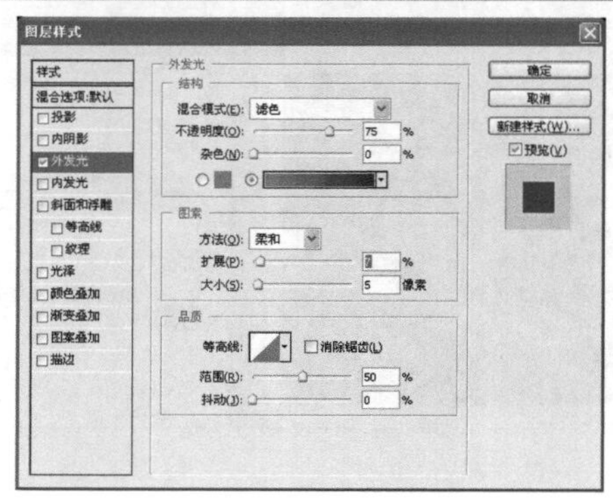

（4）添加“外发光”效果，参数设置如右图所示。

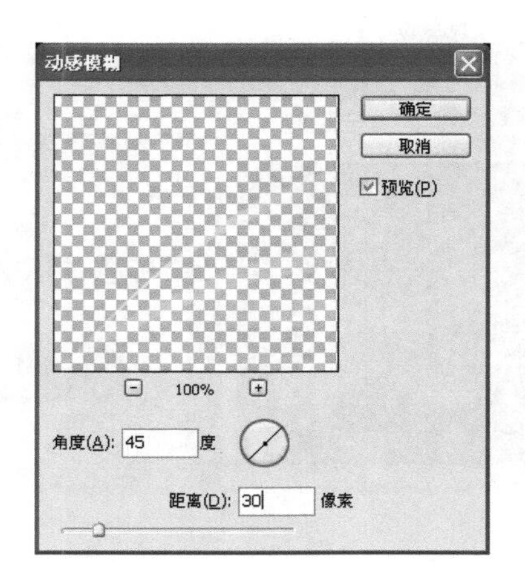

（5）复制主线层，执行“滤镜/模糊/动感模糊”命令，设置“角度”为 45，如左图所示。

Step 1

最后再用画笔根据路径修饰一下高光背景。

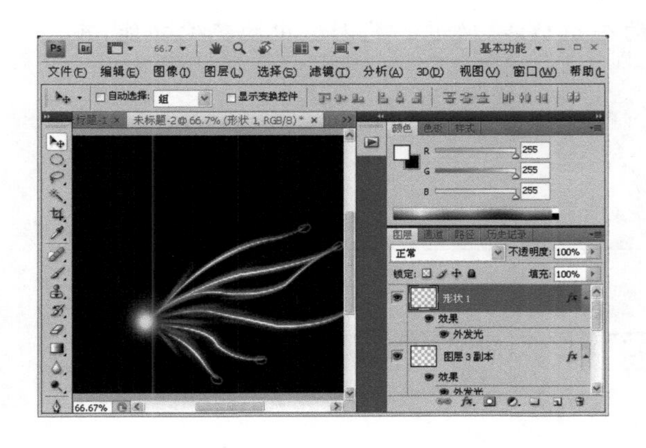

（1）在主线的尾部用画笔涂抹，设置图层“混合模式”为“颜色减淡”。在左下角处绘制一个白色的圆，做模糊、外发光处理，如左图所示。

（2）将画有白色圆的这层拖到紫色圆的下面。合并除背景外的所有图层。

（3）复制合并后的图层，对图层副本进行水平翻转。

（4）选择“画笔工具”，用“散布”设置的亮色点勾画，如左图所示。

（5）再次复制图层，并利用 Ctrl + T 键缩放图层副本大小。

(6) 这样我们完成了一边翅膀。接下来复制、粘贴，完成最终效果，如右图所示。

(7) 将作品存储为“光翼.jpg”。

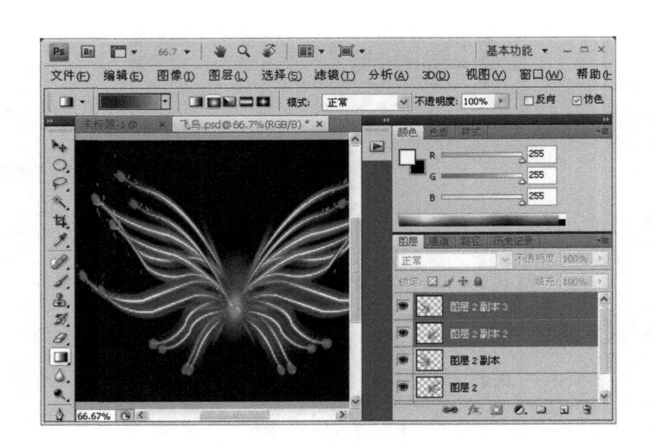

范例项目小结

在本范例项目中，我们主要使用径向渐变绘制立体球；用“钢笔工具”勾出曲线；用“画笔工具”修饰路径；用笔调板中的“渐隐”功能，对路径进行描边，分别制作出大小渐隐和透明度渐隐的效果。

本范例项目中仅仅利用了画笔调板中的个别功能，通过画笔调板中的其他功能，可以做出更多、更漂亮的效果。

小试身手——“滚轴文化”标志设计

路径指南

本例作品参见下载资料“第6章\第3节”文件夹中的“滚轴文化.psd”文件。

设计结果

本项目效果如右图所示。

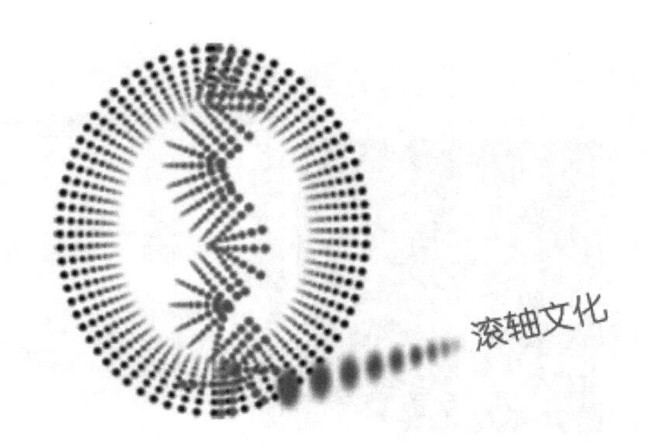

设计思路

用“画笔工具”配合路径做出看似复杂做起来却简单的标志。

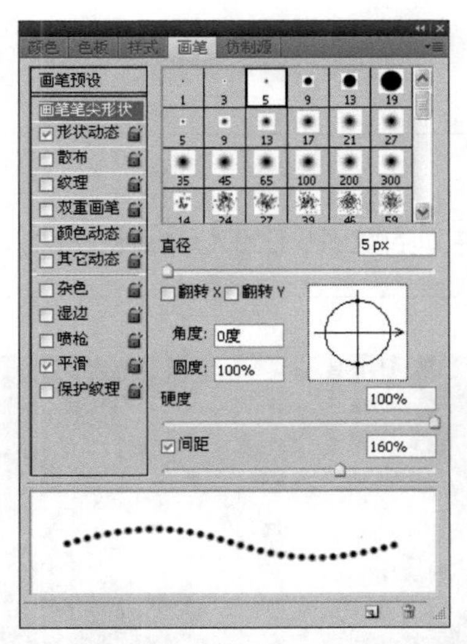

操作提示

(1) 新建 600×480 像素大小、RGB 模式、白色背景的文件。选择 5 像素的硬边画笔，打开画笔设置面板，选择“画笔笔尖形状”，参数设置如左图所示。选择“形状动态”，设置“大小抖动”的“控制”为“渐隐”，步骤为 10，其他都为 0%，“角度控制”和“角度抖动”的“控制”都为“关”。

(2) 新建图层，按住 Shift 画一条垂直的线段，如左图所示。

(3) 将线段定义为画笔后删除。使用“椭圆工具”画出一个椭圆形的路径。

(4) 选择我们刚定义好的画笔，再次进入画笔设置面板。设置画笔笔尖形状直径为 48，“间距”为 91，勾选“平滑”；选择“形状动态”，在“角度抖动”中选“方向”，不然圆点就不会对着路径的圆心了。

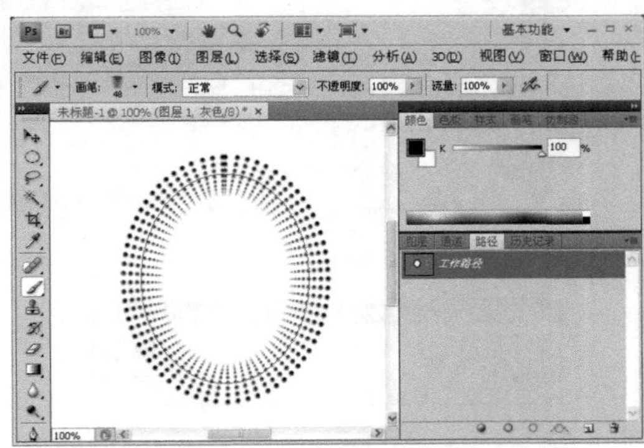

(5) 切换到“路径”面板。单击一下先前绘制的路径使之出现在“图层 1”中。然后点击下面的“用画笔描边路径”按钮进行描边，如左图所示。

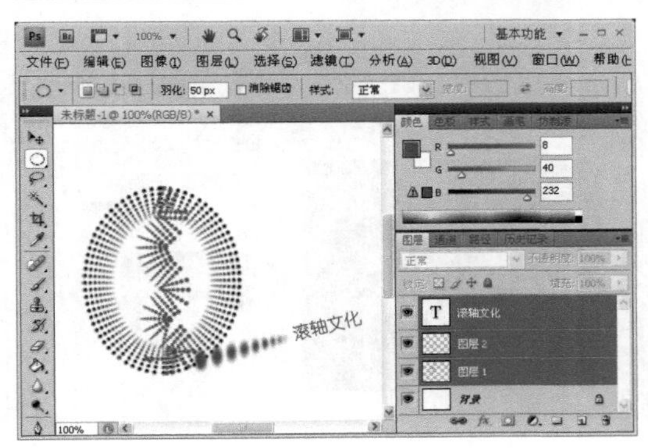

(6)新建图层用同样的画笔纵向描绘，并添加文字，如左图所示。

(7) 将作品存储为“滚轴文化.jpg”。

初露锋芒——“2010 EXPO”效果制作

路径指南

本例作品参见下载资料“第 6 章\第 3 节”文件夹中的“2010 EXPO.psd”文件。

设计结果

本项目效果如右图所示。

设计思路

先利用文字蒙版工具输入文字，填充为黑色，并将文字定义为画笔。然后设置画笔的相关参数，将文字沿路径描边，利用锁定功能填充描边文字的颜色，使用“渐变工具”填充黑色文字。最后利用“径向模糊”制作文字动感效果。

操作提示

（1）新建 600×400 像素大小的文件，背景为黑色，并使用文字蒙版工具输入文字“2010 EXPO”，字体为 Courier，大小为 72 点。

（2）新建图层，使用“油漆桶工具”将文字选区填充为黑色，同时将背景隐藏，如右图所示。

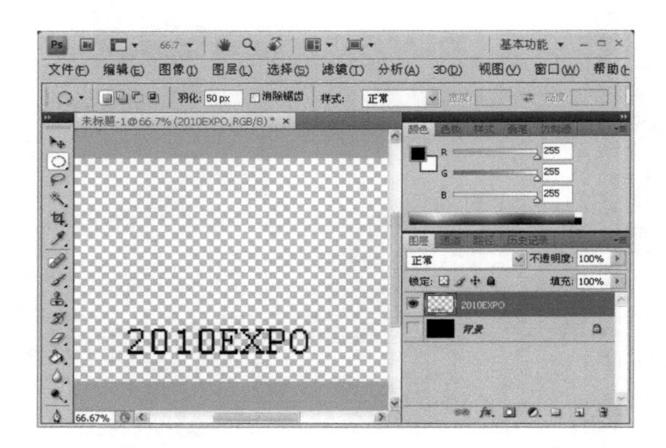

（3）使用“矩形选框工具”选取文字，执行“编辑/定义画笔”命令，将文字定义为画笔，如右图所示。

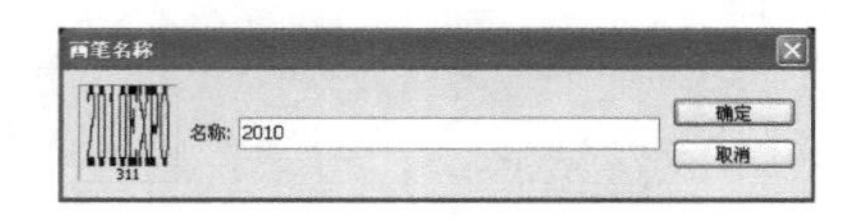

（4）选择“画笔工具”后，打开画笔调板，设置相关参数，将定义好文字形状作为当前笔头，并设置大小和透明度的渐隐效果。

（5）新建图层，选择工具箱中的“自定形状工具”，选择坐标形状绘制坐标路径，如右图所示。

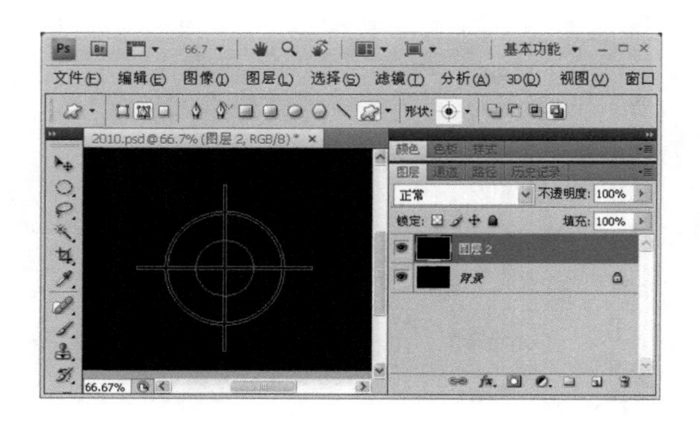

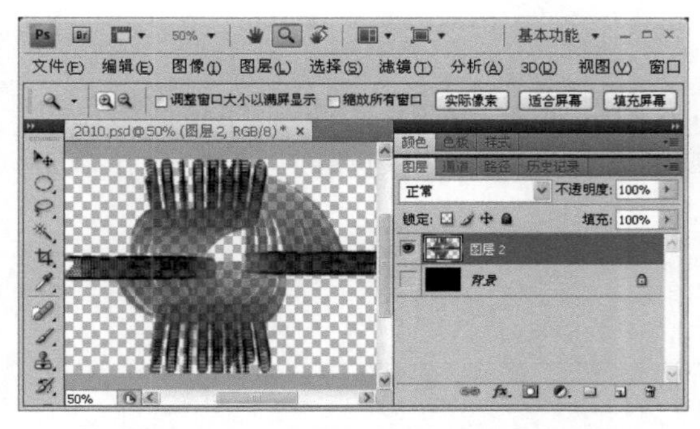

(6) 在新图层中描边路径，并调整其大小，效果如左图所示。

(7) 锁定当前图层的透明像素，使用“渐变工具”填充文字，并更改背景层颜色为深紫色。

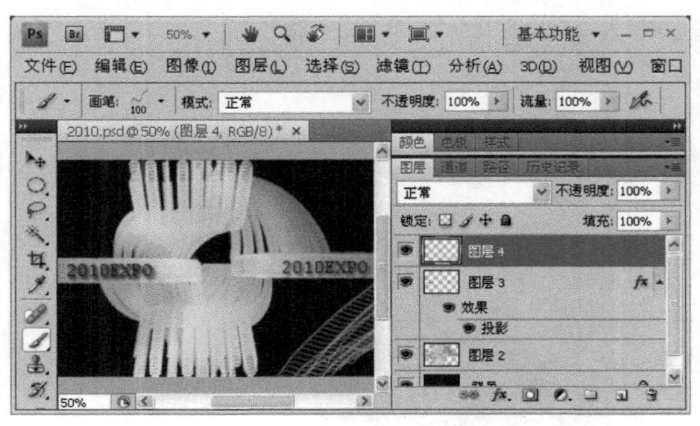

(8) 再次新建图层，使用设置好的“画笔工具”在 X 轴左右两段点击。并调整文字的适当位置，对文字添加“投影”效果，如左图所示。

(9) 将作品存储为“2010 EXPO.jpg”。

6.4 擦除工具和路径

知识点和技能

在前面几节中我们已经能够熟练使用“钢笔工具”配合“画笔工具”的特性，绘制一些特殊的效果。除了利用“画笔工具”的特性外，我们还可以利用“擦除工具”制作出一些特殊效果。打开擦除工具的方法如下：

在按下 Alt 键的同时，单击“路径”工作面板中的描边按钮，即可在弹出的对话框中选择擦除工具为描边的工具。

在本项目中我们使用“擦除工具”来描边，制作出齿轮效果。选择不同的擦除笔头，能擦除出不同的效果。

范例——“宝宝相架”效果制作

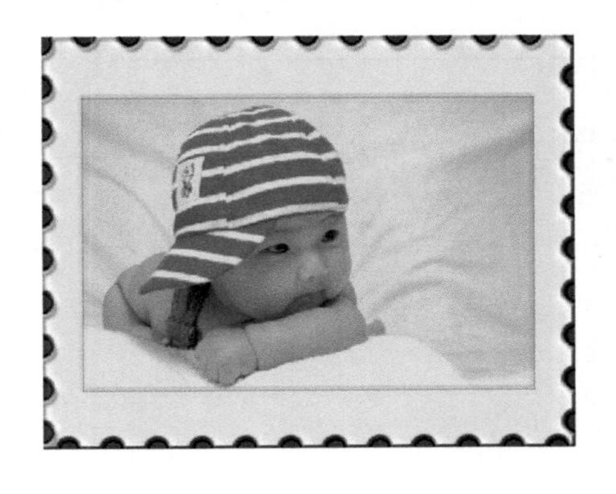

设计结果

小宝宝的照片总是那么惹人喜欢，让我们为漂亮宝贝的照片制作搭配的可爱相架吧。

本项目效果如左图所示。(参见下载资料“第 6 章\第 4 节”文件夹中的“宝宝相架.psd”。需要的图像素材为下载资料“第 6 章\第 4 节”文件夹中的“SC6－4－1.jpg”。)

设计思路

首先是制作深蓝色背景，将素材图片放入，并调整到适当大小。然后制作相框白色边框，将外框选区转换为路径，设置擦除工具的画笔形状，沿路径描边擦除。最后试着添加多种图层样式，以达到最佳效果。

范例解题导引

Step 1

我们首先要进行的工作是制作背景，放入素材图片并做适当调整。

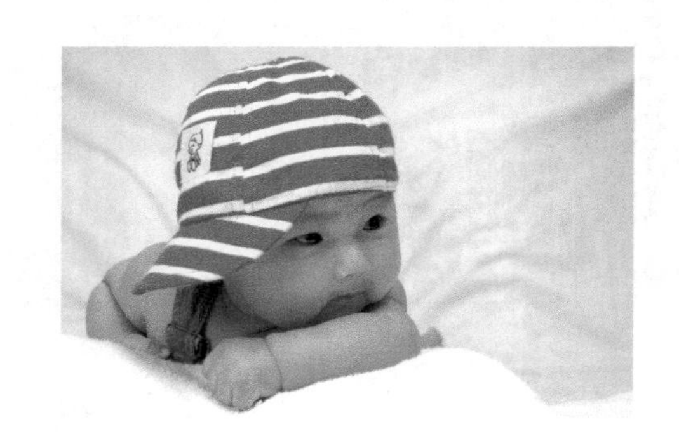

(1) 新建文件，大小为 640×480 像素，分辨率为 72 像素，RGB 模式，背景色为深蓝色。

(2) 打开下载资料"第 6 章\第 4 节"文件夹中的"SC 6 - 4 - 1. jpg"，如右图所示。

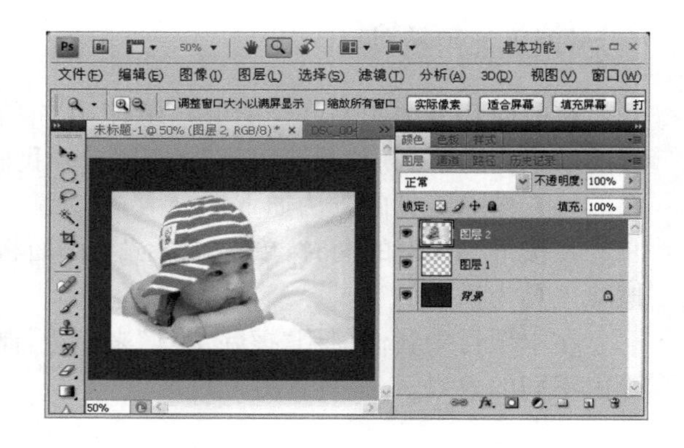

(3) 将图片粘贴至新建文件中，按 Ctrl + T 键，将图片缩放至适当大小，如右图所示。

Step 2

接下去，我们来做相架的白色边框，这可是相架制作中最关键的一步哦！

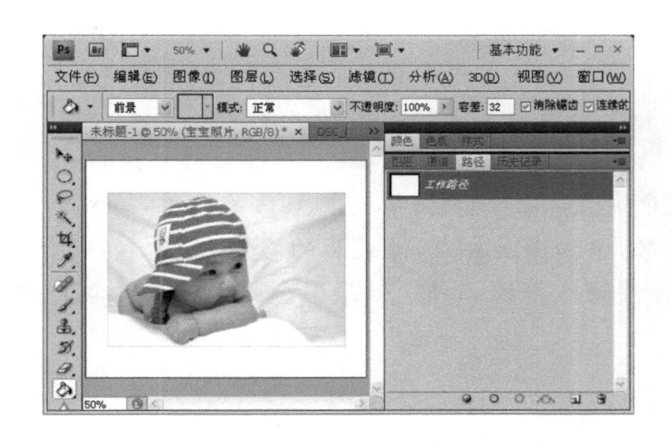

(1) 新建图层，将前景色设置为白色，选择“油漆桶工具”，填充素材图片所在层的外侧透明部分，如左图所示。

(2) 全选当前图层，将选区转换为路径。

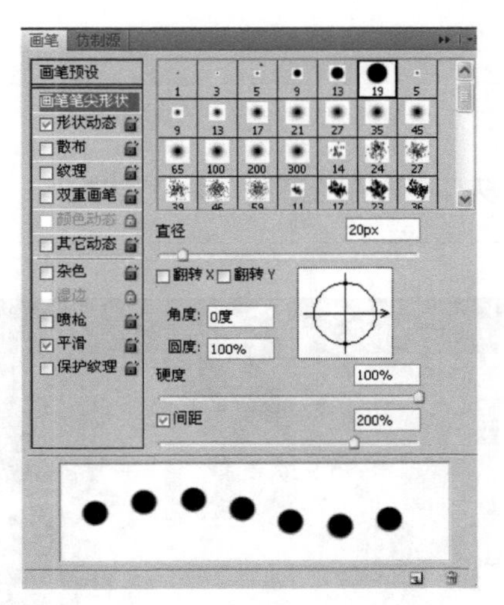

(3) 选择“橡皮擦工具”，打开工具栏中的画笔调板，将笔头设置为20，“间距”为200%，如左图所示。

(4) 按Alt键同时单击描边按钮，在弹出的“描边路径”对话框中选择“橡皮擦工具”，描边后效果如左图所示。

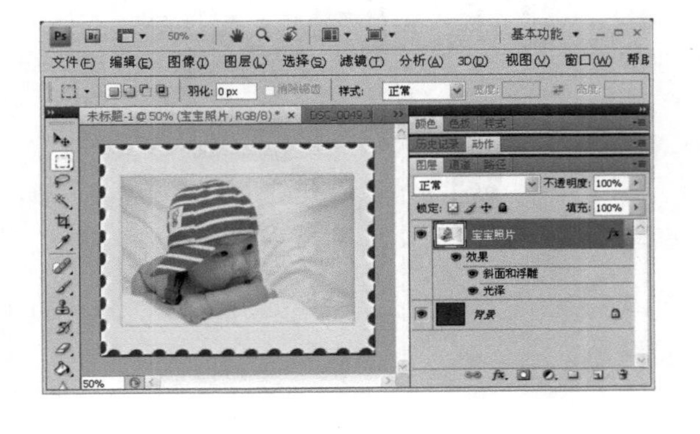

(5) 最后调整图层样式，根据个人喜好设置各种效果。

(6) 将作品存储为“宝宝相架.jpg”。

范例项目小结

在本范例项目中，我们主要制作了深蓝色背景，插入素材；填充相架白色边框，将外框选区转换为路径，沿路径擦除出圆孔的效果；添加图层样式，做最后的修饰。

本范例项目中最关键的步骤是利用路径擦除边框的工作。如果配合画笔的其他笔头形状，可以擦出更多的效果。

小试身手——"拼图游戏"效果制作

路径指南

本例作品参见下载资料"第6章\第4节"文件夹中的"拼图游戏.psd"文件。

设计结果

本项目效果如右图所示。

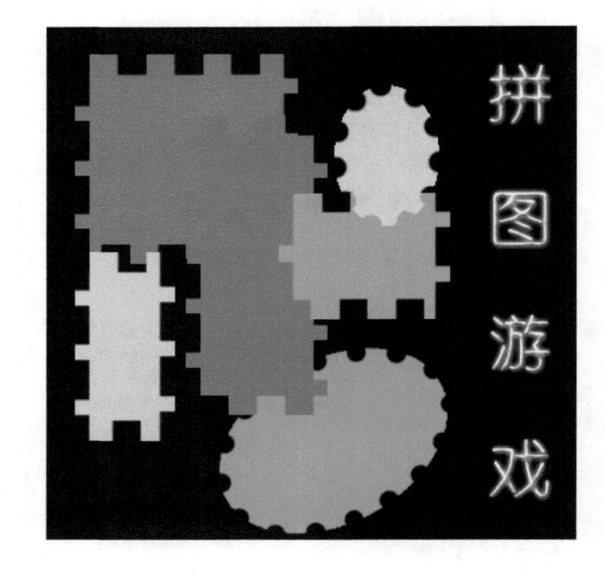

设计思路

首先制作黑色背景。然后设置自定义画笔笔尖形状，在新的图层中画出不同的矩形路径。最后使用"橡皮擦工具"制作不同形状的拼图缺口。

操作提示

(1) 新建400×400像素大小的文件，背景为黑色。

(2) 新建图层，使用"矩形选框工具"一个矩形，执行"编辑/定义画笔"，将矩形定义为画笔，如右图所示。

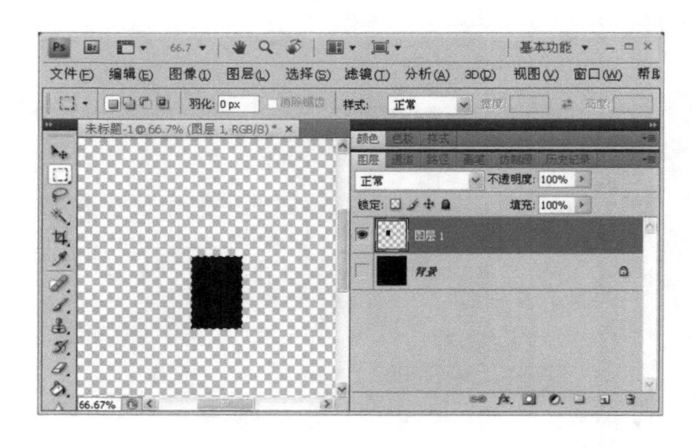

(3) 选择"画笔工具"，设置"间距"大小为200，直径大小可以根据矩形大小自定。

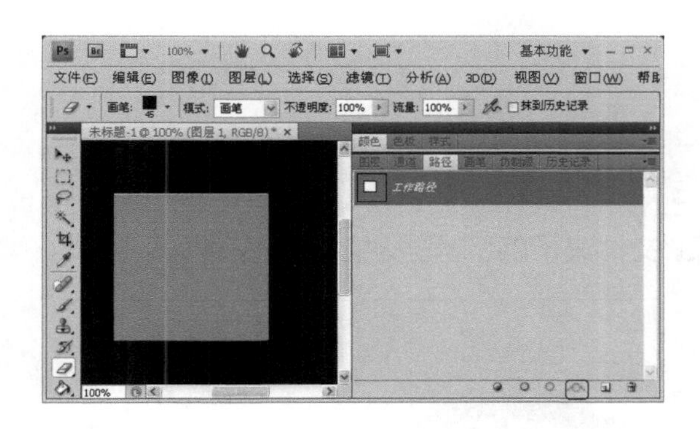

(4)新建图层,使用“矩形框选工具”画一个红色的矩形,在“路径”面版中将选区转换为路径,如左图所示。

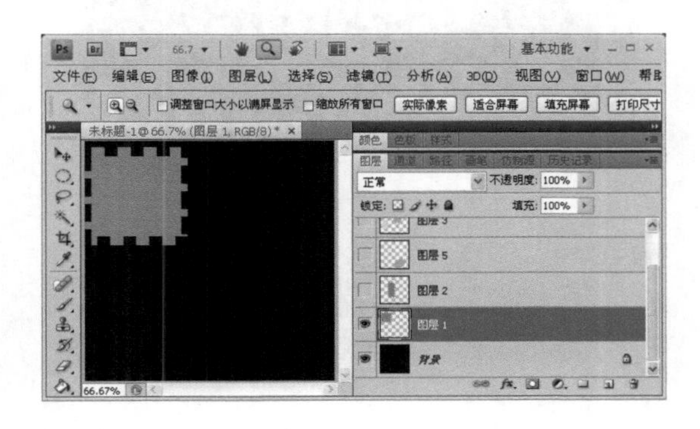

(5) 按 Alt 键同时单击描边按钮,在弹出的“描边路径”对话框中选择“橡皮擦工具”,描边后效果如左图所示。

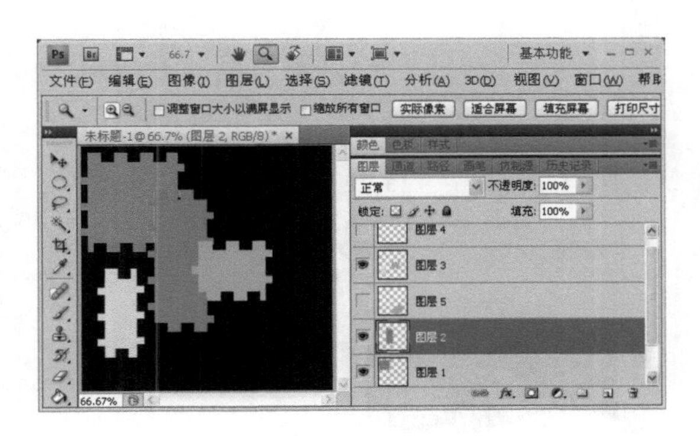

(6) 用同样的方法多制作几块不同颜色的拼版,效果如左图所示。

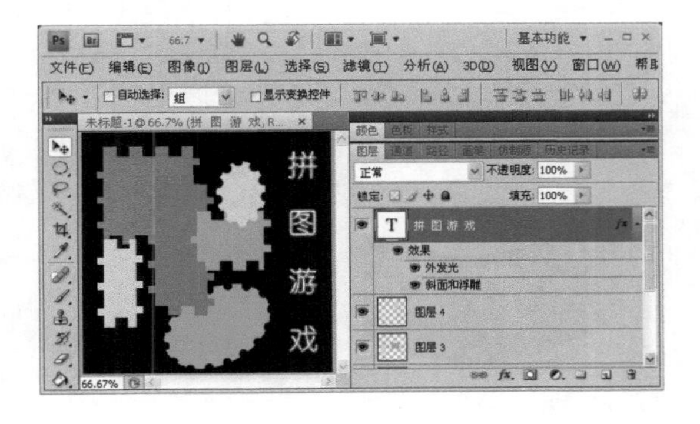

(7) 最后新建文字层,输入文字“拼图游戏”,大小为 48,字体为圆幼。添加“外发光”与“斜面和雕浮”的图层样式,如左图所示。

(8) 将作品存储为“拼图游戏.jpg”。

初露锋芒——“电影胶片”效果制作

路径指南

本例作品参见下载资料“第 6 章\第 4 节”文件夹下的“电影胶片.psd”文件。

设计结果

本项目效果如右图所示。

设计思路

先利用“钢笔工具”制作胶片形状。然后使用“橡皮擦工具”沿路径擦除，制作打孔效果。最后将路径输入至胶片内。

操作提示

（1）新建 640×480 像素大小的文件，使用“钢笔工具”绘制胶片形状，如右图所示。

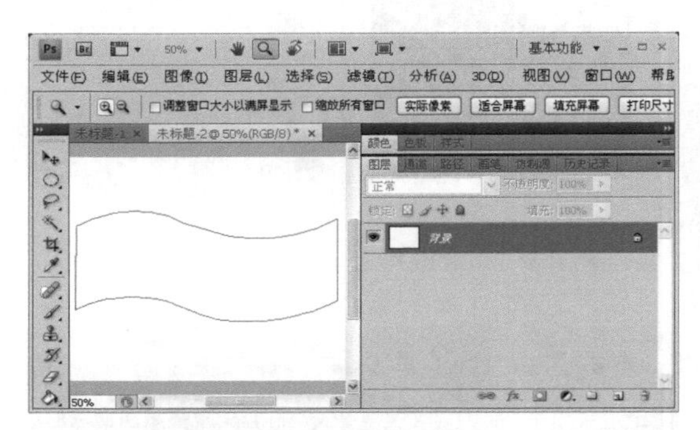

■ 小贴士

绘制上述路径时，注意路径锚点的调节点的位置，可以依赖网格来对齐位置。

（2）新建图层，将路径转换为选区，选区填充为黑色，如右图所示。

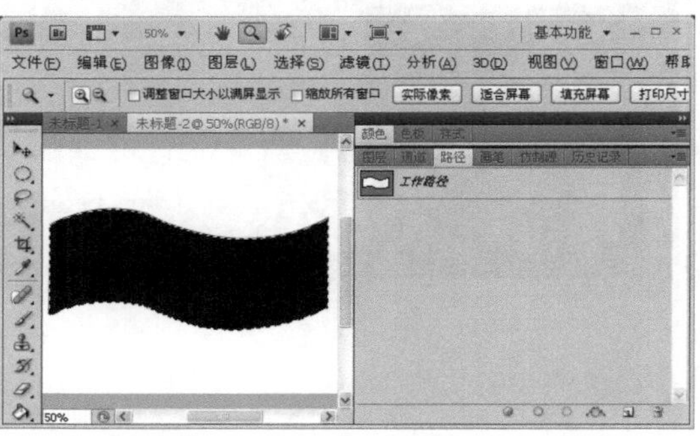

（3）使用“钢笔工具”绘制打孔的路径，弧度要与前面绘制的路径相同，并移动到相应的位置。

（4）定义一个矩形画笔，选择“橡皮擦工具”，打开工具栏上的画笔调板，设置笔头形状为硬边方形 6 像素，“间距”为 200。

（5）沿路径用橡皮擦描边，在填充的胶片边缘处打洞，效果如右图所示。

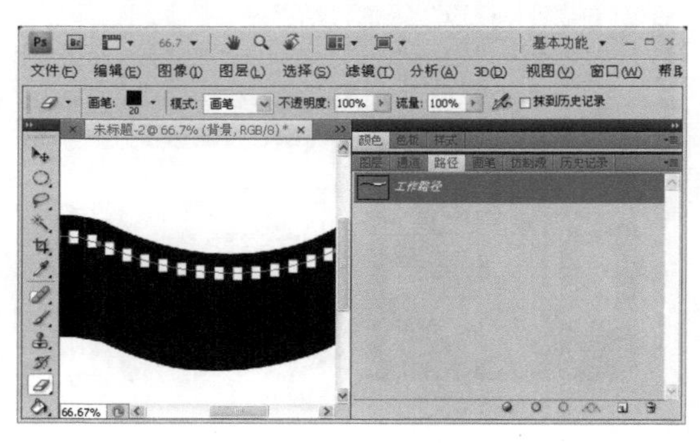

(6) 将路径往下移动，在胶片另一侧的边缘处打孔，效果如左图所示。

(7) 为胶片制作投影。为当前层添加“斜面和浮雕”效果。复制此图层，移动位置后设置图层副本的“不透明度”为15%，如左图所示。

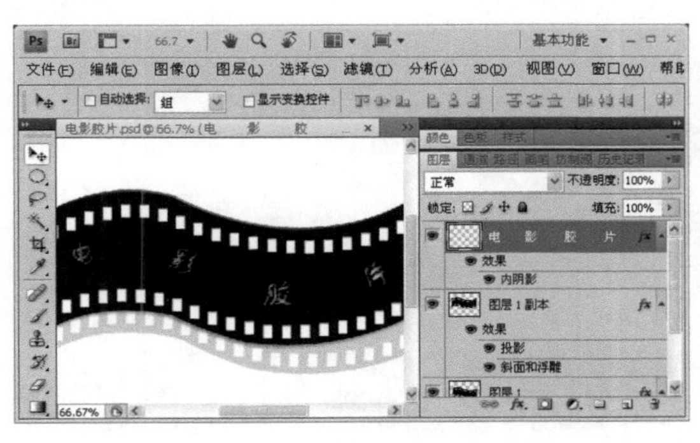

(8) 新建文字层，使用“钢笔工具”画出一条符合胶片弧度的路径，并延路径输入文字“电影胶片”。设置字体为楷体，大小适中。最后对文字添加渐变效果，如左图所示。

(9) 将作品存储为“电影胶片.jpg”。

6.5 涂抹工具和路径

知识点和技能

除了利用擦除工具外，将“涂抹工具”配合路径描边也可作出一些特殊效果。打开涂抹工具的方法如下：

在按下 Alt 键的同时，单击“路径”工作面板中的描边按钮，即可在弹出的对话框中选择描边工具为“涂抹工具”。

在本项目中我们使用“涂抹工具”来描边，制作出颜料状效果的文字。

范例——制作“挤出的颜料”图像效果

设计结果

颜料挤压出来的效果是不是很有趣啊？我们这个项目就来学习用“涂抹工具”和路径工具来制作涂抹路径。

本项目效果如右图所示。（参见下载资料“第 6 章\第 5 节”文件夹中的“挤出的颜料. psd”。）

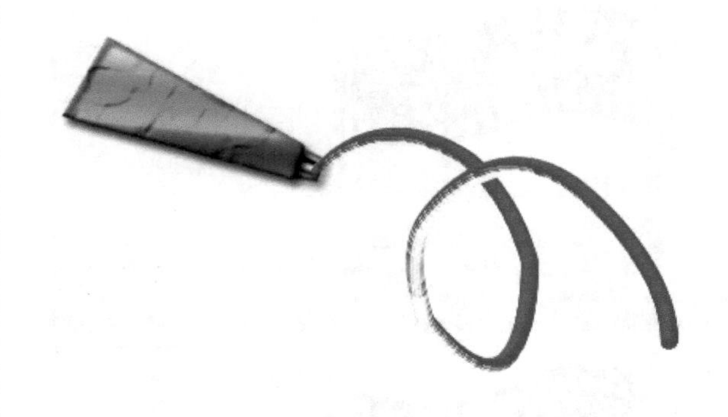

设计思路

首先是画出一支颜料管。接着制作挤出颜料的形状路径，并复制路径。然后制作涂抹的起始点的渐变效果。最后沿路径涂抹，制作挤出的颜料。

范例解题导引

Step 1

我们首先要进行的工作是画出一支颜料管。

（1）新建文件，大小为 400 × 280 像素，RGB 模式，分辨率为 72 像素。

（2）选择“钢笔工具”，绘制颜料管的路径，并转换为选区，填充线性渐变。为了突出其立体逼真的效果，我们可以为这支颜料管添加各种图层样式，如右图所示。

Step 2

为挤出的颜料制作路径并为后面的涂抹制作起始点。

(1) 选择“钢笔工具”，绘制曲线状的路径，如左图所示。

(2) 利用“椭圆选框工具”在路径起始点绘制一个正圆。

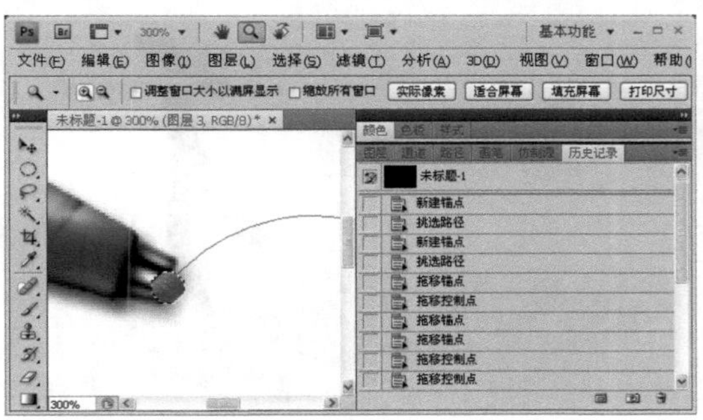

(3) 利用“渐变工具”在绘制的椭圆内填充角度渐变的七彩颜色，如左图所示。

Step 3

来描边完成最后的效果。

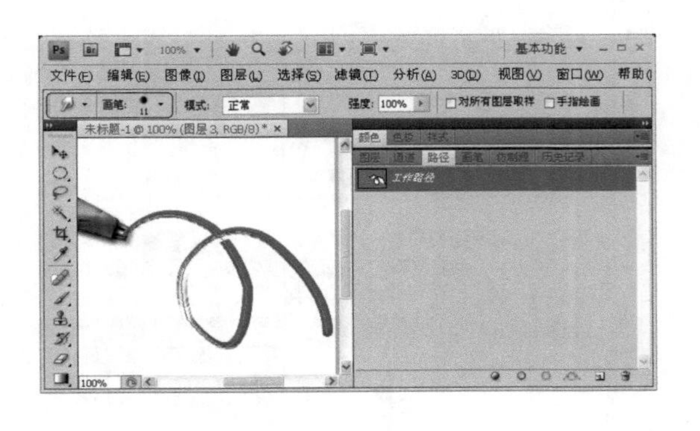

(1) 取消选区，选择“涂抹工具”，打开画笔调板，设置适当的画笔笔头，并将选项栏中的“强度”设置为100%。

(2) 回到当前路径，单击描边按钮，如左图所示。

(3) 将作品存储为“挤出的颜料.jpg”。

范例项目小结

在本范例项目中，我们主要绘制了颜料管；通过“钢笔工具”绘制曲线形状的路径，制作出渐变的起始点；然后沿着该起始点进行涂抹，制作出最后的效果。

本范例项目中最关键的是渐变的填充与涂抹工具的配合。

小试身手——"阶梯"效果制作

路径指南

本例作品参见下载资料"第 6 章\第 5 节"文件夹中的"阶梯.psd"文件。

设计结果

本项目效果如右图所示。

设计思路

先利用"钢笔工具"画出立体图形的路径形状。然后利用"涂抹工具"调整渐变颜色后选择路径描边。

操作提示

(1) 先用"钢笔工具"勾路径。

(2) 使用"矩形框选工具"画一个矩形，填充渐变颜色。把矩形的中心移动到路径的顶端。

(3) 选择"涂抹工具"对路径描边，如右图所示。

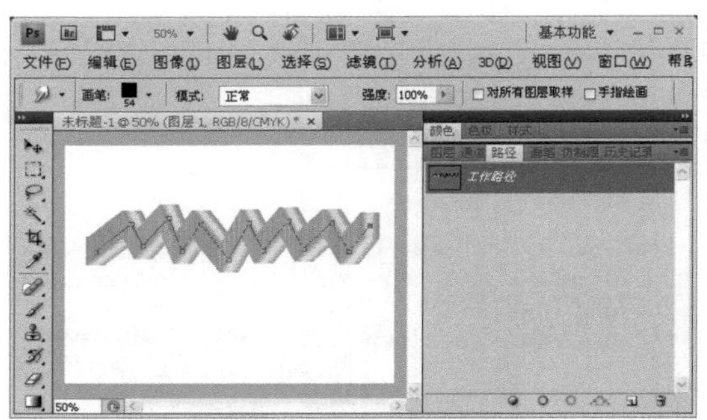

(4) 调整阶梯的形状达到透视效果。

(5) 新建图层，使用"画笔工具"绘出一个人的简笔画，并调整图层位置，如右图所示。

(6) 将作品存储为"阶梯.jpg"。

初露锋芒——"花朵"效果制作

路径指南

本例作品参见下载资料"第 6 章\第 5 节"文件夹中的"花朵.psd"文件。

设计结果

本项目效果如左图所示。

设计思路

先利用“椭圆选框工具”和“渐变工具”绘制涂抹起始点。然后使用“涂抹工具”沿路径涂抹。最后绘制树叶。

操作提示

(1) 新建 640×480 像素大小的文件，使用“椭圆选框工具”和“渐变工具”绘制橙黄相间的径向渐变效果，如左图所示。

(2) 执行“编辑/变换/透视”命令，将图形变形，并使用“钢笔工具”绘制 S 型的环状路径。

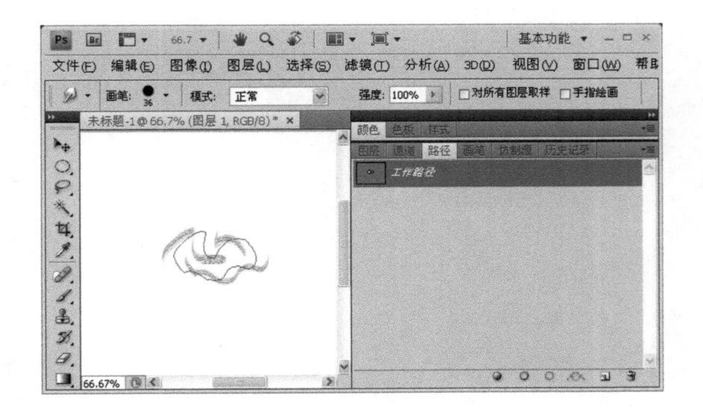

(3) 新建图层，选择“涂抹工具”，打开工具栏中的画笔调板，选择大小适中的笔头形状，设置“间距”为 1。将选项栏中的“强度”设置为 100%，描边路径，如左图所示。

(4) 重复绘制不同的路径，并进行描边，制作出花瓣的效果。

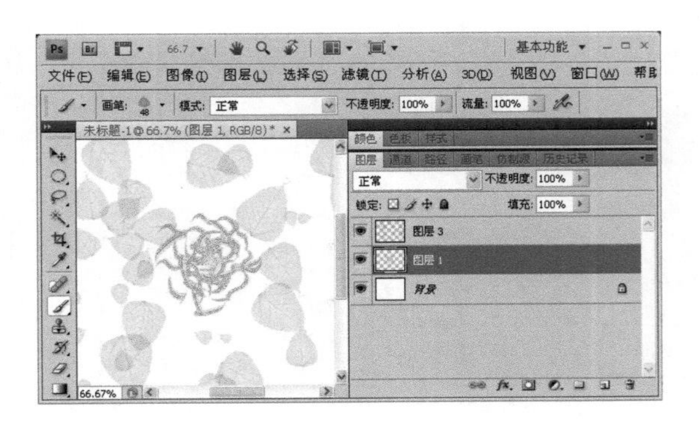

(5) 新建图层，使用“画笔工具”，选择画笔形状为树叶，随意涂抹，如左图所示。

(6) 最后描绘叶片,合并所有花瓣的图层,对其添加“投影”效果,使花朵有立体感,如右图所示。

(7) 将作品存储为“花朵.jpg”。

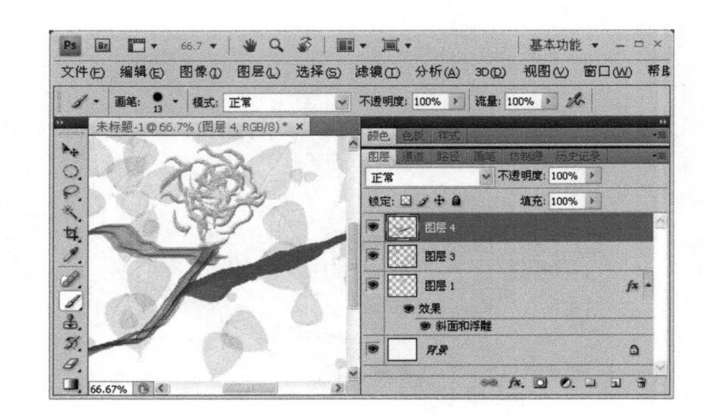

拓展篇

第七章　通道的应用

通道在 Photoshop 中是一个比较难以掌握的概念，我们在前面的章节中曾经初步接触过它。

通道是基于色彩模式这一基础上衍生出的简化操作工具。一幅 RGB 三原色图有三个默认通道：红、绿、蓝。而一幅 CMYK 图像有四个默认通道：青、品红、黄和黑。由此看出，每一个通道其实就是一幅图像中的某一种基本颜色的单独通道。也就是说，通道是利用图像的色彩值进行图像的修改的，从某种意义上来说，通道实际上可以理解为是选择区域的映射。

一个通道层同一个图像层之间最根本的区别在于：图层的各个像素点的属性是以红、绿、蓝三原色的数值来表示的，而通道层中的像素颜色是由一组原色的亮度值组成的。由此可见，通道中只有一种颜色的不同亮度，是一种灰度图像。

7.1　通道的认识

知识点和技能

要操作通道，首先要认识通道。那么，通道究竟有哪些分类？我们又该如何对它进行操作呢？

在这一节中，我们首先要认识这样一些通道：

(1) 复合通道——不包含任何信息，实际上只是同时预览并编辑所有颜色通道的一个快捷方式。它通常被用来在单独编辑完一个或多个颜色通道后使“通道”面板返回到它的默认状态。

(2) 颜色通道——当我们在 Photoshop 中编辑图像时，实际上就是在编辑颜色通道。这些通道把图像分解成一个或多个色彩成分，图像的模式决定了颜色通道的数量，RGB 模式有 3 个颜色通道，CMYK 图像有 4 个颜色通道，灰度图只有一个颜色通道，它们包含了所有将被打印或显示的颜色。

(3) 专色通道——一种特殊的通道，可以使用除了青、品红、黄、黑以外的颜色来绘制图像。

此外，我们还将学习对通道进行选取、分离、合并、删除等基本操作。

范例——制作“幸福像花儿一样”图像效果

设计结果

花儿的颜色灿烂缤纷，那是大自然的杰作。让我们通过 Photoshop 的处理，使美丽的鲜花色彩更加变幻无穷。

本项目效果如右图所示。（参见下载资料“第 7 章\第 1 节”文件夹中的“幸福像花儿一样. psd”。需要的图像素材为下载资料“第 7 章\第 1 节”文件夹中的“SC 7-1-1. jpg”。）

设计思路

本项目的素材图像，是一个非常普通的彩色图像，我们主要的任务是利用它来了解和熟悉通道，并尝试利用通道操作对图像进行处理，使它产生某种特殊效果。

范例解题导引

Step 1

我们首先观察图像的各个通道，然后利用通道分离操作将一张彩色图片分解为三个灰度级模式图片。

（1）打开下载资料“第7章\第1节”文件夹中的“SC7-1-1.jpg”，如左图所示。

（2）打开“通道”面板，可以观察到“红”、“绿”、“蓝”三个通道和组合“RGB”，如左图所示。

（3）单击面板右上角的三角按钮，在弹出的菜单中选择“分离通道”。

（4）此时图像“SC7-1-1.jpg”被分解成三张灰度级模式的图片，分别为“SC7-1-1.jpg_R”、“SC7-1-1.jpg_G”和“SC7-1-1.jpg_B”，如左图所示。

Step 2

下面我们来练习通过合并通道操作改变通道位置。通过改变通道的位置，可以很方便地改变图像的色彩效果。

（1）还是利用刚才被分解为三个灰度文件的图像，如果已经被关闭的话则分别打开它们。

（2）单击“通道”面板的选项按钮，在弹出的下拉菜单中选取“合并通道”，在弹出的对话框中点击“确定”按钮，如右图所示。

（3）在如右图所示的对话框中可以分别指定“红色”、“绿色”和“蓝色”通道分别使用哪个灰度文件。我们调换 G 通道和 B 通道的位置并单击“确定”按钮。

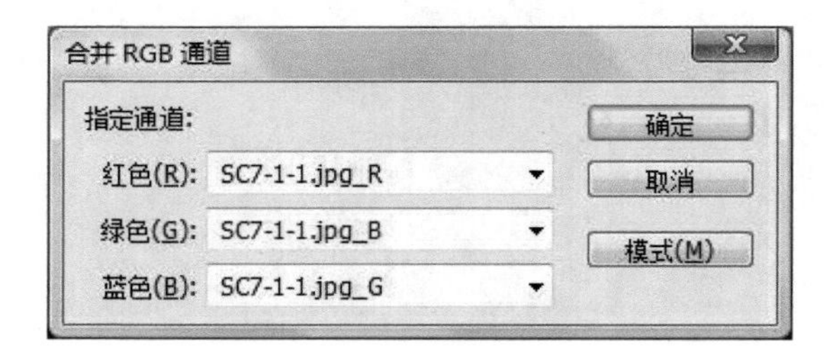

■ 小贴士

在该对话框中，我们可以选择合并的模式以及被合并的通道数。

（4）合并完成后，产生了一个新的图像，如右图所示。

Step 3

下面我们进行混合通道颜色的操作。通过这个操作，可以指定某个通道在输出通道中增加或减少所占的比例。

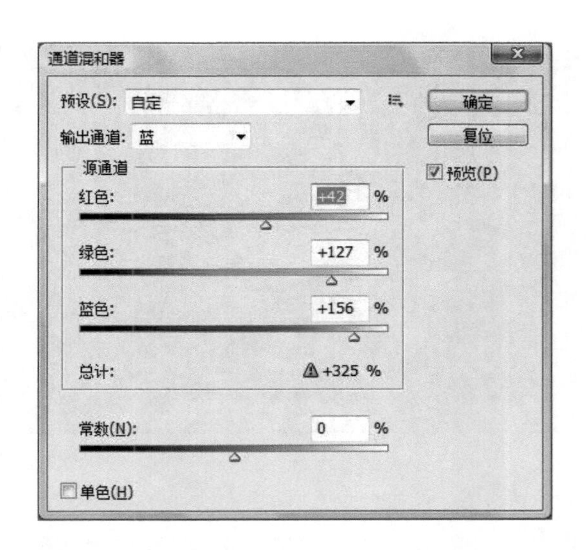

(1) 执行"图像/调整/通道混合器"命令,在弹出的"通道混合器"对话框中,选择"输出通道"为"蓝"并调整各个通道的输出比例,如左图所示。

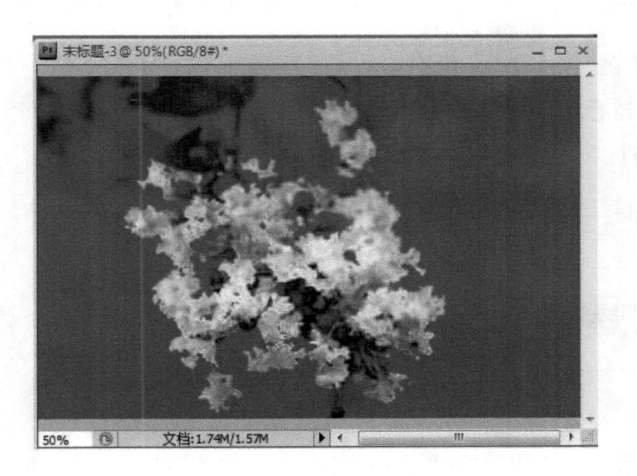

(2)调整效果如左图所示,可以根据实际情况和爱好改变各通道输出比例并观察效果。

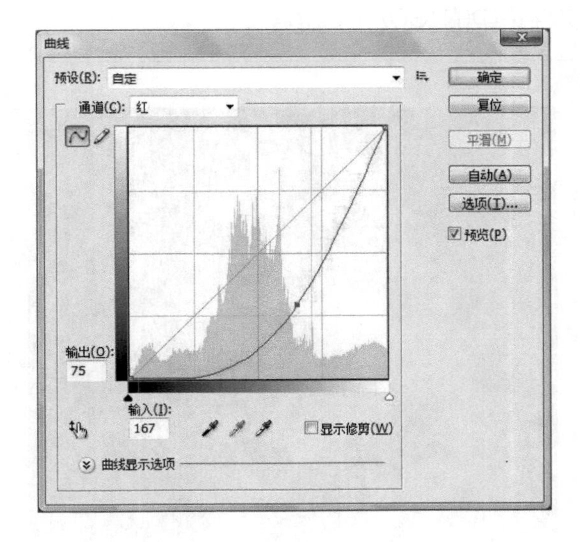

(3) 在"通道"面板中选中"红"通道,执行"图像/调整/曲线"命令,用鼠标将曲线从中间位置向下拖曳,形成一条弧形,单击"确定"按钮,如左图所示。

(4) 返回“图层”面板，执行“滤镜/画笔描边/强化的边缘效果”命令，使得图像中的鲜花更为突出，效果如右图所示。

(5) 最后用文字工具书写白色、华文新魏、48点的“幸福像花儿一样”，并对文字层加上“距离”15、“大小”15的“投影”效果。

(6) 将作品存储为“幸福像花儿一样.jpg”。

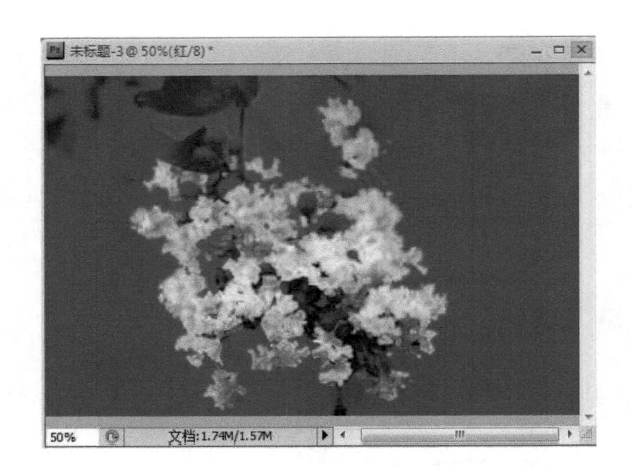

在本范例项目中，我们主要熟悉了通道的一些基本操作：显示/隐藏通道、显示/选取单个通道、通道的分离和合并、混合通道颜色。通过这些操作，我们初步了解了通道在图像处理中的作用以及通道和图层的区别。这些练习为我们下面进一步学习和掌握通道提供了基础。

小试身手——“祈祷的少女”油画效果制作

路径指南

本例作品参见下载资料“第7章\第1节”文件夹中的“祈祷的少女.psd”文件。需要的图像素材为下载资料“第7章\第1节”文件夹中的“SC7-1-2.jpg”。

设计结果

本项目效果如右图所示。

设计思路

将照片做成油画效果的方法有很多。本案例尝试利用关闭通道、在通道上设置滤镜和色阶操作，方便快速地将照片做成油画效果。

操作提示

（1）打开下载资料“第 7 章\第 1 节”文件夹中的“SC7-1-2. jpg”文件，如左图所示。

（2）打开“通道”面板，取消“蓝”通道的可视性，效果如左图所示。

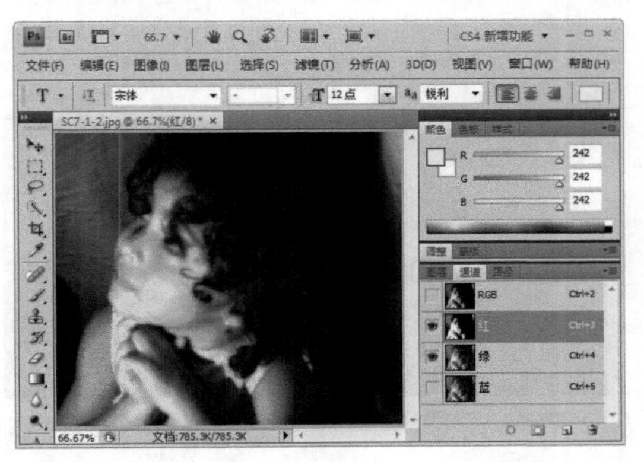

（3）选中“红色”通道，执行“滤镜/素描/水彩画纸”命令，效果如左图所示。

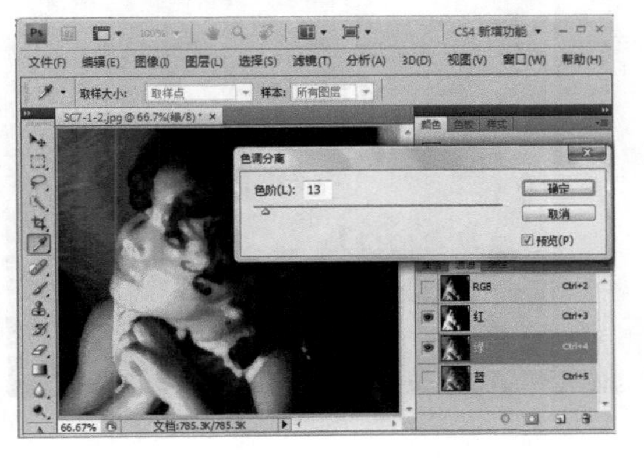

（4）选中“绿”通道，执行“滤镜/艺术效果/干笔画”命令，再执行“图像/调整/色调分离”命令，将“色阶”设置为 13，如左图所示。

（5）选中“红”通道，执行“图像/调整/曲线”命令，拖曳曲线，单击“确定”按钮，如右图所示。

（6）将作品存储为“祈祷的少女.jpg”。

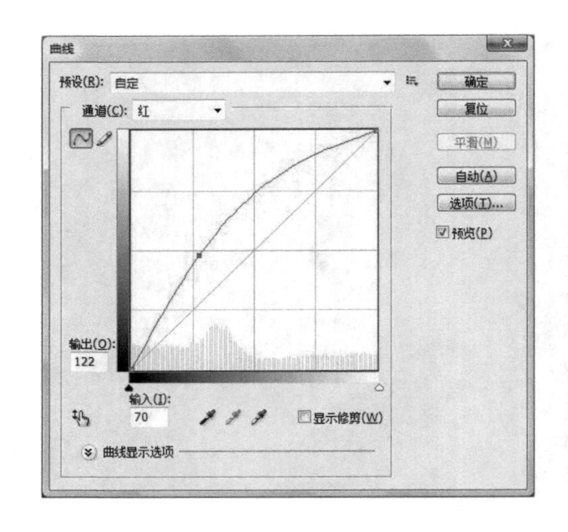

初露锋芒——“城堡”老照片效果制作

路径指南

本例作品参见下载资料“第 7 章\第 1 节”文件夹中的“城堡.psd”文件。需要的图像素材为下载资料“第 7 章\第 1 节”文件夹中的“SC7-1-3.jpg”。

设计结果

本项目效果如右图所示。

设计思路

主要利用模式变换、通道处理、色阶处理，使图像整体呈现出古旧的效果。

操作提示

（1）打开下载资料“第 7 章\第 1 节”文件夹下的“SC7-1-3.jpg”，如右图所示。

（2）执行“图像/模式/CMYK颜色”命令，然后打开“通道”面板，如左图所示。

（3）执行“图像/模式/多通道”命令，观察通道，如左图所示。

（4）执行“图像/模式/灰度”命令，得到的结果如左图所示。

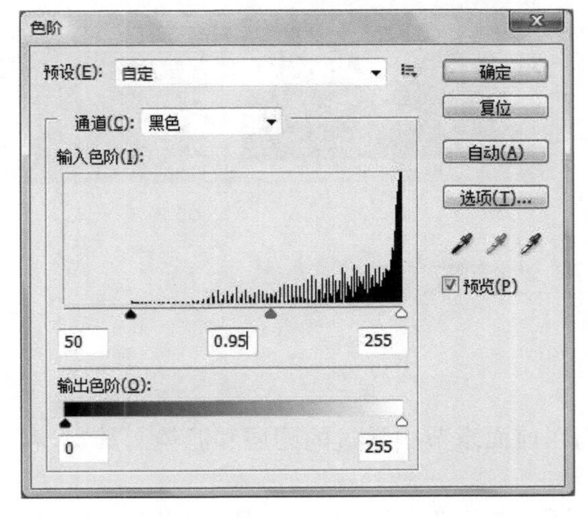

（5）选择“黑色”通道，执行“图像/调整/色阶”命令，参数设置如左图所示。

（6）双击“洋红”通道，设置“油墨特性”颜色为＃610639，效果大致如右图所示。

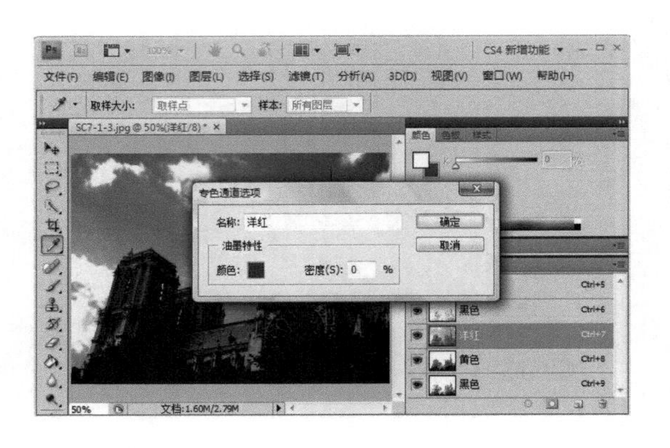

■ 小贴士

在 Photoshop 的 CMYK 模式中，为每个像素的每种印刷油墨指定一个百分比值。为最亮(高光)颜色指定的印刷油墨颜色百分比较低，而为较暗(暗调)颜色指定的百分比较高。例如，亮红色可能包含2%青色、93%洋红、90%黄色和0%黑色。在CMYK图像中，当四种分量的值均为0%时，就会产生纯白色。在准备要用印刷色打印的图像时，应使用CMYK模式。

（7）删除“黄色”通道。选择油漆桶工具，将“灰色”通道涂成白色，如右图所示。

（8）执行“图像/模式/RGB 颜色”命令。

（9）按住 Shift 键，同时选中“洋红”和“黑色”通道，单击“通道”面板的扩展按钮，执行“合并专色通道”命令，如右图所示。

（10）将作品存储为“城堡.jpg”。

7.2 利用通道产生特效文字

知识点和技能

制作特效文字的方法有很多，譬如利用我们在前面章节中学过的图层和滤镜。其实，利用通道也可以实现很多意想不到的特殊文字效果。

在这一节中，我们通过制作特效文字的处理过程，来了解通道在文字处理中的技巧和应用。

范例——制作“快乐海宝”文字特效

设计结果

海宝是 2010 年上海世博会的吉祥物，人字的形象代表了以人为本的城市发展理念。让我们用文字特效处理手法，书写出快乐海宝吧！

本项目效果如左图所示。（参见下载资料“第 7 章\第 2 节”文件夹中的“快乐海宝. psd”。需要的图像素材为下载资料“第 7 章\第 7 节”文件夹中的“SC7-2-1. jpg”。）

设计思路

本项目的素材图像只是作为合成后的背景，我们主要的任务是制作五彩斑斓、晶莹剔透的特效文字“快乐海宝”。

首先新建一个空白图像，利用新建通道进行编辑。然后利用“滤镜”和“曲线”对通道文字图像进行调整，从而获得效果。最后将获得的通道载入选区使之成为新图层，利用“魔棒工具”取出特效字图像。

范例解题导引

Step 1

我们首先要进行的工作是新建一个图像文档，然后利用“画笔工具”在通道中绘写出文字“快乐海宝”。

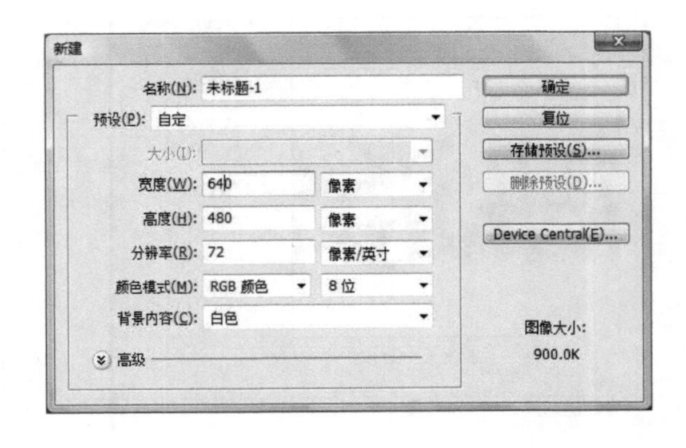

（1）执行“文件/新建”命令，新建宽度为 640 像素，高度为 480 像素，分辨率为 72 像素/英寸，RGB 颜色模式的文档，如左图所示。

(2) 打开“通道”面板，单击下面的“创建新通道”按钮，建立一个新的通道“Alpha 1”，如右图所示。

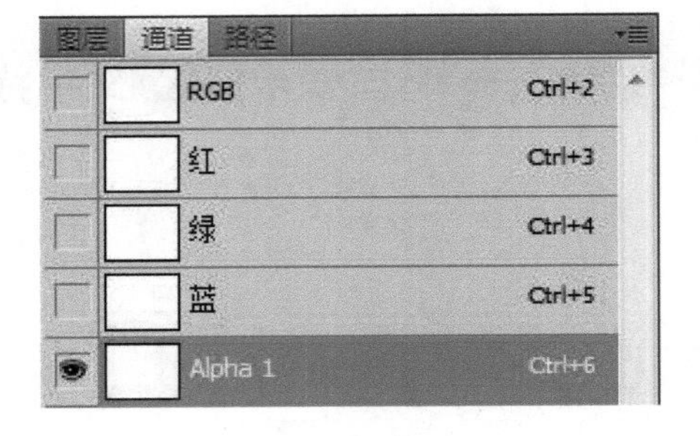

(3) 选择“画笔工具”，在工具选项栏中选择“喷溅 24 像素”，如右图所示。

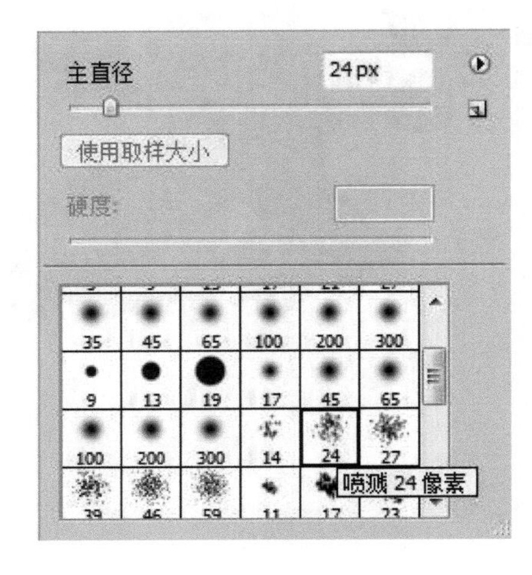

(4) 在通道中画出文字“快乐海宝”，如右图所示。

Step 2

下面我们要利用“滤镜”工具和“曲线”对通道中的文字进行处理。

(1) 执行“滤镜/模糊/高斯模糊”命令，设置“半径”为 4.2 像素，如右图所示。

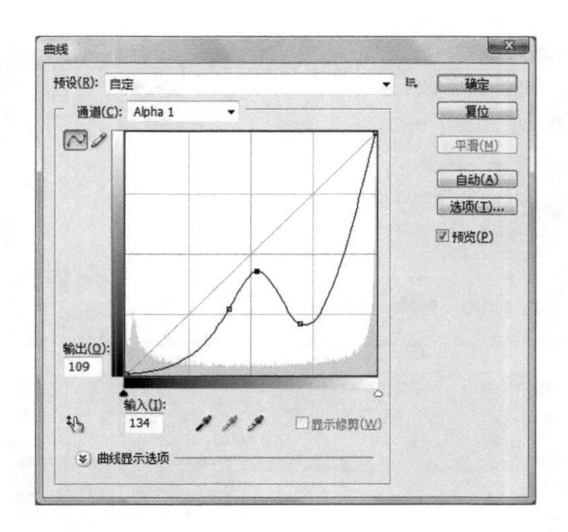

（2）执行“图像/调整/曲线”命令，适当调整曲线，对图像进行色调调整，如左图所示，效果如左下图所示。

■ 小贴士

调整好的图像不一定要与左下图完全一致。调整的过程中要注意加点灵活应用，怎样调都无所谓，好看就可以了。

（3）执行“选择/全部”命令选中整个图像，接着执行“编辑/拷贝”命令对全图进行复制。

（4）执行“文件/新建”命令，新建一个文件，命名为 temp，文件属性与项目开始新建的文件的属性相同。

（5）执行“编辑/粘贴”命令，将刚才的内容粘贴到新文件中去。执行“文件/存储为”命令保存该文件为“temp. psd”。

（6）关闭该“temp. psd”文件。

Step 3

下面就要开始体现我们设计效果的操作处理了，首先还是让我们回到原来的文档。

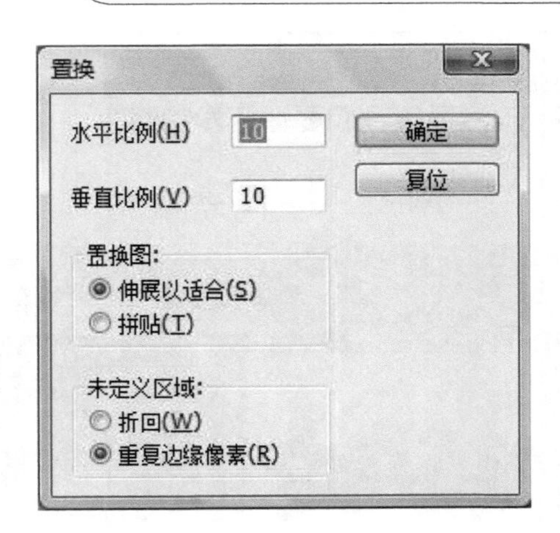

（1）执行“滤镜/扭曲/置换”命令，参数默认，点击“确定”按钮，如左图所示。

(2) 在弹出的“选择一个置换图”对话框中选择刚才保存的“temp. psd”文件，然后单击“打开”按钮，如右图所示。

(3) 执行“选择/全部”命令，将图片全选，然后执行“编辑/拷贝”命令进行复制。

(4) 切换到“图层”面板，选择“背景”层，新建“图层 1”，执行“编辑/粘贴”命令进行粘贴，效果如右图所示。

(5) 使用“魔棒工具”及“反向”命令使文字被选中。

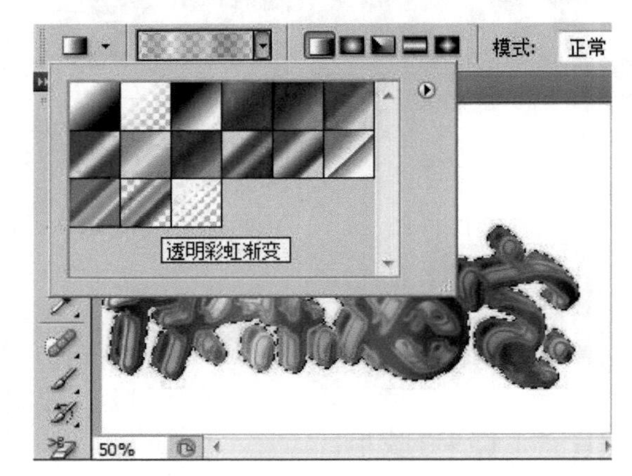

(6) 选择“渐变工具”，在渐变属性中选择“透明彩虹渐变”，设置“不透明度”为50%，在图层中从左至右水平拖曳，效果如右图所示。

Step 4

充满童趣效果的文字特效已经做出来了，接下来我们要让可爱的海宝出现在我们的画面中。

(1) 保持文字选区，执行“编辑/拷贝”命令，使选区被复制。

(2) 执行“编辑/粘贴”命令，此时产生一个新图层，图层的背景是透明的，如右图所示。

(3) 打开下载资料“第 7 章\第 2 节”文件夹中的“SC7-2-1.jpg”,如左图所示。

(4) 使用“移动工具”,将具有透明背景的“快乐海宝”拖曳到素材图像中,形成新图层,如左图所示。

(5) 执行“编辑/变换/缩放”命令,适当改变文字大小和位置,效果如左图所示。

(6) 将作品存储为“快乐海宝.jpg”。

范例项目小结

在本范例项目中,我们主要利用“画笔工具”绘制文字;利用“滤镜”使文字产生高斯模糊的滤镜效果;利用“渐变”对文字色调进行调整;将通道处理结果复制并产生一个过度性的临时文件,在其后的操作中又利用滤镜置换使用了该临时文件。

另外,我们还利用了魔棒、反选、图层复制等一些工具和方法,将另一幅图像作为特效文字的背景合成了进来。

小试身手——岩刻文字“山”效果制作

路径指南

本例作品参见下载资料“第 7 章\第 2 节”文件夹中的“山.psd”文件。需要的图像素材为下载资料“第 7 章\第 2 节”文件夹中的“SC7-2-2.jpg”。

设计结果

本项目效果如右图所示。

设计思路

本设计的解题方案可以模仿范例项目。

操作提示

(1) 打开下载资料“第 7 章\第 1 节”文件夹中的“SC7-2-2. jpg”。

(2) 打开“通道”面板,建立一个新的通道“Alpha 1”,如右图所示。

(3) 关闭除“Alpha 1”外其他通道的可见性。选择“图案图章”工具,在选项栏中打开“图案拾色器”,选择“岩石图案”,如右图所示。

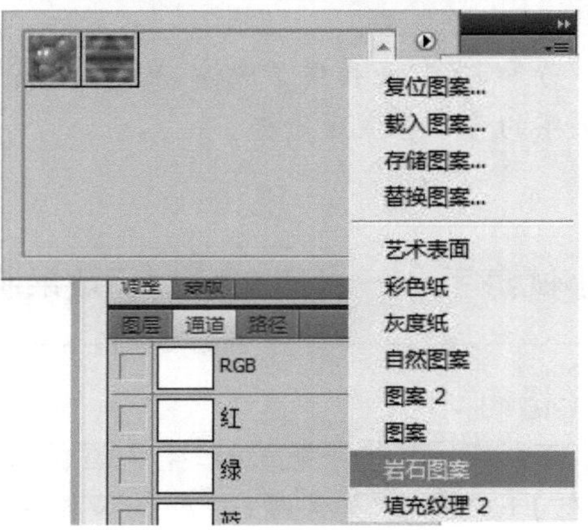

(4) 选择“石头”图案,选择“画笔工具”,在选项栏选择“大涂抹炭笔 36”,画出“山”字。

(5) 选择“魔棒工具”,单击通道的空白处,执行“选择/反向”命令,使文字被选中。

(6) 执行“选择/修改/扩展”命令,设置“扩展”为 10 像素。

(7) 执行“选择/修改/羽化”命令,设置“羽化半径”为 5 像素。

(8) 执行“滤镜/模糊/高斯模糊”命令,设置“半径”为 1 像素。

(9) 执行“编辑/描边”命令,设置白色“居外”描边,“宽度”为 8 px,效果如右图所示。

(10) 打开所有通道的可见性，执行“编辑/变换/缩放”命令对“山”字选区进行缩放，如左图所示。

(11) 选择“Alpha 1”通道，执行“图像/调整/色阶”命令，参数设置如左图所示。

(12) 按 Ctrl + C 键复制选区，回到“图层”面板，新建“图层 1”，按 Ctrl + V 键粘贴选区，设置图层的“不透明度”为 50%。

(13) 执行“图层/图层样式/斜面和浮雕”命令，选择“枕状浮雕”。

(14) 将作品存储为“山.jpg”。

初露锋芒——泥塑文字“收租院”效果制作

路径指南

本例作品参见下载资料“第 7 章\第 2 节”文件夹中的“收租院.psd”文件。需要的图像素材为下载资料“第 7 章\第 2 节”文件夹中的“SC7-2-3.jpg”。

设计结果

本项目效果如左图所示。

设计思路

本设计的解题方案可以模仿范例项目。

操作提示

(1) 新建一个宽度为 640 像素，高度为 480 像素，分辨率为 72 像素/英寸的 RGB 颜色模式文档。

（2）打开“通道”面板，建立一个新的通道“Alpha 1”。

（3）用“横排文字工具”中输入文字“收租院”，字体为华文彩云，大小为 130 点，如右图所示。

（4）执行“滤镜/模糊/高斯模糊”命令，设置“半径”为 4 像素。

（5）按 Ctrl + M 键调出“曲线”窗口，对通道文字进行曲线调整，如右图所示。

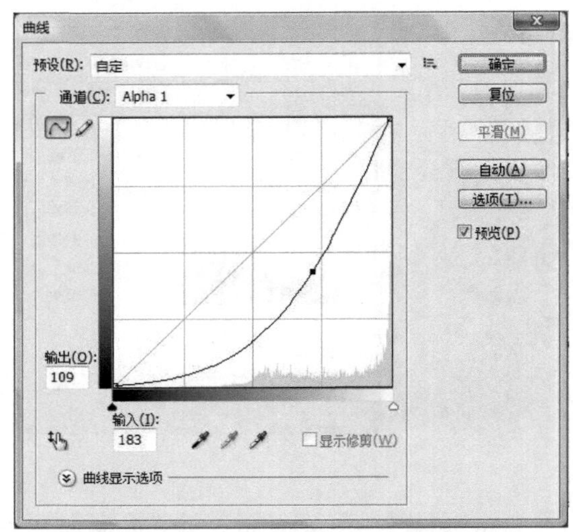

（6）按 Ctrl + A 键选中整个图像，接着按 Ctrl + C 键对全图进行拷贝。

（7）按 Ctrl + N 键新建一个文件，命名为“temp”，再接着按 Ctrl + V 快捷键，将刚才的内容粘贴到新文件中去。

（8）执行“文件/存储为”命令，保存该文件为“temp. psd”，关闭该文件。

（9）执行“滤镜/扭曲/置换”命令，将刚才保存的“temp. psd”图像置换进来，如右图所示。

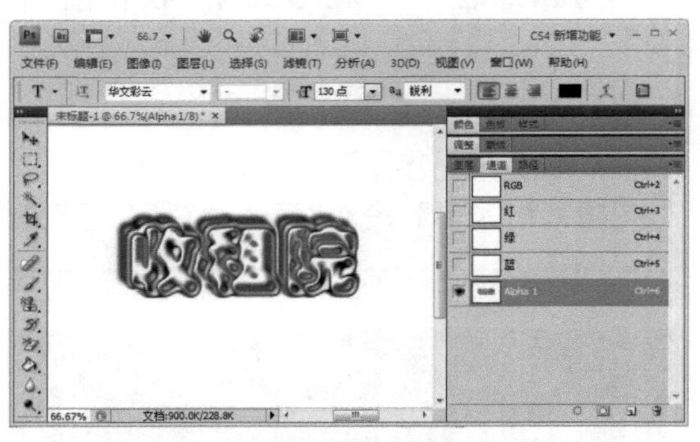

（10）按快捷键 Ctrl + A 将图片全选，然后按 Ctrl + C 键进行拷贝。切换到“图层”面板，选择“背景”层，添加新图层，然后按下 Ctrl + V 键进行粘贴。

（11）用“魔棒工具”单击“图层 1”的白色背景处，然后执行“选择/反白”命令将文字选中，并按 Ctrl + C 复制，此时出现一透明背景的“图层 2”。关闭“图层 1”的可视性，如右图所示。

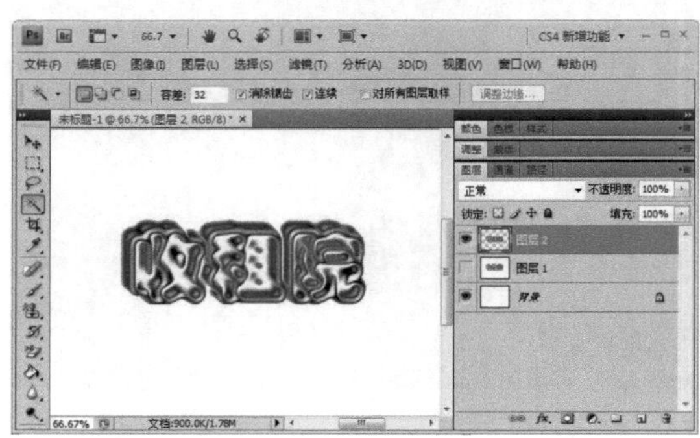

（12）执行“滤镜/风格化/浮雕效果”命令，参数设置如左图所示。

（13）按 Ctrl + I 键使文字图像反相，如左图所示。

（14）打开下载资料“第 7 章\第 2 节”文件夹中的“SC7-2-3. jpg”，如左图所示。

（15）利用“移动工具”将素材图片拖曳到文字图像中，此时在“背景”层和“图层 2”之间新增了一个“图层 3”。

（16）适当拖曳“图层 2”的位置和大小，如左图所示。

（17）将作品存储为“收租院. jpg”。

7.3 通道的选取和复制

知识点和技能

对于图层的选取、复制、删除等编辑操作，通过前面章节的学习，我们已经很熟悉了。那么，对于通道，这些操作又该是如何进行呢？

通道中显示了图像所有的颜色信息，可对图像的颜色起管理作用，并且可以通过对单个颜色通道的操作来改变图像效果。

在使用通道对图像进行编辑时，复制通道是一个很重要的步骤，例如，使用通道来选取图像时，就需要复制一个通道来进行编辑，这样做的好处是，所做的操作不会影响原图像。

在本节范例项目中，我们通过选取复杂人像的处理过程，来进一步熟悉对通道进行编辑的方法。

范例——制作“微笑”图像合成效果

设计结果

一个不经意间，拍摄到一个女子神态安恬地微笑着，她在凝望着什么呢？

本项目效果如右图所示。（参见下载资料“第 7 章\第 3 节”文件夹中的“微笑.psd”。需要的图像素材为下载资料“第 7 章\第 3 节”文件夹中的“SC7-3-1. jpg”和“SC7-3-2. jpg”。）

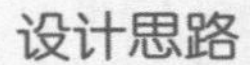

设计思路

观察右图，我们需要将图中人像部分提取出来。此图的背景颜色复杂且人物头发较为卷曲。其他选取方法在此处并不适用，故可以考虑使用通道技术选取人物。

首先获得图像的某个通道信息，对所需通道信息进行复制。然后利用色阶对通道进行调整，从而获得人像选区。最后将获得的通道载入选区使之成为新图层，利用复制图层技术合成两个图像。

范例解题导引

Step 1

我们首先要进行的工作是打开素材图片，并选取一个合适的通道信息。

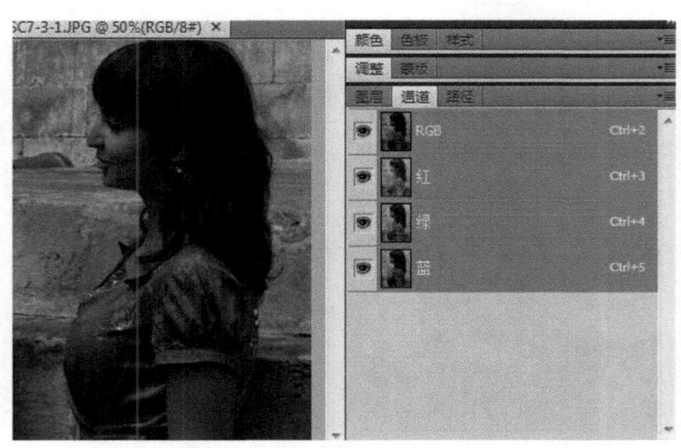

（1）打开下载资料“第 7 章\第 3 节”文件夹中的“SC7-3-1. jpg”，如左图所示。

（2）打开“通道”面板，可以看到一共有 4 个通道，分别是“RGB”、“红”、“绿”、“蓝”，除了“RGB”以外，每一个通道都是以灰度来显示。

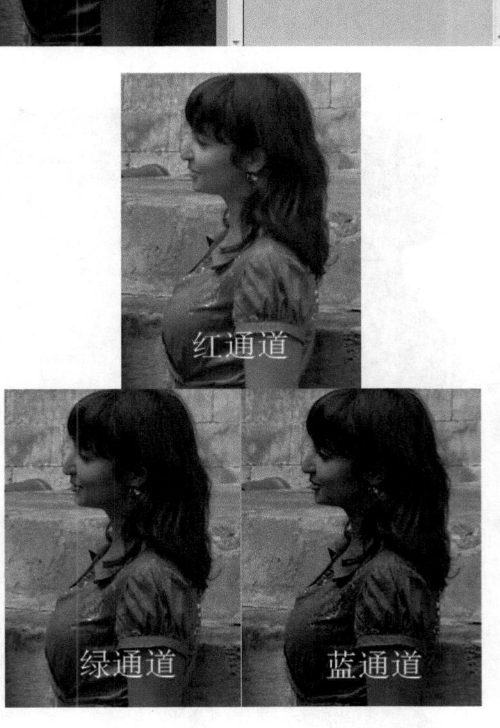

（3）分别观察“红”、“绿”、“蓝”三个通道，可以发现其中“蓝”通道黑色和白色反差最大，适合进行操作，如左图所示。

（4）右击“蓝”通道，在快捷菜单中选择“复制通道”。在弹出的“复制通道”对话框中输入“人物”并单击“确定”按钮。

Step 2

下面我们要利用“曲线”和“橡皮擦工具”使人物与背景分离。

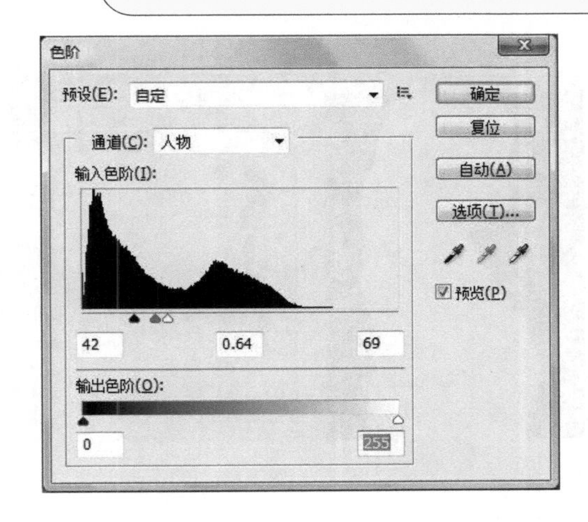

（1）选中“人物”通道，执行“图像/调整/色阶”命令，设置“输入色阶”参数依次为 42、0. 64、69，然后单击“确定”按钮，如左图所示。

（2）色阶的具体参数并不一定完全一致，我们的目的是使得图像中的背景部分尽可能变白，而女子本身尽可能突出，如右图所示。

■ 小贴士

调整好的图像不一定要与右图完全一致。我们可以在后续的工作中继续处理。

（3）选择“画笔工具”，将设置前景色为黑色，用“画笔工具”在图像的人物面部、衣服以及头发上有白色的区域进行涂抹，使呈现黑状态，如右图所示。

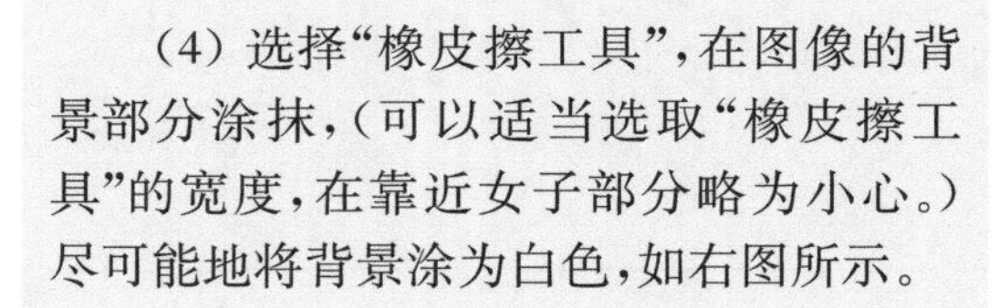

（4）选择“橡皮擦工具”，在图像的背景部分涂抹，（可以适当选取“橡皮擦工具”的宽度，在靠近女子部分略为小心。）尽可能地将背景涂为白色，如右图所示。

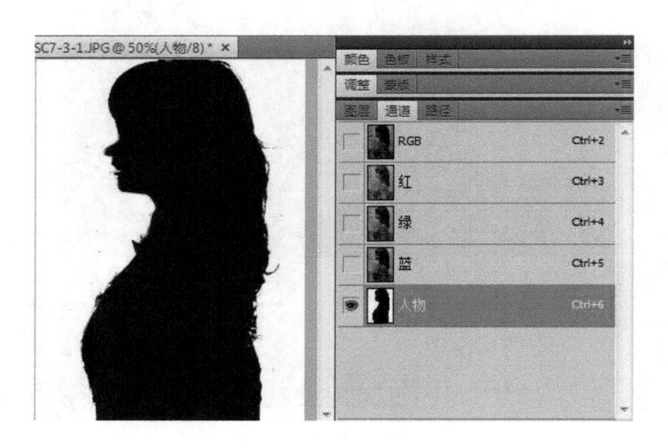

（5）按 Ctrl+I 键将“人物”通道反相，如右图所示。

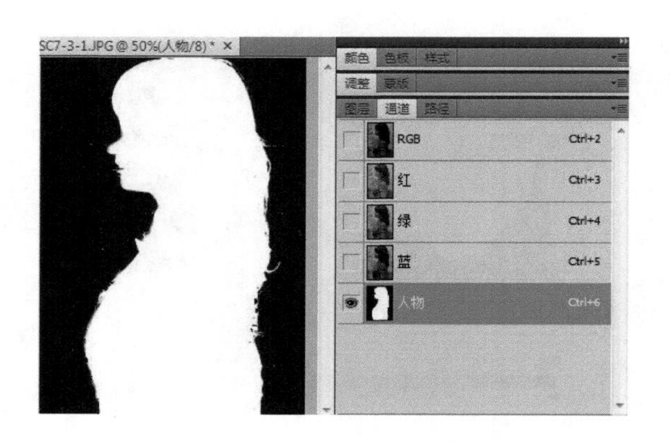

■ 小贴士

我们在刚才的涂抹过程中往往不能确定黑色部分是否全黑了，白色部分是否全白了。因为在涂抹过程中难免会有遗漏。而用 Ctrl+I 将“人物”通道反相，刚才的遗漏就可以发现和弥补了。

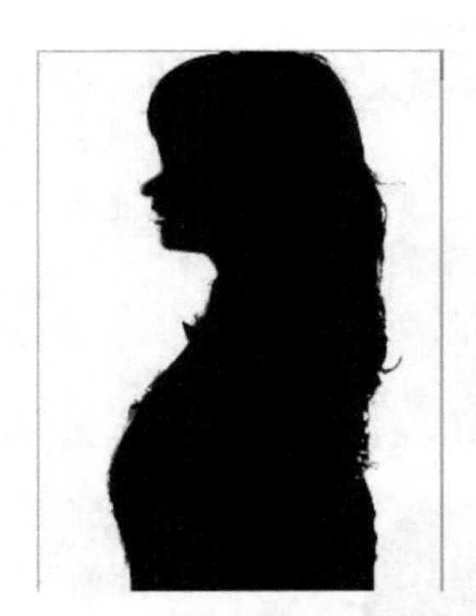

(6) 将背景色改为黑色，继续将图像背景处遗漏的地方涂黑。然后按 Ctrl + I 将“人物”通道反相回来，如左图所示。

(7) 任意点开 R、G、B 中某一个颜色(譬如红色)通道的可视性，使“人物”通道成为快速蒙版状态，如左图所示。

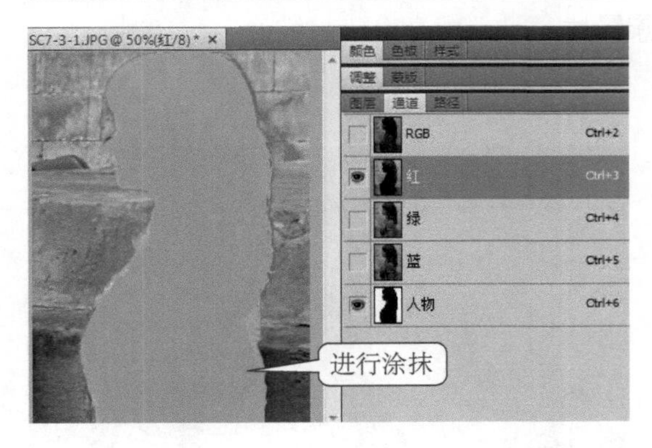

(8) 用“橡皮擦工具”在女子身体部位涂抹，注意要全部涂抹，不能留有灰白处。头发处可选择较细的橡皮擦宽度，如左图所示。

Step 3

接着将处理后的“人物”通道作为选区载入，添加到一个新图层中去。

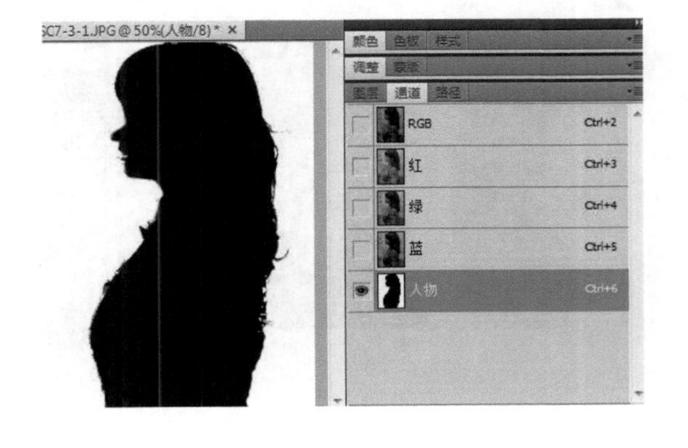

(1) 取消刚才“红”通道的选择，使“人物”通道被选中。

(2) 观察人体部分是否还有遗漏的灰白处，如左图所示。若有，则用“橡皮擦工具”涂黑。

(3) 按住 Ctrl 键，单击“人物”通道，执行“选择/反向”命令，使该通道中人物作为选区被载入。

(4) 打开 RGB 通道，切换到“图层”面板。此时图像又变成彩色的了。

(5) 选中“背景”图层，执行“图层/新建/通过拷贝的图层”命令。此时增加了一个“图层 1”，如右图所示。

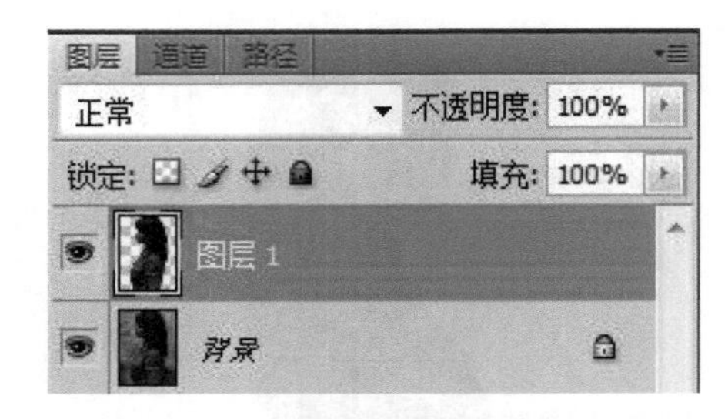

(6) 关闭“背景”图层的显示，可以看到女子部分的图像已经成功抠出，如右图所示。

Step 4

最后我们给该图像配上另外的背景图片。

(1) 打开下载资料“第 7 章\第 3 节”文件夹中的“SC7-3-2. jpg”，如右图所示。

(2) 执行“窗口/排列/平铺”命令，使两个图像平铺，如右图所示。

(3) 选择“移动工具”，将“SC7-3-1. jpg”中的“图层 1”拖曳到“SC7-3-2. jpg”中。

(4) 执行“编辑/变换/缩放“命令，适当调整女子的位置和大小，如左图所示。

(5) 关闭“SC7-3-1. jpg”，当出现询问是否改变的对话框时，单击“否”，这样可以保持原素材不被改变。

(6) 拼合所有图层，将作品存储为“微笑. jpg”。

范例项目小结

在本范例项目中，我们主要利用图像通道的特点使得图像分离；利用“色阶”调整使通道的某些部分被强调而另一些部分被削弱；利用画笔和橡皮擦对这一强化和削弱工作进行弥补；利用“反相”的技术手段使我们发现在处理过程中存在的遗漏。

此外，我们也学习了使某个选定的通道成为快速蒙版状态的方法。

小试身手——“花团锦簇”效果制作

路径指南

本例作品参见下载资料“第 7 章\第 3 节”文件夹中的“花团锦簇. psd”文件。需要的图像素材为下载资料“第 7 章\第 3 节”文件夹中的“SC7-3-3. jpg”和“SC7-3-4. jpg”。

设计结果

本项目效果如左图所示。

设计思路

范例中我们使用调整通道色阶来强化图像的对比，方便我们选取复杂人物图像。

本例中，我们尝试通过调整通道曲线来强化所选对象和背景的反差。

首先利用图像绿色通道的副本，进行曲线的调整，使原图除人物之外的背景尽量淡化，并用“橡皮擦工具”对调整曲线后的通道进行加工。然后将该处理过的通道加载选区，建立一个新图层。

本设计的解题方案大致可以模仿范例项目。

操作提示

（1）首先打开下载资料“第 7 章\第 3 节”文件夹中的“SC7-3-3. jpg”，如右图所示。

（2）打开“通道”面板，分别观察各通道选用“绿”通道，如右图所示。

（3）为“绿”通道建立一个通道副本，将该“绿 副本”通道作为操作处理对象。

（4）执行“图像/调整/曲线”命令，调出“曲线”窗口，对“绿 副本”通道进行曲线调整，尽可能使人物和背景之间边界清晰，如右图所示。

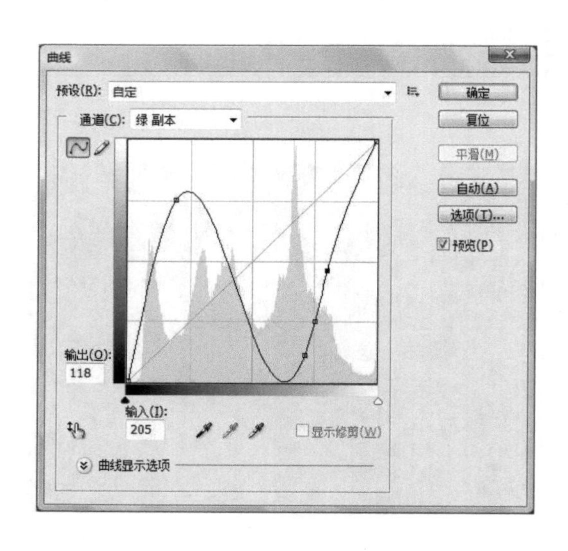

(5) 使用 Ctrl + I 键将“绿 副本”通道反相,如左图所示。

(6) 再次使用 Ctrl + M 键进行曲线调整,使人物反差更大。

(7)用“橡皮擦工具”将人物全部涂成白色,将图片背景全部涂成黑色。在涂抹过程中可以通过反相操作进行检验,效果如左图所示。

(8) 按 Ctrl + I 键再次进行反相操作,如左图所示。

(9) 按住 Ctrl 键,单击“绿 副本”通道,使该通道作为选区被载入。

(10)执行“选择/反向”命令。

(11) 回到“图层”面板,选中“背景”图层,执行“图层/新建/通过拷贝的图层”命令,增加一个新的“图层 1”。

（12）关闭“背景”层的可视性，如右图所示。

（13）打开下载资料“第 7 章\第 5 节”文件夹下的“SC7-3-4. jpg”，如右图所示。

（14）执行“窗口/排列/平铺”命令，使两个图像平铺，利用“移动工具”，将女子拖曳到“SC7-3-4. jpg”中。

（15）适当调整女子在背景素材中的位置和大小。

（16）将作品存储为“花团锦簇. jpg”。

初露锋芒——“卡捷琳娜”效果制作

路径指南

本例作品参见下载资料“第 7 章\第 3 节”文件夹中的“卡捷琳娜. psd”文件。需要的图像素材为下载资料“第 7 章\第 3 节”文件夹中的“SC7-3-5. jpg”。

设计结果

本项目效果如右图所示。

设计思路

首先复制“红”通道，并对“红 副本”通道进行调整处理。然后用经处理过的“红副本”通道替换原来的“红”通道，以此来改变图像原来各通道的颜色成分。最后利用蒙版和“画笔工具”使得图像中人物皮肤部分保持原来的鲜亮突出。

操作提示

（1）打开下载资料“第 7 章\第 3 节”文件夹中的“SC7-3-5. jpg”，如左图所示。

（2）在“图层”面板中右击“背景”层，复制图层，产生“背景 副本”层。

（3）打开“通道”面板，复制“红”通道，产生“红 副本”通道，如左图所示。

应用图像

源(S): SC7-3-5.jpg

图层(L): 合并图层

通道(C): 红 副本　□反相(I)

目标: SC7-3-5.jpg(红 副本)

混合(B): 正片叠底

不透明度(O): 100 %

□保留透明区域(T)

□蒙版(K)...

确定　复位　☑预览(P)

（4）执行“图像/应用图像”命令，参数默认，如左图所示。

（5）选择“红 副本”通道，按 Ctrl + A 键全选，按 Ctrl + C 键复制。然后选中“红”通道，按 Ctrl + V 键进行替换，如左图所示。

（6）打开 RGB 通道的可视性，回到“图层”面板，注意此时必须关闭“红 副本”通道的可视性。

（7）在“背景 副本”层上添加蒙版，如右图所示。

（8）将前景色设置为黑色，背景色设置为白色，选择“画笔工具”，在蒙版上女孩的脸部及其他皮肤部分涂抹，如右图所示。

（9）设置“背景 副本”层的图层“混合模式”为“正片叠底”。

（10）将作品存储为“卡捷琳娜.jpg”。

7.4　在通道中进行计算和应用图像

知识点和技能

使用“应用图像”命令可在同一个图像中进行通道的计算，调整图像的色彩，也可以为源图像选择不同的通道和混合模式制作出特殊的图像效果。

“计算”命令可将不同图像的通道混合在一起，与“应用图像”不同之处在于，使用“计算”命令混合出来的图像以黑、白、灰显示。

在本节范例项目中，我们通过在通道中使用“应用图像”命令，学习制作特殊图像混合效果。

范例——制作“涅瓦河新娘”图像合成效果

设计结果

蓝色的涅瓦河畔，白纱披肩的美丽新娘沉浸在幸福中。那潺潺河水、朵朵白云，无不见证了她的幸福。

本项目效果如左图所示。（参见下载资料“第 7 章\第 4 节”文件夹中的“涅瓦河新娘. psd”。需要的图像素材为下载资料“第 7 章\第 4 节”文件夹中的“SC7-4-1. jpg”和“SC7-4-2. jpg”。）

设计思路

首先利用通道计算强化背景和白色婚纱之间的反差，使得婚纱部分与背景之间形成高对比度。然后利用通道计算产生选区，便于我们进行选取。人物部分利用图层蒙版并适当使用画笔进行选区修整，并适当应用图层的可见性。最后将选取出的人物（包括透明白色婚纱）与其他图像进行合成。

范例解题导引

Step 1

我们首先要进行的工作是打开素材图片选出反差比较大的通道。

（1）打开下载资料“第 7 章\第 4 节”文件夹中的“SC7-4-1. jpg”，打开“通道”面板，如左图所示。

（2）分别观察“红”、“绿”、“蓝”三个通道，可以发现，“红”、“蓝”两个通道背景较暗，和婚纱形成了较为明显的反差，比较适合我们来进行透明白纱的选取。经过比较，我们选择“蓝”通道作为操作对象，如右图所示。

■ 小贴士

在选择通道时，有一个方法可参考：当整个背景偏向 RGB 中的某个颜色时，该颜色通道背景会相对最亮，作为选取操作，通常不要选择该通道。

Step 2

下面我们通过计算，加大反差效果。

（1）执行“图像/计算”命令，调出“计算”对话框，在该对话框中，设置“源 1”为背景图层、“蓝”通道，“源 2”也同样设置，“混合”模式设置为“正片叠底”，“结果”选择为“新建通道”，如右图所示。

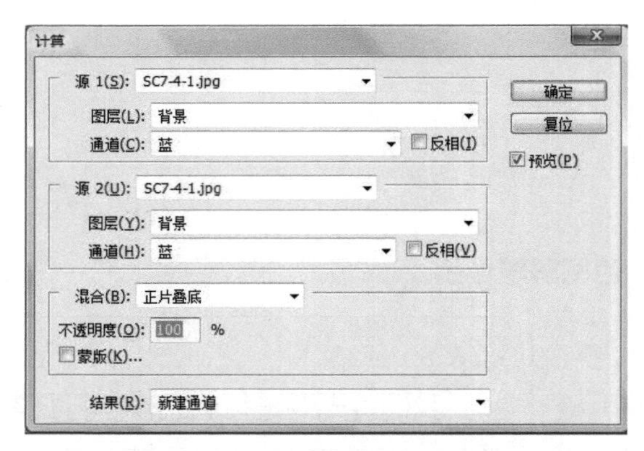

（2）观察图像，可以发现整个图像明暗反差变得更大，图像的对比也加大，透明婚纱与背景的对比更为明显。

（3）再次执行“图像/计算”命令，在计算对话框中“通道”都选择“Alpha 1”，如右图所示。

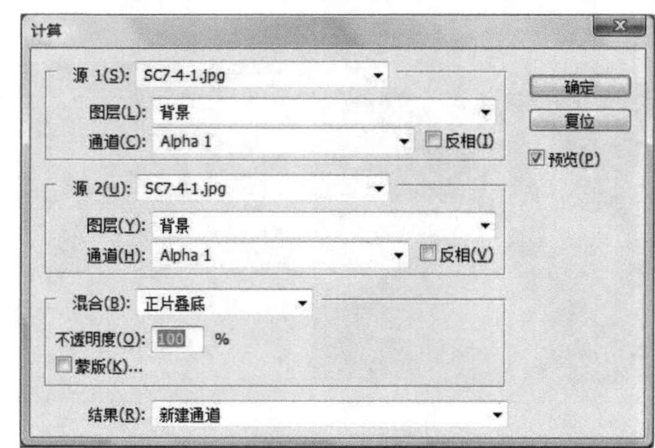

（4）当单击“确定”按钮后，可以发现产生了一个“Alpha 2”通道，且图像背景变得更暗，如左图所示。“Alpha 2”和“Alpha 1”通道一样，都是我们通过计算产生的通道。

■ 小贴士

这个方法对于图像较暗的区域影响很大，而对较亮的部分则影响不大，因此我们可以利用该方法进一步压暗背景，突出透明白纱。

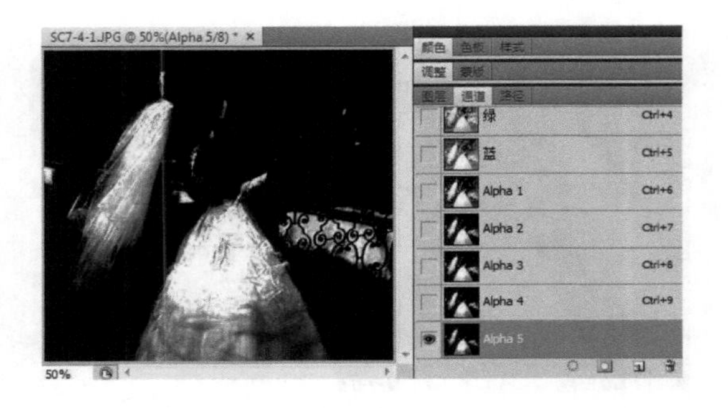

（5）经过若干次“计算”操作，最后背景变得很暗，如左图所示。

■ 小贴士

如果在计算时，发现婚纱变得过暗，可以在“计算”对话框中适当调整“不透明度”。

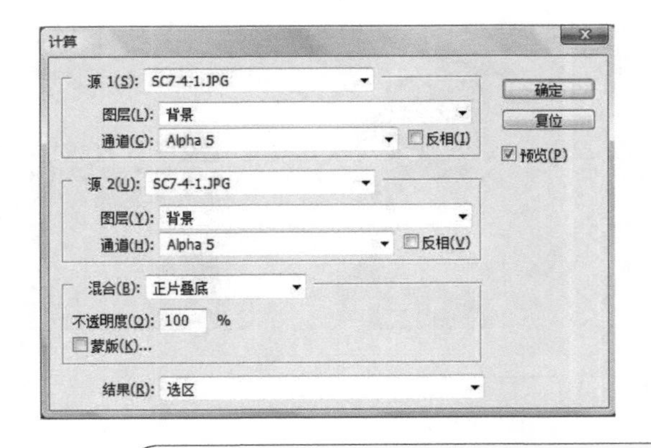

（6）执行“图像/计算”命令，将“结果”设置为“选区”，如左图所示。

Step 3

下面我们进行婚纱分离和建立图层的操作。

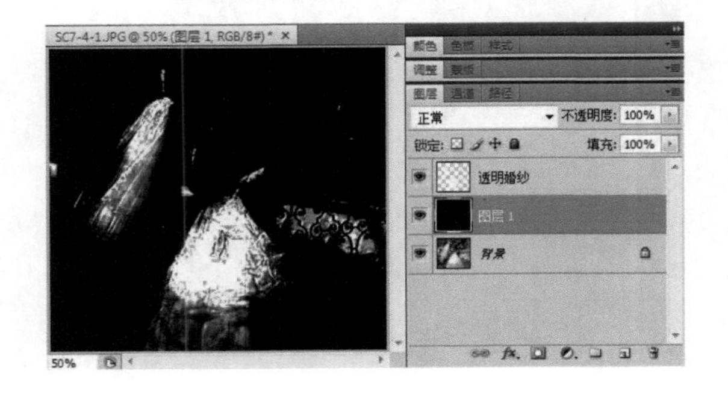

（1）回到“图层”面板，新建一个名为“透明婚纱”的新图层，并用白色填充。在“背景”层和“透明婚纱”层之间，新建一个图层，取消选区后用黑色填充，效果如左图所示。

(2) 选择“透明婚纱”图层，用“橡皮擦工具”把不需要的部分擦除，只留下婚纱部分，效果如右图所示。

(3) 复制背景层，用“磁性套索工具”选择人物，单击“图层”面板下方的“添加图层蒙版”按钮，将人物选取出来。

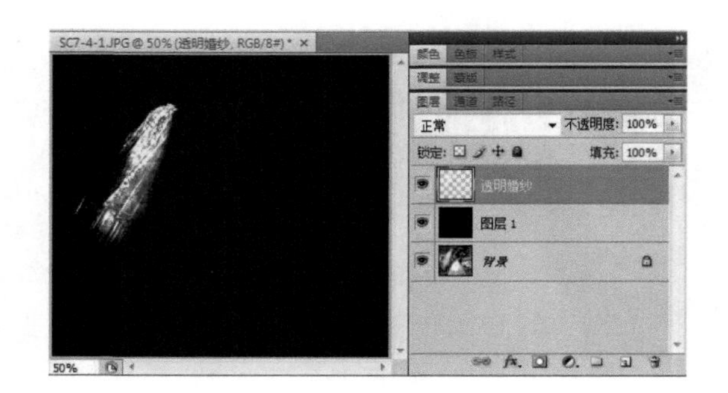

Step 4

下面我们进行融合婚纱和人物的操作。

(1) 回到“通道”面板，按住 Ctrl 键单击“Alpha 2”通道，产生选区。

(2) 回到“图层”面板，在人物图层下方新建一个图层，将前景色设置为白色，按 Ctrl + Delete 键填充。

(3) 在该图层下方新建一个图层，按 Ctrl + D 键取消选区后用黑色填充，如右图所示。

(4) 关闭除“透明婚纱”图层和“背景副本层”以外其他图层的可视性，分别用黑色画笔和白色画笔在“背景 副本”层的图层蒙版上涂抹，使婚纱和人物的混合边缘清晰，并补上原先处理过程中缺失的部分，如右图所示。

(5) 拼合可见图层。

Step 5

下面我们配上背景图像，并对整个图像进行合成。

(1) 打开下载资料“第 7 章\第 4 节”文件夹中的“SC7-4-2. jpg”，如右图所示。

(2) 将刚才所编辑婚纱图像中拼合的可见图层拖曳到该图像中。

(3) 适当调整人物位置和大小，将作品存储为“涅瓦河新娘. jpg”。

范例项目小结

在本范例项目中，我们主要选择合适的“通道”进行多次“计算”，形成多个 Alpha 通道，这些通道产生的目的是使我们的目标——白色透明婚纱与复杂背景之间的反差越来越大，对比度越来越强。

同时，我们也利用对通道的计算，产生选区，通过图层的适当操作，使得我们白色透明婚纱被选取。

利用图层蒙版，我们把源图中的人物也选取出来，通过拼合可见图层操作，再把分别选出的白色透明婚纱和人物拼合为一个图层。

最后利用常规的图像合成方法，使我们从原图中抠取的对象与其他背景图像进行合成。

小试身手——“姹紫嫣红”效果制作

路径指南

本例作品参见下载资料“第 7 章\第 4 节”文件夹中的“姹紫嫣红.psd”文件。需要的图像素材为下载资料“第 7 章\第 4 节”文件夹中的“SC7-4-3.jpg”和“SC7-4-4.jpg”。

设计结果

本项目效果如左图所示。

设计思路

使用“应用图像”命令可将两幅相同大小的图像进行混合，制作出意想不到的效果，也可以在通道中调整图像的色彩。本例我们尝试用两个图像素材进行操作。

操作提示

(1) 打开下载资料“第 7 章\第 4 节”文件夹中的“SC7-4-3. jpg”和“SC7-4-4. jpg”，如左图所示。

(2) 使“SC7-4-3. jpg”图像成为当前图像，执行“图像/应用图像”命令。在弹出的“应用图像”对话框中，设置“源”为“SC7-4-4. jpg”，“通道”为“RGB”，“混合”为“滤色”，“不透明度”为 80%，单击“确定”按钮，如右图所示。

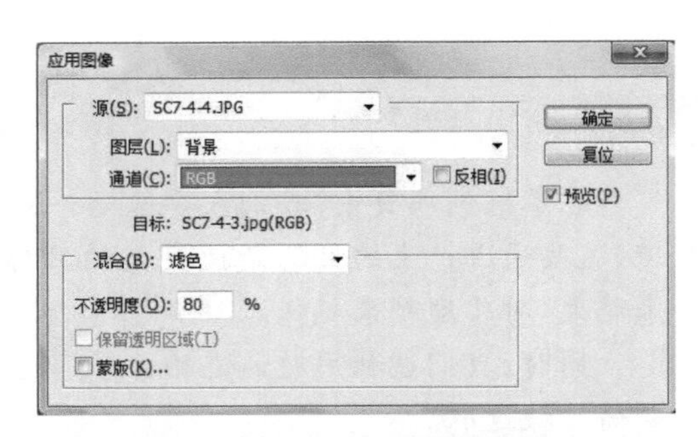

(3) 应用图像后的效果如右图所示。

■ 小贴士

无论是“应用图像”操作还是“计算”操作，如果使用多个源图像，则这些图像的像素尺寸必须相同。

(4) 如果在“应用图像”对话框中，“源”选择“SC7-4-4. jpg”，“通道”选择“蓝”，“混合”选择“颜色加深”，则效果如右图所示。

(5) 可以看出，在“应用图像”对话框中，当我们选择不同的通道，不同的混合模式，就可以制作出各种不同的特殊效果。

(6) 使用前次应用图像时所做的参数设置，并且关闭“SC7-4-4. jpg”。

(7) 再次执行“图像/应用图像”命令，在弹出的“应用图像”对话框中，设置“源”的通道为“蓝”，选择“反相”，“混合”为“差值”；勾选“蒙版”选项，通道为“红”，如右图所示。

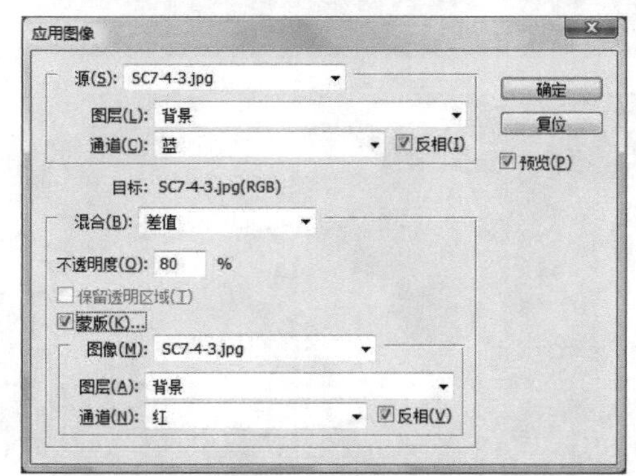

（8）“应用图像”后的效果如左图所示。

（9）打开“通道”面板，选择“蓝”通道，执行“滤镜/素描/塑料效果”命令，效果如左图所示。

（10）将作品存储为“姹紫嫣红.jpg”。

初露锋芒——“卫兵”效果制作

路径指南

本例作品参见下载资料“第 7 章\第 4 节”文件夹中的“卫兵.psd”文件。需要的图像素材为下载资料“第 7 章\第 4 节”文件夹中的“SC7-4-5.jpg”和“SC7-4-6.jpg”。

设计结果

本项目效果如左图所示。

设计思路

首先将两个图像在“计算”面板中通过设置不同的通道和混合，新建为一个新的通道。然后将两个图像的通道组合在一起，达到图像的特殊效果。

操作提示

（1）打开下载资料“第 7 章\第 4 节”文件夹中的“SC7-4-5. jpg”和“SC7-4-6. jpg”，如右图所示。

（2）执行“图像/计算”命令，在弹出的“计算”对话框中设置“源 1”为“SC7-4-5. jpg”，“通道”为“红”；“源 2”为“SC7-4-6. jpg”，“通道”为“蓝”；“混合”为“正片叠底”，如右图所示。

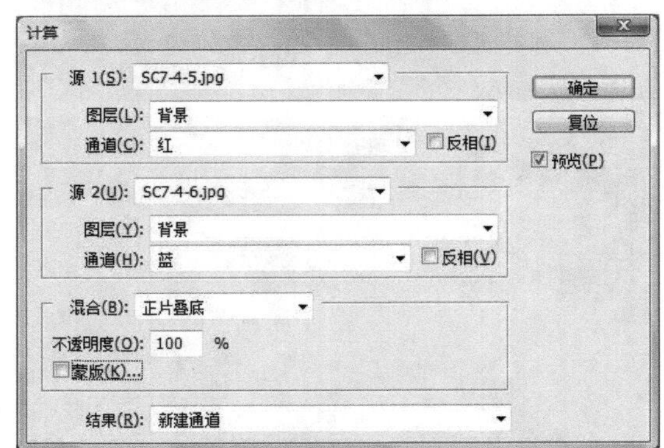

（3）单击“确定”按钮，效果如右图所示。

（4）再次执行“图像/计算”命令，“源 1”选择“SC7-4-6. jpg”，“通道”选择“Alpha 1”，“源 2”选择“SC7-4-5. jpg”，“通道”选择“蓝”，“混合”选择“浅色”。勾选“蒙版”选项，选择蒙版图像为“SC7-4-6. jpg”，通道为“红”。在“结果”栏里选择“新建文档”，如右图所示。

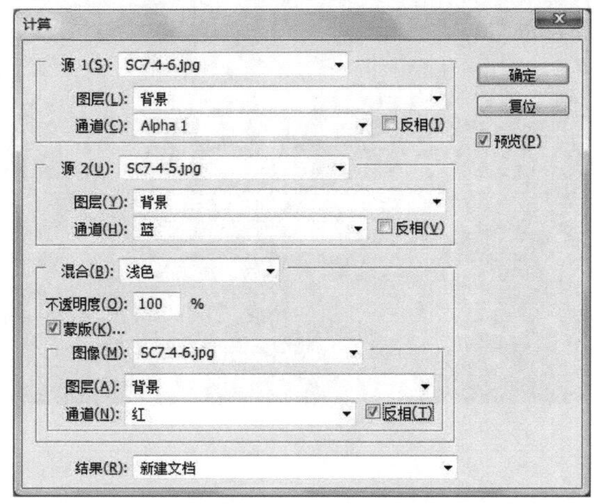

(5) 单击“确定”按钮，产生了一个新图像文档，如左图所示。

(6) 新建两个 Alpha 通道，执行“图像/模式/RGB 颜色”命令。

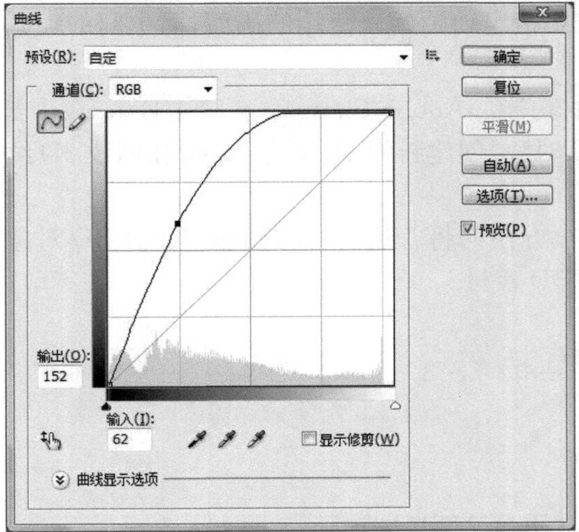

(7) 执行“图像/调整/色阶”命令，调整图像色阶，如左图所示。

(8) 使用文字工具输入华文新魏、72点、白色的文字“卫兵”。执行“图层/图层样式/斜面和浮雕”命令。

(9) 将作品存储为“卫兵.jpg”。

第八章　动画和三维图像

在 Photoshop 中，可以通过修改图像图层来产生运动和变化，从而创建基于帧的动画，也可以使用一个或多个预设像素长宽比创建视频中使用的图像。完成编辑后，可以将所做的工作存储为动画 GIF 文件或 PSD 文件，这些文件可以在很多视频程序（如：Adobe Premiere Pro 或 Adobe After Effects ）中进行编辑。

在 Photoshop 中，有两种动画制作技术，一种是逐帧动画，可以设定动画中的每个画面。另一种就是时间轴动画，即“过渡动画”。它只需要指定动画始末两端的画面，而中间的动画画面则由计算机计算而成。

在 Photoshop CS4 中新增了处理 3D 图像的功能。Adobe Photoshop CS4 Extended 支持多种 3D 文件格式，可以处理和合并现有的 3D 对象、创建新的 3D 对象、编辑和创建 3D 纹理，以及组合 3D 对象与 2D 图像。

我们可以设置 3D 的场景、光源、材质；可以很方便的将普通的二维图像包裹在 3D 对象上；也可以导入用其他三维图像制作软件做成的 3D 素材。

8.1　动画制作

知识点和技能

只要会用 Photoshop，就能制作那些在网上常用而又简单的动画。

动画的制作主要是在“动画”面板上完成的。将动画的各静态部分分别放到不同的层上，在每一层上，无内容的区域就让它空着，不用管它。每个动画静态帧可以都在一层上，也可在几层上，只要你弄得清哪些层同时显示，就能组成哪一个动画静态帧。

当做完组成动画的所有静态图层后，就可以将具体内容分别放入各静态帧中，所谓放入，其实只是当你选中某一个动画帧时，使反映这一帧的那一层或几层为可见，而让其他层不可见。然后，到下一帧，再使反映这一帧的那一层或几层为可见，而让其他层不可见。

范例——制作“海宝”动画图像

设计结果

举世瞩目的“2010 上海世博会”在黄浦江畔举办，“海宝”作为世博会的吉祥物，代表上海人民向来自世界各地的宾客表示欢迎，跳起了欢快的舞蹈。

本项目效果如右图所示。（参见下载资料“第 8 章\第 1 节”文件夹中的“海宝. gif”。

需要的图像素材为下载资料“第 8 章\第 8 节”文件夹中的“SC8-1-1. jpg”～“SC8-1-10. jpg”。

设计思路

本项目的关键在于“动画”面板的使用。通过操作，我们可以了解逐帧动画的原理。

范例解题导引

Step 1

首先我们要导入制作动画的素材。

（1）执行“文件/脚本/将文件载入堆栈”命令，在“载入图层”对话框中单击“浏览”按钮，选中下载资料“第 8 章\第 1 节”文件夹中的“SC8-1-1. jpg”～“SC8-1-10. jpg”，单击“确定”按钮。

（2）当载入图层后，被选中的 10 个素材图像形成了 10 个图层，此时，执行“窗口/动画”命令，打开“动画”面板，如左图所示。

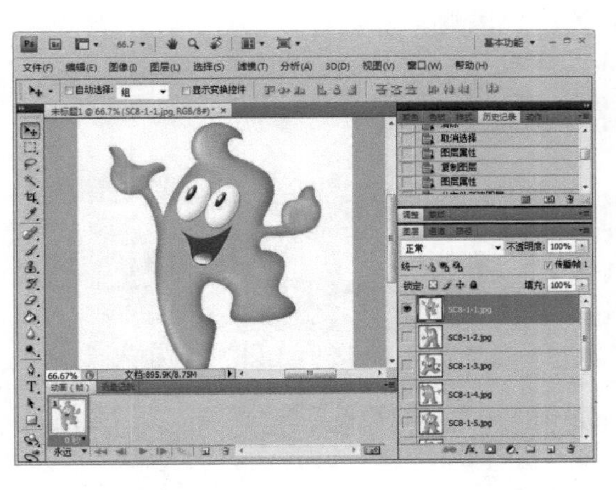

（3）关闭除“SC8-1-1. jpg”之外其他图层的可视性，如左图所示。

■ 小贴士

打开“动画”面板后，可以通过单击“动画”面板下方的“转换”按钮，选择“动画（帧）”或者“动画（时间轴）”。在本例中，我们选择“动画（帧）”。

Step 2

接下来的任务是设置动画效果，我们将通过“动画”面板逐帧制作和调整。

(1) 先选中第一帧，单击“动画”面板下方的“复制所选帧”按钮。然后选中第2帧，在“图层”面板中关闭除“SC8-1-2. jpg”之外其他图层的可视性，如右图所示。

(2) 连续单击8次“复制当前帧”按钮，连同前面的2个，共产生10个动画帧。

(3) 依次选中第3帧～第10帧，分别对应打开“图层3”～“图层10”的可视性，使得第3帧～第10帧分别显示“图层3”～“图层10”的图像，如右图所示。

Step 3

最后我们需要调整动画的播放速度，并导出动画文件。

(1) 在第1帧下方单击“选择帧延迟时间”按钮，选择延时为0.2秒。其他各帧延时时间也同为0.2秒，如右图所示。

(2) 单击“动画”窗口下方的“播放”按钮，可预览动画逐帧被播放的效果，如右图所示。

(3) 执行“文件/存储为”命令，在文件名栏内输入“海宝. psd”，注意文件格式为PSD。

■ 小贴士

PSD 格式的文件并不能直接应用到网页中，如果要直接应用，则应该将其输出。

（4）执行“文件/存储为 Web 和设备所用格式”命令，在弹出的对话框中选择“Gif”格式，如左图所示。

（5）单击“存储”按钮，将作品存储为“海宝.gif”。

范例项目小结

在本范例项目中，我们主要熟悉了用“动画”面板制作逐帧动画的一般方法；了解了帧的概念；了解了动画形成的基本原理，即利用人的眼睛对移动画面的视觉滞留现象，形成了看似运动的动画图形。

小试身手——“鹰击长空”动画制作

路径指南

本例作品参见下载资料“第 8 章\第 1 节”文件夹中的“鹰击长空.gif”文件。需要的图像素材为下载资料“第 8 章\第 1 节”文件夹中的“SC8-1-11.jpg”和“SC8-1-12.jpg”。

设计结果

本项目效果如左图所示。

设计思路

本设计的解题方案可以模仿范例项目。区别在于本动画的背景固定不变，飞机图层亦不变，变化的只是飞机图层上飞机的位置。

操作提示

(1) 打开下载资料“第 8 章\第 1 节”文件夹中的“SC8-1-11. jpg”和“SC8-1-12. jpg”,如右图所示。

(2) 用“魔棒工具”单击飞机图像的浅蓝色背景,然后执行“选择/反向”命令使飞机被选取,如右图所示。

(3) 用“移动工具”将飞机选区拖曳到“SC8-1-11. jpg”中,使产生新图层,关闭“SC8-1-12. jpg”。

(4) 执行“编辑/变换/缩放”命令,调整飞机大小,如右图所示。

(5) 右键单击“图层 1”,选择快捷菜单中的“复制图层”,为飞机图层建立一个副本,并对副本设置“动感模糊”的滤镜效果,设置“角度”为 23 度,“距离”500 像素,如右图所示。

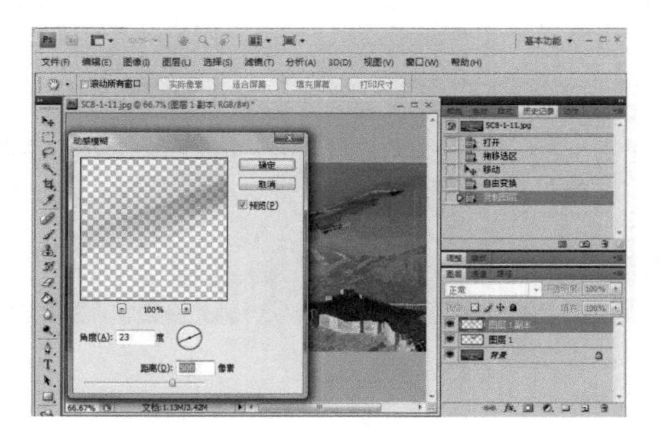

(6) 用“多边形套索”工具将飞机前部的模糊区域选中，如左图所示。然后按 Delete 键将该区域删除，按 Ctrl + D 键取消选区。

(7) 按住 Shift 键，同时选中“图层 1”和“图层 1 副本”，单击“图层”面板下方的“链接图层”按钮，使“图层 1”和“图层 1 副本”建立链接关系。单击“图层”面板右侧的下拉菜单按钮，在下拉菜单中选择“合并图层”，如左图所示。

(8) 执行“窗口/动画”命令，打开“动画”面板，并选择“动画(帧)”。

(9) 单击“动画”面板下方的“复制所选帧”按钮 5 次，使其产生 6 个动画帧，如左图所示。

(10) 依次选中各帧，然后调整各帧飞机的位置，使得飞机从左下至右上呈运动飞行，如左图所示。

(11) 将第 2 帧画面飞机图层的“不透明度”设置为 90%，第 3 帧画面飞机图层的“不透明度”设置为 80%，第 4 帧画面飞机图层的“不透明度”设置为 70%，第 5 帧画面飞机图层的“不透明度”设置为 60%，第 6 帧画面飞机图层的“不透明度”设置为 50%，如左图所示。

（12）执行“文件/存储为 Web 和设备所用格式”命令，选择“四联”选项卡，选择合适的优化选项，如右图所示。

（13）将作品存储为“鹰击长空.gif”。

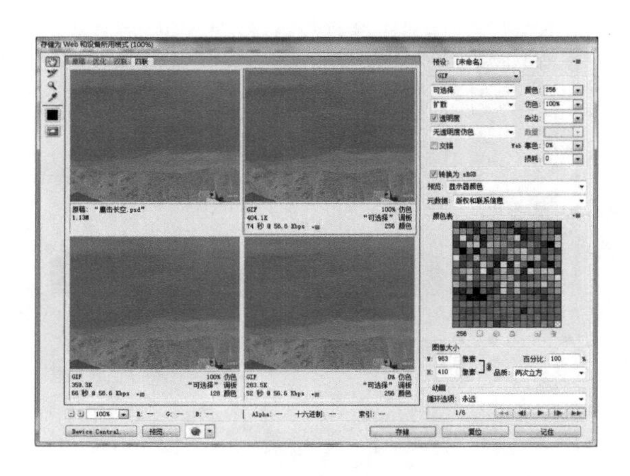

初露锋芒——“蝴蝶纷飞”动画制作

路径指南

本例作品参见下载资料“第 8 章\第 1 节”文件夹中的“蝴蝶纷飞.gif”文件。需要的图像素材为下载资料“第 8 章\第 1 节”文件夹中的“SC8-1-13.jpg”～“SC8-1-15.jpg”。

设计结果

本项目效果如右图所示。

设计思路

首先将蝴蝶从素材中选出，合成到背景图像中。然后利用时间轴动画制作技术，在时间轴上产生不同蝴蝶图像透明度的“关键帧”，使得画面在两个关键帧之间变化，形成动画效果。

操作提示

（1）打开下载资料“第 8 章\第 1 节”文件夹中的“SC8-1-13.jpg”，如右图所示。

（2）打开下载资料“第 8 章\第 1 节”文件夹中的“SC8-1-14. jpg”，选择“磁性套索工具”将蝴蝶部分选中，如左图所示。

（3）将蝴蝶选区拖曳到背景图像中，形成“图层 1”。执行“编辑/自由变换”命令，适当缩小和旋转蝴蝶，如左图所示。

（4）打开下载资料“第 8 章\第 1 节”文件夹中的“SC8-1-15. jpg”，使用“魔棒工具”及“选择/反向”命令将蝴蝶选中。

（5）将蝴蝶选区拖曳到背景图像中，形成“图层 2”。执行“编辑/自由变换”命令，适当缩小和旋转蝴蝶，如左图所示。

（6）执行“窗口/动画”命令，打开“动画”面板，切换到“动画（时间轴），如左图所示。

（7）单击“图层 2”前面的三角按钮。在弹出的选项中单击“不透明度”。在“动画”面板中，用鼠标将“工作区域结束”滑块拖曳到 02:00f 位置，将时间变化秒表的黄色滑块也拖到 02:00f 处，在“图层”面板将“图层 2”的“不透明度”设置为 80%。

（8）将“工作区域结束”滑块拖曳到04:00f位置，将时间变化秒表的黄色滑块也拖到04:00f处，在“图层”面板将“图层2”的“不透明度”设置为60%。

（9）将“工作区域结束”滑块拖曳到06:00f位置，将时间变化秒表的黄色滑块也拖到06:00f处，在“图层”面板将“图层2”的“不透明度”设置为40%。

（10）将“工作区域结束”滑块拖曳到08:00f位置，将时间变化秒表的黄色滑块也拖到08:00f处，在“图层”面板将“图层2”的“不透明度”设置为20%。

（11）将“工作区域结束”滑块拖曳到10:00f位置，将时间变化秒表的黄色滑块也拖到10:00f处，在“图层”面板将“图层2”的“不透明度”设置为0%，如右上图所示。

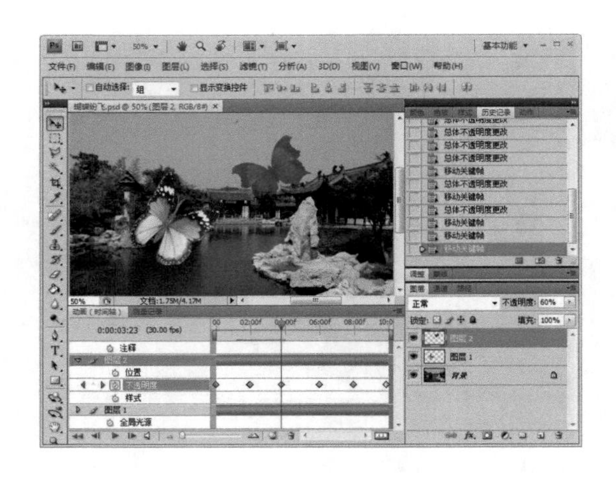

（12）对蝴蝶1做同样的操作，不同的是，蝴蝶2是渐隐效果，而蝴蝶1是渐出效果，如右图所示。

（13）预览并优化后，将作品存储为“蝴蝶纷飞.gif”。

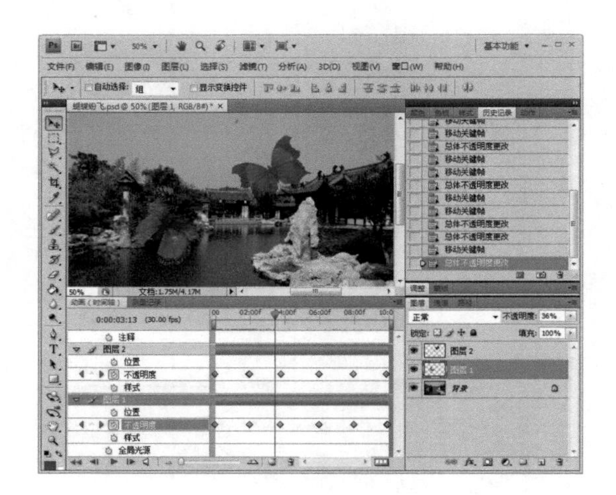

8.2 用平面素材生成三维图像

知识点和技能

Photoshop一直被认为是平面设计的大师。其实，在Photoshop CS4中还新增了三维图像的设计功能。利用Photoshop，我们可以生成基本的三维形状，包括易拉罐、酒瓶、帽子以及其他一些常见的基本形状。用户不但可以使用平面材质进行贴图，还可以直接使用画笔和图章等工具在三维对象上绘画，并与时间轴配合完成三维动画。

Photoshop CS4特别新增了3D面板，使得2D和3D的结合更为完美、操作更为方便。在该面板中，你可以通过众多的参数来控制、添加、修改场景、灯光、网格、材质以及观察图像的视角。

范例——“我的可乐有点甜”易拉罐包装及广告设计

设计结果

赏庐山美景，泡舒适温泉，再来上一罐甜甜的可乐，真是太惬意了！

本项目效果如左图所示。（参见下载资料“第 8 章\第 2 节”文件夹中的“易拉罐广告.psd”。需要的图像素材为下载资料“第 8 章\第 2 节”文件夹中的“SC8-2-1.jpg”和“SC8-2-2.jpg”。）

设计思路

首先打开事先准备好的图像素材，生成“易拉罐”形状。通过对 3D 对象的旋转、光源调整、光照强度的设置等操作，使得广告的主体——易拉罐制作完成。然后，将另一幅风光照片作为广告的背景图像衬在易拉罐画面的下方。最后通过添加渐变叠加样式的文字，使广告主题突出。

范例解题导引

Step 1

首先打开素材图像并通过执行 3D 命令将其包裹在我们指定生成的三维形状图像上。

(1) 执行“文件/打开”命令，打开下载资料“第 8 章\第 2 节”文件夹中的“SC8-2-1.jpg”，如左图所示。

(2) 执行“3D(D)/从图层新建形状/易拉罐”命令。

（3）系统自动生成选择的“易拉罐”形状并将图像素材包裹在该形状之上，如右图所示。

Step 2

下面，我们尝试将易拉罐进行适当角度的自由旋转，看看哪个角度更为漂亮。

（1）选择“3D 环绕工具”，用鼠标向右适当拖曳易拉罐图像。使原始素材图像中两个儿童的画面正对前方，如右图所示。

■ 小贴士

在拖曳鼠标的过程中，易拉罐可能会向不同方向旋转，只要适当拖曳，觉得合适就可以了。

（2）执行“窗口/3D”命令，打开“3D”面板。单击“滤镜：光源”，选择“无限光”中的“无限光 1”，如右图所示。

（3）再选中“3D”面板中的“旋转光源”，用鼠标在易拉罐上向左适当拖曳，改变光源位置，效果如左图所示。

■ 小贴士

在“3D”面板光源对话框中，不但可以旋转光源，还可以改变光源颜色。

Step 3

接下来我们对图像进行进一步的编辑，适当旋转易拉罐的角度并且给它配上一幅背景图案。

（1）单击“旋转 3D 对象”按钮，拖曳鼠标，适当调整易拉罐的角度和位置。在“3D”面板中的“3D(光源)”对话框中，设置“光照强度”为 2，效果如左图所示。

（2）执行“文件/打开”命令，打开下载资料“第 8 章\第 2 节”文件夹中的“SC8-2-2. jpg”，如左图所示。

（3）用“移动工具”将“SC8-2-2. jpg”拖曳到易拉罐图像中，形成“图层 1”。

（4）执行“编辑/变换/缩放”命令，使“图层 1”大小同“背景”层。在“图层”面板中将“图层 1”拖曳到“背景”层的下方，如右图所示。

■ 小贴士

在以往的 Photoshop 版本中，“背景”图层是最底层的图层。如果需要在背景图层下放置其他图层，就必须先把背景图层改为普通图层（如：“图层 0”）。但是在 Photoshop CS4 中，就取消了这一限制，使得图层位置的调整更为方便。

Step 4

易拉罐广告画面已经基本设计完成了，最后我们要给它添加一些宣传文字。

（1）在工具箱中选择“直排文字工具”，设置字体为华文行楷，大小为 200 点，文字颜色为白色。

（2）输入文字“我的可乐有点甜”并适当调整文字在图像中的位置，如右图所示。

（3）确定文字的输入后，在“图层”面板中选中文字层，执行“图层/图层样式/渐变叠加”命令，在“渐变叠加”对话框中，设置“混合模式”为“正常”，“渐变类型”为“色谱”，效果如右图所示。

（4）将作品存储为“易拉罐广告.jpg”。

范例项目小结

在本范例项目中，我们主要打开事先准备好的图像素材，通过3D命令将其转换为特定的三维形状图像；通过3D转换、移动、缩放功能，对三维形状图像进行任意角度的旋转、滚动、移位、缩放，且方便地改变三维图像的视角；通过3D面板，对三维图像的光照角度、强度等进行调整。

小试身手——“兰花牌酱油”产品广告设计

路径指南

本例作品参见下载资料“第8章\第2节”文件夹中的“兰花牌酱油.psd”文件。需要的图像素材为下载资料“第8章\第2节”文件夹中的“SC8-2-3.jpg”和“SC8-2-4.jpg”。

设计结果

本项目效果如左图所示。

设计思路

本设计的解题方案可以模仿范例项目。

操作提示

（1）打开下载资料“第8章\第2节”文件夹中的“SC8-2-3.jpg”，如左图所示。

(2) 仿照范例，执行“3D(D)/从图层新建形状/酒瓶”命令，执行结果如右图所示。

(3) 选取“3D平移工具”，单击工具选项栏中的“位置”下拉按钮，选择其中的“前视图”。

(4) 单击工具选项栏中的“缩放3D对象”，拖曳鼠标，适当放大酒瓶图形，效果如右图所示。

(5) 单击工具选项栏中的“滚动3D对象”，拖曳鼠标，适当旋转酒瓶图形，效果如右图所示。

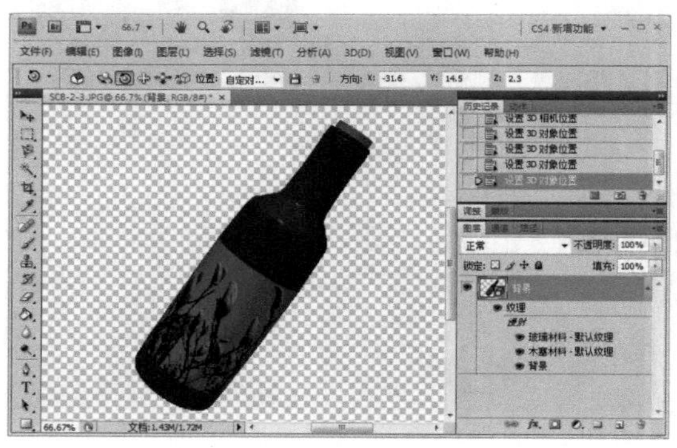

(6) 选择“横排文字工具”，设置字体为华文彩云，大小为24点，颜色为白色。

(7) 输入文字“兰花牌酱油”。确定输入后执行“编辑/自由变换”命令，调整文字角度及位置，效果如右图所示。

(8) 选中文字层，执行“图层/向下合并”命令，拼合文字层和背景层。

(9) 打开下载资料“第 8 章\第 2 节”文件夹中的“SC8-2-4. jpg”,如左图所示。

(10) 选择“移动工具”,将瓶图像拖曳到背景图像中,形成“图层 1”,如左图所示。

(11) 关闭原先创建的瓶图像。选择“自由钢笔”工具,在选项栏中选择“路径”,在图像画出如左下图所示路径。

(12) 选择“横排文字工具”,将鼠标光标移到路径上,输入文字“兰花牌酱油,你的厨房伴侣”。字体为华文新魏,颜色为红色,大小为 36 点,使文字跟随路径。

(13) 选中文字层,执行“图层/图层样式/外发光”命令,设置“蓝-红-黄”的外发光,大小为 50。

(14) 在“路径”面板中删除工作路径。

(15) 将作品存储为“兰花牌酱油. jpg”

初露锋芒——“仰望”三维效果制作

路径指南

本例作品参见下载资料“第 8 章\第 2 节”文件夹中的“仰望. psd”文件。需要的图像素材为下载资料“第 8 章\第 2 节”文件夹中的“SC8-2-5. jpg”和“SC8-2-6 . jpg”。

设计结果

本项目效果如右图所示。

设计思路

本项目主要利用3D面板中的三维物体材质的设置以及纹理的选择，使得我们所创建的三维图像的外观具有金属光泽。

操作提示

（1）打开下载资料“第8章\第2节”文件夹中的“SC8-2-5.jpg”，如右图所示。

（2）执行“3D(D)/从图层新建形状/圆柱体”命令，并用“3D旋转工具”适当旋转该圆柱体，效果如右图所示。

（3）执行“窗口/3D”命令，打开3D面板。

■ 小贴士

在Photoshop CS4的3D应用中，可以通过“3D”面板对三维形体的不同立面设置和更改材质、纹理、光照强度、透明度等参数。

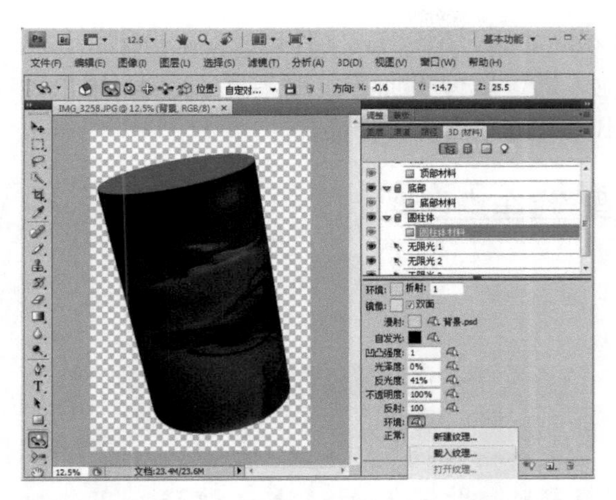

（4）选中“3D”面板中的“圆柱体材料”，单击其下方“环境”按钮，在下拉菜单中选择“载入纹理”，如左图所示。

（5）在“打开”对话框中选择下载资料“第8章\第2节”文件夹中的“SC8-2-6.jpg”。

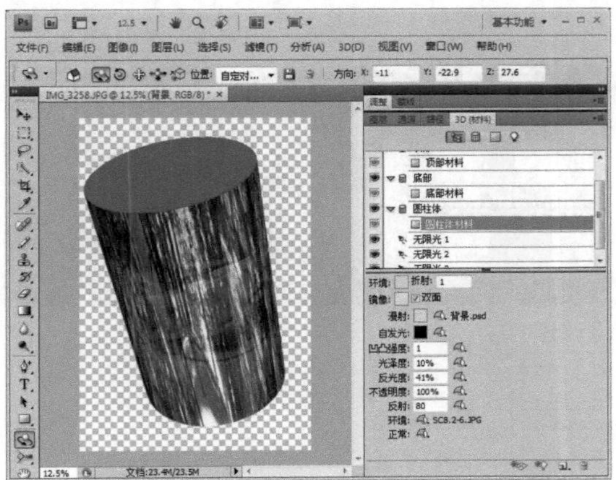

（6）在“3D”面板中，设置“光泽度”为10%，“反光度”为41%，“不透明度”为100%，“反射”为80，“确定”后可以观察到圆柱体具有金属般的光泽效果，如左图所示。

（7）选中“3D”面板中的“顶部材料”，单击其下方“环境”按钮，在下拉菜单中选择“载入纹理”，打开下载资料“第8章\第2节”文件夹中的“SC8-2-6.jpg”，效果如左图所示。

（8）将作品存储为“仰望.jpg”。

8.3 三维素材的导入和编辑

8.3.1 知识点和技能

在Photoshop CS4中，我们除了可以生成基本的三维形状外，还可以直接导入一些现成的3D素材，譬如3D Studio的3DS格式文件、Collada的DAE格式文件以及GoogleEarth的KMZ格式文件等。这就使得Photoshop与其他多媒体软件更加有机地集合了起来，用户可以充分利用和发挥各种软件的各自特点，制作出更好的平面设计作品。

8.3.2 范例——“宁静思远，志行万里”汽车广告设计

设计结果

汽车安静地等待着，随时准备开始另一次途程。

本项目效果如右图所示。（参见下载资料“第8章\第3节”文件夹中的“宁静思远，志行万里.psd”。需要的图像素材为下载资料“第8章\第3节”文件夹中的“SC8-3-1.jpg”和“SC8-3-2.3ds”）。

设计思路

首先打开作为背景的图像素材，然后导入事先准备好的3D素材。然后对该3D对象进行旋转、环绕、缩放操作，并通过“3D”面板对该3D素材进行光源调整以及光源色彩和强度的调整。最后通过添加阴影图层以及建立文字层，完成整个汽车广告的制作。

范例解题导引

Step 1

首先打开素材图像并通过执行“从3D文件新建图层”命令，将3DS格式的三维素材导入到图像中。

（1）执行“文件/打开”命令，打开下载资料“第8章\第3节”文件夹中的“SC8-3-1.jpg”，如右图所示。

(2) 执行"3D(D)/从3D文件新建图层"命令,打开下载资料"第8章\第3节"文件夹中的"SC8-3-2.3ds",如左图所示。

(3) 用"移动工具"将该3D素材移动到下方,并适当利用"3D旋转工具"和"3D环绕工具"调整汽车模型视角,使用"缩放3D对象"工具适当调整3D素材大小,如左图所示。

Step 2

三维素材已经导入并调整了它在图像中的位置,但是我们发现直接导入的3D图像存在光线不足、图像偏暗的问题。所以,下面的操作是对3D图像进行光源调整。

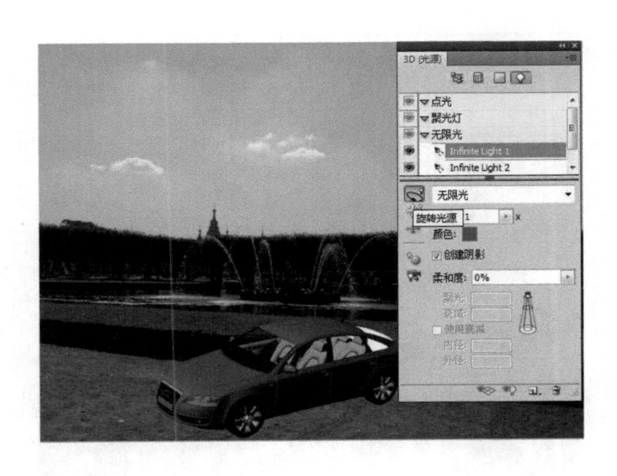

(1) 在"3D"面板中单击"光源"按钮,可以观察到该3D图像相应的光源信息。单击"旋转光源"按钮,并在图像中拖曳鼠标,可调整3D图像的光源位置,如左图所示。

(2) 单击“3D”面板下方的“新建光源”按钮，选择“新建点光”命令。此时在图像窗口中可以看到新建的点光，效果如右图所示。

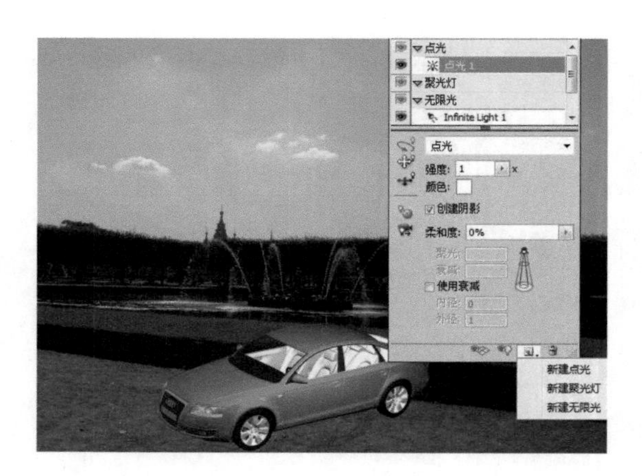

(3) 分别单击“3D”面板中的“拖动光源”和“滑动光源”按钮，用鼠标在图像上适当拖曳，改变光源位置，效果如右图所示。

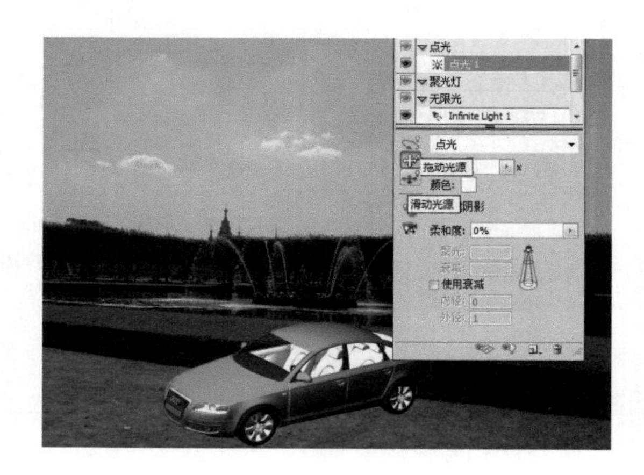

Step 3

接下来我们对图像进行进一步的编辑，目的是改变光源颜色以及光源强度，并且为该 3D 汽车模型加上投影。

(1) 在“3D 面板”中单击“颜色”按钮，设置颜色为黄色(R:255、G:255、B:0)，将光照强度设置为 1.5，效果如右图所示。

(2) 单击“图层”面板下方的“创建新图层”按钮，新建一个图层，选择“套索工具”画出一个任意区域，执行“选择/调整边缘”命令，如左图所示。

(3) 在“调整边缘”对话框中，设置“羽化”为3像素。

■ 小贴士

在这里对选区“羽化”的目的是使投影区域不至于显得生硬，使之与周边有一种过渡效果。

(4) 将前景色设置为黑色，在“图层”面板中设置“填充”为30%，用“油漆桶工具”在选区内填充黑色。

(5) 将该图层移动到3D图层下方，效果如左图所示。

Step 4

整个的3D素材已经基本编辑完成了，最后我们还要给它添加一些广告文字。

(1) 选择“横排文字工具”，设置字体为华文琥珀，大小为160点“样式”为“浑厚”，文字颜色为白色。输入文字“宁静思远，志行万里”，设置字形为波浪形，如左图所示。

(2) 适当调整文字在图像中的位置，执行“图层/图层样式/投影”命令，在“图层样式/投影”对话框中，设置“距离”为50像素，“大小”为20像素，效果如右图所示。

(3)将作品存储为“宁静思远，志行万里.jpg”。

在本范例项目中，我们主要打开事先准备好的背景图像素材，通过“从3D文件新建图层”命令将现有的3D素材导入，成为3D图层；通过3D工具，我们对导入的3D素材进行任意角度的旋转、滚动、移位、缩放；增加了新的点光源，用不同的角度不同的光照颜色对3D素材进行了渲染。

小试身手——“蝶舞”效果制作

路径指南

本例作品参见下载资料“第8章\第3节”文件夹中的“蝶舞.psd”文件。需要的图像素材为下载资料“第8章\第3节”文件夹中的“SC8-3-3.jpg”～“SC8-3-5.jpg”。

设计结果

本项目效果如右图所示。

设计思路

本设计的解题方案是为3D模型设置纹理，并通过设置新建点光的光源颜色、角度和强度，为原来单色的3D蝴蝶模型穿上漂亮的彩衣。其他设计步骤基本可参照范例。

操作提示

(1) 打开下载资料“第 8 章\第 3 节”文件夹中的“SC8-3-3. jpg”，如左图所示。

(2) 仿照范例，执行“3D(D)/从 3D 文件新建图层”命令，导入下载资料“第 8 章\第 3 节”文件夹中的“SC8-3-4. 3ds”，效果如左图所示。

(3) 分别选择“3D 旋转工具”和“3D 环绕工具”，对该蝴蝶 3D 对象进行拖动，效果如左图所示。

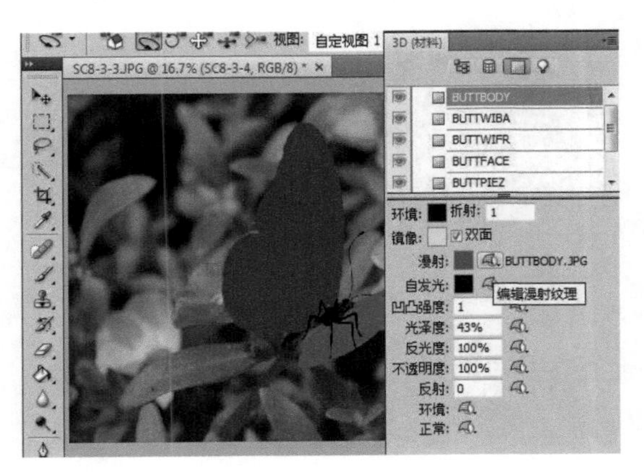

(4) 打开“3D”面板，单击“全局环境色”，选取环境色为白色。单击“材料”按钮，弹出“材料”选项，如左图所示。

(5) 选中第二个网络(BUTTWIBA)，单击“编辑漫射纹理”按钮后，在弹出的菜单中选择“载入纹理”，打开下载资料“第 8 章\第 3 节”文件夹中的“SC8-3-5. jpg”。

（6）选中第三个网络(BUTTWIFR)，单击“编辑漫射纹理”按钮后，在弹出的菜单中选择“载入纹理”，再次打开下载资料“第8章\第3节”文件夹中的“SC8-3-5.jpg”，效果如右图所示。

（7）在“3D”面板中单击“光源”按钮，单击下方的“新建光源”按钮，选择“新建点光”命令，将点光颜色改为黄色。

（8）“拖动光源”和“滑动光源”按钮，用鼠标在图像上适当拖曳，改变光源位置，效果如右图所示。

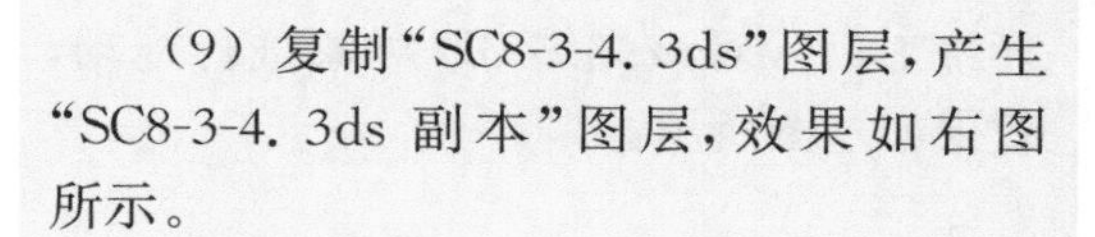

（9）复制“SC8-3-4.3ds”图层，产生“SC8-3-4.3ds副本”图层，效果如右图所示。

（10）利用“缩放3D对象工具”、“旋转3D对象工具”和“3D环绕工具”，对蝴蝶副本层对象进行缩放、移动和旋转，效果如右图所示。

（11）单击“图层”面板下方的“创建新图层”按钮，新建图层，并移动到最上层。

（12）选择“矩形选框工具”，在新图层上拖曳出一个矩形选区并反向选择，如左图所示。

（13）将前景色设置为绿色（R:76，G:245，B:84），使用工具箱中的“油漆桶工具”填充选区。

（14）取消选区，执行“滤镜/纹理/马赛克拼贴”命令，设置“拼贴大小”为50，“缝隙宽度”为10，“加亮缝隙”为5，效果如左图所示。

（15）执行“图层/图层样式/斜面和浮雕”命令，设置“深度”为150%，“大小”为50像素。

（16）将作品存储为“蝶舞.jpg”

8.3.4 初露锋芒——“街景”效果制作

路径指南

本例作品参见下载资料“第8章\第3节”文件夹中的“街景.psd”文件。需要的图像素材为下载资料“第8章\第3节”文件夹中的“SC8-3-6.jpg”和“SC8-3-7.3ds”。

设计结果

本项目效果如左图所示。

设计思路

本项目将尝试利用“无限光”对3D素材的不同层面进行处理。对3D素材的“全景”中的“全色光”进行处理。同时，我们将利用魔棒、油漆桶等工具，对背景图像进行修饰。

操作提示

(1) 打开下载资料“第 8 章\第 3 节”文件夹中的“SC8-3-6. jpg”，如右图所示。

(2) 执行“3D(D)/从 3D 文件新建图层”命令，导入下载资料“第 8 章\第 3 节”文件夹中的“SC8-3-4. 3ds”，并用“3D 旋转工具”适当旋转该 3D 对象，用“缩放 3D 对象”工具适当放大该对象，效果如右图所示。

■ 小贴士

打开“3D”面板的方法除了我们前面已经用过的方法之外，还有两种方法：一是可以双击“图层”面板中的 3D 图层按钮；二是执行“窗口/工作区/高级 3D”命令。

(3) 选中“3D”面板中的“光源”按钮，展开“无限光”，分别选中其中的“Infinite Light2”和“Infinite Light3”，单击“颜色”，在拾色器中设置颜色为(R:255，G:255，B:255)，“强度”为 2，如右图所示。

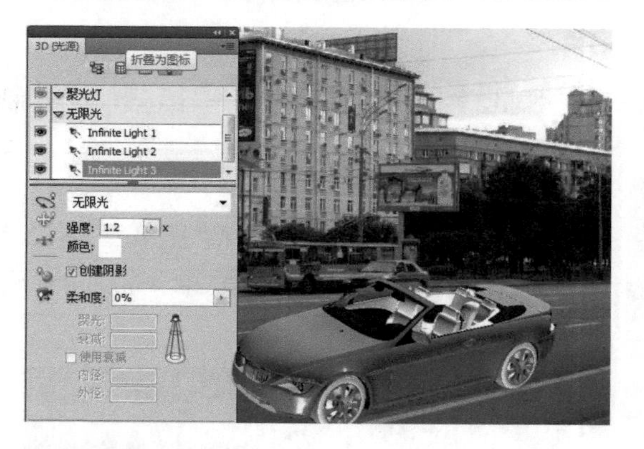

(4) 点击“场景”按钮，将“全景环境色”设置为白色，效果如右图所示。

(5) 下面我们要对马路和天空进行着色，使得画面更加艳丽。使“背景”层为当前图层，使用“魔棒工具”将马路选中，将“前景色”设置为浅棕色(R:165，G:41，B:41)，选择“油漆桶工具”，设置“不透明度”为 50%，对马路着色。

(6) 选择“魔棒工具”，将“容差”设置为12，将前景色设置为蓝色，用“油漆桶工具”对天空进行着色，效果如左图所示。

(7) 将作品存储为“街景.jpg。”

第九章　Photoshop 的自动化操作

在图像处理工作中，我们有时候会对图像进行一些重复的处理工作，例如，照片的自动对比度、照片的颜色模式转换、将每张照片更改为标准大小等。重复的操作是繁琐而乏味的，有没有办法让 Photoshop 自动为我们进行这些重复的工作呢？Photoshop 为我们提供了这个方便，那就是“动作”。当我们使用“动作”命令时，一系列重复的工作就可以自动地批处理执行，这就是所谓的“自动化操作”。

9.1　调用现有动作和修改现有动作

知识点和技能

所谓“动作”，实际上是由自定义的操作步骤组成的批处理命令，它会根据我们定义操作步骤的顺序逐一显示在“动作”面板中，这个过程我们称之为“录制”。以后需要对图像进行此类重复操作时，只需把录制的动作“搬”出来，按一下“播放”，一系列的动作就会应用在新的图像中了。

大多数命令和工具操作都可以记录在动作中。动作可以包含停止，使我们可以执行无法记录的任务（如：使用绘画工具等）。动作也可以包含模态控制，使我们可以在播放动作时在对话框中输入值。动作是快捷批处理的基础，快捷批处理是可以自动处理拖移到其图标上的所有文件的小应用程序。

Photoshop 附带了许多预定义的动作，我们可以按原样使用这些预定义的动作，也可以根据自己的需要来制定它们，或者创建新动作。

范例——制作“七彩天池”、“水印落日”图像效果

设计结果

自然的美景总是那样让人陶醉，让我们为它们配上相衬的相框吧！

本项目效果如右图和下页左上图所示。（参见下载资料“第 9 章\第 1 节”文件夹中的“七彩天池. psd”和“水印落日. psd”。需要的图像素材为下载资料“第 9 章\第 1 节”文件夹中的“SC9-1-1. jpg”和“SC9-1-2 . jpg”。）

设计思路

首先调用 Photoshop CS4 自带的默认动作，选择其中比较适合我们任务的一项。然后通过“录制”新操作步骤对其进行修改。最后将修改后的动作应用到我们的编辑对象图片中。

范例解题导引

Step 1

我们首先观察 Photoshop 有哪些默认动作。

（1）执行“文件/打开”命令，打开下载资料“第 9 章\第 1 节”文件夹中的“SC9-1-1. jpg”，如左图所示。

（2）执行“窗口/动作”命令，打开“动作”面板。展开“默认动作”，如左图所示。

（3）选择“木质画框-50 像素”动作并将其展开，可以看到该动作中包含了“建立图层”、“设置前景色”、“填充”、“添加杂色”等一系列操作命令，如左图所示。

Step 2

下面我们运用刚才选定的“默认动作”对素材图像进行自动化处理。

（1）选中“木质画框-50 像素”动作，单击“动作”面板下方的“播放选定的动作”按钮。此时系统开始自动逐条执行命令，如右图所示。

■ 小贴士

当动作中的操作含有对话框时，会弹出对话框等待确认。而当动作由一些直接命令构成时，则系统会自动顺序执行，无需干涉。

（2）当动作执行完毕，可以看到图像处理已完成，整个图像四周被配上了木质画框，如右图所示。

Step 3

然后对图像的大小进行调整，并将其水平翻转，由 Photoshop 把我们的操作记录下来，作为刚才动作的修改补充。

（1）选中“木质画框-50 像素”动作中的最后一项“设置选区”，单击“动作”面板下方的“开始记录”按钮，如右图所示。此时我们所做的所有操作，Photoshop 都会记录下来，并生成步骤，以后就可以自动重复这些步骤了。

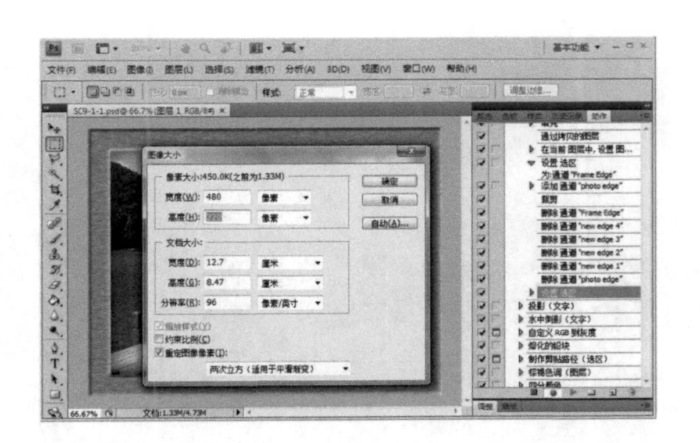

（2）执行“图像/图像大小”命令，在“图像大小”对话框中设置“宽度”为480像素，“高度”为320像素，如左图所示。（注意：此时的“开始记录”按钮为红色，表示正在记录。）

（3）我们可以看到，刚才的调整大小操作已被记录，在命令序列中已增加了一个“图像大小”。再执行“图像/图像旋转/水平翻转画布”命令，如左图所示，则此命令亦被记录下来。

（4）单击“动作”面板下方的“停止播放/记录”按钮，如左图所示。

Step 4

接下来我们要对另一幅图像重复刚才的编辑。

（1）保存刚才编辑的图片为“七彩天池.psd”和“七彩天池.jpg”并关闭。打开下载资料“第9章\第1节”文件夹中的“SC9-1-2.jpg”，如右图所示。（注意：该素材图片的原始尺寸为670×502像素。）

（2）打开“动作”面板，选择刚才运用并修改过的“木质画框-50像素”动作。可以发现在该动作中已经增加了两个操作“图像大小”和“翻转第一文档”，如右图所示。

（3）单击“动作”面板下方的“播放选定的动作”按钮。此时系统开始自动逐条执行命令。

（4）当动作执行完成后，我们可以看到新素材图像文件已经被编辑完成如右图所示。

（5）将编辑结果存储为“水印落日.jpg”。

范例项目小结

在本范例项目中，我们主要了解了什么是动作和动作的作用；还学习了如何选择和运用Photoshop所提供的“默认动作”以及对动作进行修改；掌握了如何录制我们自己的动作命令。通过对两个不同图片的编辑操作，我们可以体会到动作在图像编辑中给我们带来的方便。

小试身手——“花谷”、“花海栈桥”效果制作

路径指南

本例作品参见下载资料“第 9 章\第 1 节”文件夹中的“花谷.psd”和“花海栈桥.psd”。需要的图像素材为下载资料“第 9 章\第 1 节”文件夹中的“SC9-1-3.jpg”和“SC9-1-14.jpg”。

设计结果

本项目效果如左一、左二图所示。

设计思路

本项目的解题方案可以模仿范例项目。对范例中运用并修改过的“木质画框-50 像素”动作再次修改，删除其最后一个操作，即“翻转第一文档”操作，然后再添加新的操作命令。

操作提示

(1) 打开下载资料“第 9 章\第 1 节”文件夹中的“SC9-1-3.jpg”，如左图所示。

（2）执行“窗口/动作”命令，打开“动作”面板，选中“木质画框-50 像素”动作并展开。选中其中的“翻转第一文档”命令，单击“动作”面板下方的“删除”按钮，将最后一个操作命令删除，如右图所示。

（3）依然选中“木质画框-50 像素”动作，单击“动作”面板下方的“播放选定的动作”按钮，使“动作”中的命令依次执行。

（4）当动作中的最后一条命令，即“图像大小”执行完毕后，图像的编辑效果如右图所示。

（5）接下来我们要对这个动作添加一些操作命令，我们还是仿照范例用录制的方法进行。

（6）选中“木质画框-50 像素”动作中的最后一个操作命令“图像大小”，单击“开始记录”按钮。

（7）在“图层”面板中执行“合并可见图层”命令，如右图所示。

（8）右击“背景”图层，在“快捷菜单”中选择“复制图层”，产生“背景 副本”层，在“背景 副本”层下再新建一图层，如右图所示。

（9）用“油漆桶工具”将“图层 1”填充为白色，使用“矩形选框工具”在“背景”“副本”层拖曳一个方框，如左图所示。

（10）为“背景 副本”层添加图层蒙版，如左图所示。

（11）执行“滤镜/画笔描边/喷溅”命令，在对话框中设置“喷色半径”为 25，“平滑度”为 5，效果如左图所示。

小贴士

“喷溅”滤镜的效果与所选定的“喷色半径”以及“平滑度”有关。在此处不一定完全按照上述参数进行设置，可以根据自己的喜好来选择喷溅效果。

（12）选择“图层 1”，执行“编辑/变换/缩放”命令，适当调整“图层 1”的大小，如左图所示。

（13）停止动作的记录，此时图像编辑结果以及修改后的“木质画框-50 像素”动作所包含的操作命令如右图所示。

（14）将作品存储为“花谷. psd”和“花谷. jpg”并关闭。

（15）打开下载资料“9 章\第 1 节”文件夹中的“SC9-1-4. jpg”，如右图所示。使用刚才编辑的“木质画框-50 像素”动作进行处理。将处理完的作品存储为“花海栈桥. psd”和“花海栈桥. jpg”。

初露锋芒——“四季山庄”效果制作

路径指南

本例作品参见下载资料“第 9 章\第 1 节”文件夹中的“四季山庄. psd”文件。需要的图像素材为下载资料“第 9 章\第 1 节”文件夹中的“SC9-1-5. jpg”。

设计结果

本项目效果如右图所示。

设计思路

首先利用 Photoshop 自带的“四分颜色”动作，将整个图像分为四个区域。然后将执行动作后产生的“背景 副本”层四周内容删除，使选区四周恢复原图像。利用滤镜使图像四周产生水彩画效果，而中间部分则利用图层的浮雕效果使之突出。最后利用文字工具及“投影”效果产生图像中的文字。

注意：在本项目中还应用了对动作中某个步骤参数修改的技巧。

操作提示

(1) 打开下载资料“第 9 章\第 1 节”文件夹中的“SC9-1-5. jpg”，如左图所示。

(2) 打开“动作”面板，选择“图像效果”动作系列中的“四分颜色”动作，如左图所示。

■ 小贴士

并不是所有的“默认动作”都可以适用任何图像。有些动作对图像文件的大小有要求；有些动作则对图像的模式有限制。所以在选用预设动作时，我们要先了解它们的适用性。

我们可以通过修改、删除、记录新的动作，或者选择动作的适当的执行位置来满足我们对“默认动作”的要求。

(3) 单击“播放选区”按钮，使“动作”执行，效果如左图所示。

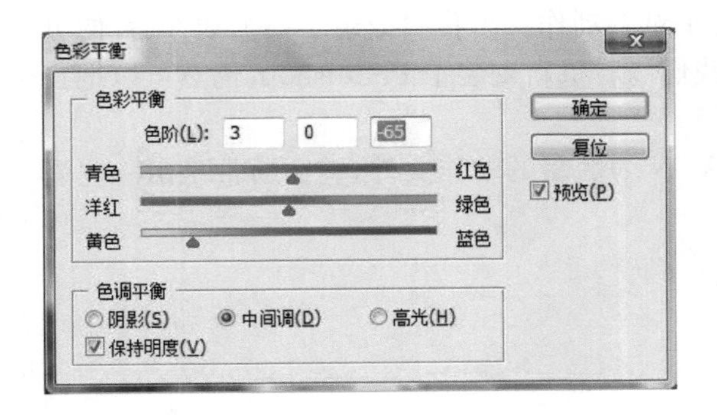

(4) 选中“四分颜色”动作步骤系列中倒数第 3 个步骤“色彩平衡”并双击这个步骤，显示出如左图的对话框，此时可改变这一步骤中的参数，任何输入的新的值都会自动被记录下来。

(5) 回到“图层”面板，使用“矩形选框工具”在“背景 副本”图层上拖曳一选区，并执行“选择/反向”命令使选区反选。按Delete键删除选区内图像，如右图所示。

(6) 选中“背景”图层，执行“滤镜/素描/水彩画纸”命令。选中“背景 副本”图层，执行“选择/取消选择”命令取消选区。执行“图层/图层样式/斜面和浮雕”命令(参数默认)，执行后效果如右图所示。

(7) 选择文字工具，书写华文彩云、72点、蓝色的“四季山庄”，并执行“编辑/变换/斜切”命令使文字斜切。执行“图层/图层样式/投影”命令，使文字层产生“投影”效果。

(8) 将作品存储为“四季山庄.jpg”。

9.2　动作的管理和批处理

知识点和技能

动作是为了简化一些重复工作而创立的一种图像处理功能。关于动作，有三个方面的基本问题：

(1) 默认动作：打开“动作”面板，首先看到的是一个“默认动作”，当展开“默认动作”后，将能看见一系列的PS预置动作，例如，大按钮、小按钮、倒影、灰褐色调之类。

(2) 录制动作：动作功能最大的作用其实是录制动作。当我们记录了一个动作后，便可以将包含该动作的序列保存起来，这样，即使我们以后重新安装了Photoshop，仍然可以把自己制定的动作取出再次使用。

(3) 外挂动作：在网上可以下载一些以ATN为后缀的动作文件，它们通常是由一些爱好者制作的供人使用的外挂动作。

范例——制作“暮色中的乡村水车”图像效果

设计结果

摇曳的芦苇，西下的斜阳，暮色中沉默的水车，这一切，形成了粤南乡村的黄昏景色。

本项目效果如左边两幅图所示。(参见下载资料“第 9 章\第 2 节”文件夹中的“暮色中的乡村水车. psd”。需要的图像素材为下载资料“第 9 章\第 2 节”文件夹中的“SC9-2-1. jpg”。)

设计思路

首先加载并调用 Photoshop 自带内置动作，选择其中比较适合我们任务的一项，应用到我们的编辑对象中。然后通过“新建”动作并通过 Photoshop 的自动化批处理对一批图像进行统一的编辑处理。

范例解题导引

Step 1

首先我们载入一个 Photoshop 内置的“图像效果”动作集。

(1) 执行“文件/打开”命令，打开下载资料“第 9 章\第 2 节”文件夹中的“SC9-2-1. jpg”，如左图所示。

(2) 单击“动作”面板的扩展按钮，在下拉菜单中选择“图像效果”，如右图所示。

■ 小贴士

Photoshop除了提供“默认动作”之外，还提供了许多内置的动作(譬如各种底纹处理、文本和按钮处理等)。这些内置的动作文件可以很方便带通过“动作”面板的扩展菜单来载入。

(3) 当载入“图像效果”动作组后，可以观察到在“动作”面板中显示一系列诸如“仿旧照片”、“暴风雪”、“油彩蜡笔”等动作，如右图所示。

Step 2

下面我们运用刚才载入的“图像效果”动作序列，选择其中的“仿旧照片”和“霓虹边缘”两个动作对我们的素材进行编辑。

(1) 在“动作”面板中展开刚才载入的“图像效果”序列，选中并展开其中的“仿旧照片”动作，单击“动作”面板下方的“播放选定的动作”按钮，如右图所示。

（2）“动作”开始自动逐条执行命令，执行结果如左图所示。

（3）再选中“霓虹边缘”动作，单击“动作”面板下方的“播放选定的动作”按钮，执行结果如左图所示。

■ 小贴士

当需要连续执行两个“动作”时，应注意动作之间的衔接性。

Step 3

接下来我们对图像进行进一步的编辑，为了可以保存操作的过程，我们新建一个名为“规定图像大小”的动作，并且将该动作保存。

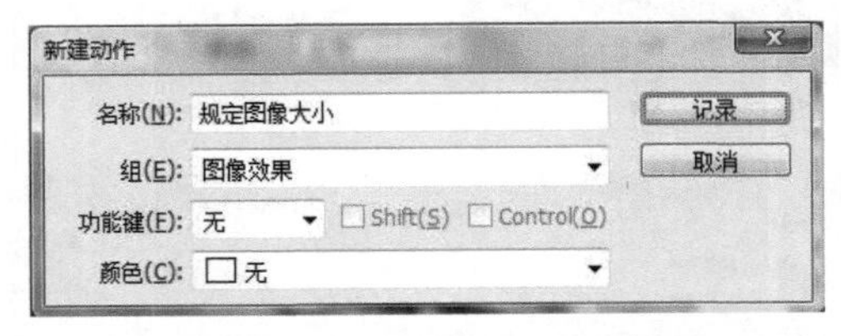

（1）单击“动作”面板下方的“创建新动作”按钮，在“名称”栏内输入“规定图像大小”，在“组”栏内选择“图像效果”，如左图所示。单击“记录”按钮后，开始记录，此时，我们所做的所有操作都会被记录下来，并生成名为“规定图像大小”的动作。

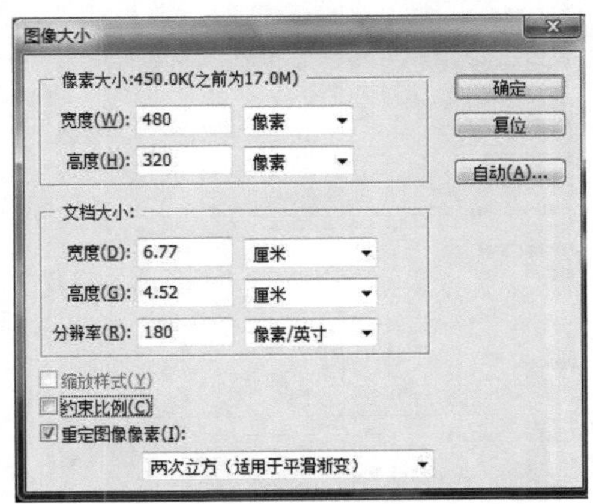

（2）执行“图像/图像大小”命令，在“图像大小”对话框中设置“宽度”为480像素，“高度”为320像素，如左图所示。

（3）执行“图像/图像旋转/水平翻转画布”命令。单击“动作”面板下方的“停止播放/记录”按钮。此时动作“规定图像大小”完成了记录。

（4）当停止记录后，可以发现“动作”面板“图像效果”序列中增加了一个名为“规定图像大小”的动作，其中包含了我们刚才所进行的“图像大小”和“水平翻转图像”两个操作，如右图所示。

（5）将作品存储为“暮色中的乡村水车.jpg”。

Step 4

现在，我们要对“temp”文件夹下的四张大小各不相同的图片做同样的操作。

（1）打开下载资料“第9章\第2节”文件夹中的“temp”文件夹，可以看到其中有四个图片文件，其大小各不相同，如右图所示。

921

922

923

924

（2）首先在桌面上新建一个名为“temp2”的文件夹，然后在Photoshop中执行“文件/自动/批处理”命令，在“组”栏内选择“图像效果”，在“动作”栏内选择“规定图像大小”，单击“源文件夹”下面的“选取”按钮，选择下载资料中的“temp”文件夹。单击“目的文件夹”下面的“选择”按钮，选择刚刚建立在桌面上的“temp2”文件夹，如右图所示。

（3）单击“确定”按钮，此时Photoshop自动对“temp”文件夹中所有的图像进行调整大小和翻转画面的操作动作。

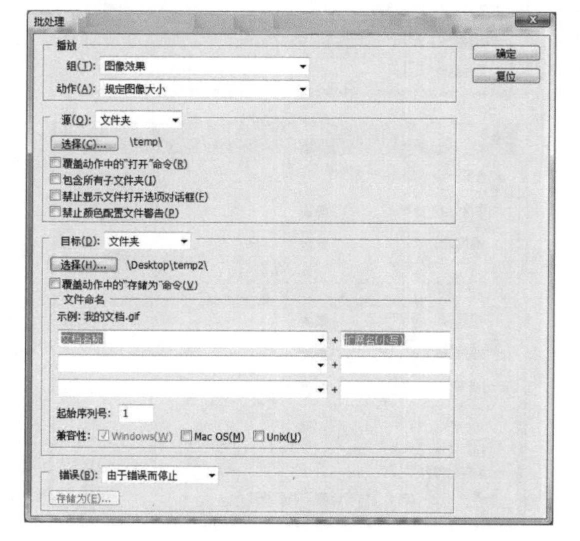

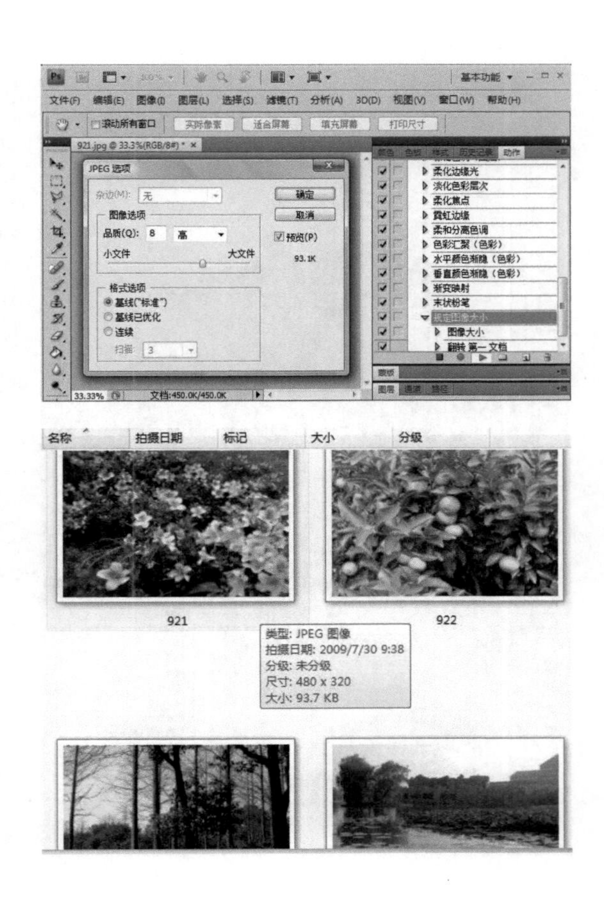

（4）在自动批处理过程中，针对每个图像的不同情况，可能会出现一些对话框等待用户确认，如左图所示。

（5）打开桌面上的“temp2”文件夹，如左图所示。观察并与“temp”文件夹中的图片进行对比，可以发现四个图像文件的大小都被调整为480× 320像素。打开其中任意一个图像，亦可以发现图像被执行了水平翻转操作。

（6）我们再观察一下下载资料“第9章\第2节”文件夹中的“temp”文件夹，可以发现其中的四个图片文件仍然为原始尺寸，其大小并没有被批处理所改变。

范例项目小结

在本范例项目中，我们主要载入了内置的动作序列；新创建了一个“动作”；利用“动作”建立了一个“批处理”过程，对指定文件夹中的所有图片按照统一的动作要求进行编辑修改，并将经批处理修改后的图像保存在另一个文件夹中，以保证原始图像文件不被改变。

小试身手——“2010上海世博”效果制作

路径指南

本例作品参见下载资料“第9章\第2节”文件夹下的“2010上海世博.psd”文件。需要的图像素材为下载资料“第9章\第2节”文件夹中的“SC9-2-2.jpg”和“SC9-2-3.jpg”。

设计结果

本项目效果如右图所示。

设计思路

本设计的解题方案可以模仿范例项目。

操作提示

（1）打开下载资料“第 9 章\第 2 节”文件夹中的“SC9-2-2. jpg”，如右图所示。

（2）选中“图像效果”系列中的“渐变映射”动作，单击“动作”面板下方的“播放选区”按钮，效果如右图所示。

（3）打开下载资料“第 9 章\第 2 节”文件夹中的“SC9-2-3. jpg”，如右图所示。

（4）合并“SC9-2-2. jpg”所有图层，将“SC9-2-2. jpg”拖曳到“SC9-2-3. jpg”中，关闭“SC9-2-2. jpg”。

(5) 执行“编辑/变换/缩放”命令，调整图层大小，如左图所示。

(6) 在“图层”面板中设置图层“混合模式”为“深色”，并拼合所有图层，如左图所示。

(7) 仿照范例，载入内置动作“文字效果”。

(8) 选择文字工具，在图像左上方书写“2010 上海世博”，字体为华文琥珀、60点、白色。将前景色设置为红色，使用“木质镶板(文字)”动作进行编辑，效果如左图所示。

(9) 拼合图像，执行“图像效果”序列中的“油彩蜡笔”动作。

(10) 将作品存储为“2010 上海世博.jpg”。

初露锋芒——“漫天飞雪中的外滩”效果制作

路径指南

本例作品参见下载资料“第 9 章\第 2 节”文件夹中的“漫天飞雪中的沙滩.psd”。的图像素材为下载资料“第 9 章\第 2 节”文件夹中的“SC9-2-4.jpg”～“SC9-2-6.jpg”。

设计结果

本项目效果如右图所示，批处理效果如右二图所示。

设计思路

除了 Photoshop 自带内置动作外，许多设计者也提供了不少极有价值的外置动作。本项目我们将载入一些外置动作，对我们的图像进行编辑，并且对图像进行“批处理”。

操作提示

（1）打开下载资料“第 9 章\第 2 节”文件夹中“SC9-2-4. jpg”。

（2）打开“动作”面板，展开菜单，选择其中的“载入动作”，将下载资料“第 9 章\第 2 节”文件夹中“PAA-艺术效果. atn”动作载入，展开之后，可以看到该艺术效果序列中有很多动作，如右图所示。

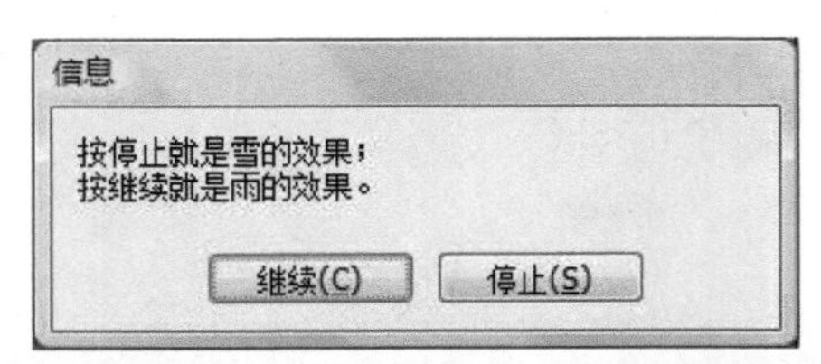

(3) 选中“暴风(雪)雨”，单击“播放选定的动作”按钮，使动作执行。当命令执行到第一条“停止”时，弹出如左图所示的确认对话框，请你选择雨的效果还是雪的效果。我们单击“停止”按钮，选择“雪”的效果，则动作执行结果如左二图所示。

(4) 用文字工具书写文字“漫天飞雪中的外滩”，文字为幼圆、30 点、白色。

(5) 打开下载资料“第 9 章\第 2 节”文件夹中的“SC9-2-5. jpg”和“SC9-2-6. jpg”，如左图所示。

(6) 在桌面上新建一个名为“图像批处理”的文件夹，然后执行“文件/自动/批处理”命令。在“组”栏内选择“PAA-艺术效果”，在“动作”栏内选择“选中“手绘效果”，“源”选择“打开的文件”；单击“目的文件夹”下面的“选择”按钮，选择刚刚建立在桌面上的“图像批处理”文件夹，如左下图所示。

(7) 单击“确定”按钮，此时 Photoshop 自动对已经被打开的两个图像进行批处理编辑操作。

(8) 当出现存储对话框时，分别将图像存储为“风景 1. jpg”和“风景 2. jpg”。

(9) 观察桌面“图像批处理”文件夹，可以发现里面已经保存了两个经过批处理的图像文件。

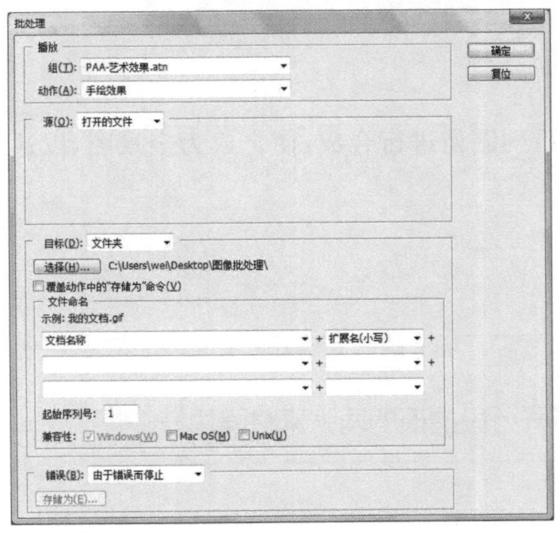

9.3 全景图和图像处理器

知识点和技能

在拍摄风景照片时，我们经常被大自然所陶醉，目光所至皆是风光秀丽。只可惜即使我们用再大的广角照相机也无法一下子摄入全部的美景，通常只能采取分段拍摄的方法把我们的所见所闻记录下来。

利用 Photomerge 的"合成图像"功能，可以帮助我们来弥补这一缺憾，当指定了那些分段拍摄的源文件后，系统会自动汇集并产生全景图。而且，在汇集了全景图后，如有必要，我们还可以微调个别照片的位置。

范例——制作"锦绣长廊"全景图效果

设计结果

颐和园昆明湖畔的长廊为游客津津乐道。不曾想，在江南水乡的一处田园式宾馆中，竟然也看见了红砖绿瓦的美丽长廊。可惜自己的相机不能拍下长廊的全景，怎么办呢？让我们试着学习用 Photoshop CS4 的"全景图"功能把我们看到的美景记录下来吧。

本项目效果如下图所示。(参见下载资料"第 9 章\第 3 节"文件夹中的"锦绣长廊.psd"。需要的图像素材为下载资料"第 9 章\第 3 节"文件夹中的"SC9-3-1. jpg"和"SC9-3-2. jpg"。)

设计思路

利用 Photomerge 功能，将分别摄制的几个系列图像进行合成，使之成为全景图，以达到一般情况下摄像所无法达到的艺术效果。

范例解题导引

Step 1

首先我们利用 Photomerge 命令打开分段拍摄的两张素材照片。

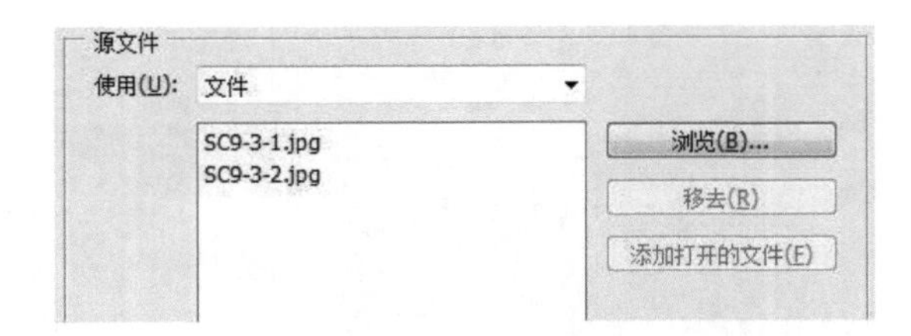

(1) 执行“文件/自动/Photomerge”命令，单击“浏览”按钮，选中下载资料“第9章\第3节”文件夹中的“SC9-3-1. jpg”、“SC9-3-2. jpg”，如左图所示。

■ 小贴士

可以打开指定的文件，也可以事先把素材放到一个文件夹中，然后在Photomerge对话框中选择使用文件夹。

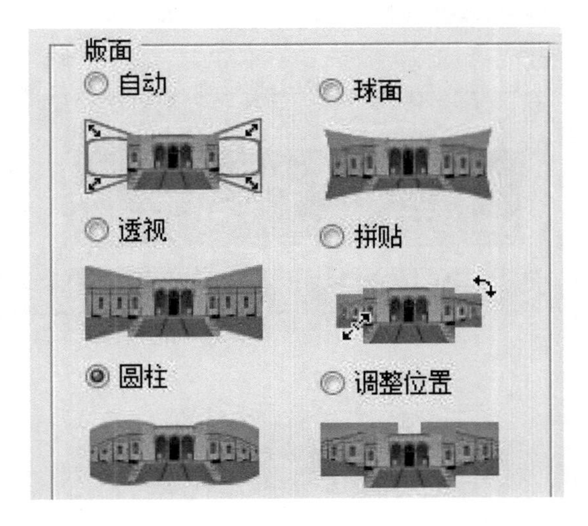

(2) 对话框中的“版面”提供了多种照片拼合后带版面效果供选择。可以对图像进行“自动”、“透视”、“圆柱”、“拼贴”等版面设置。我们选择“圆柱”版面，如左图所示。

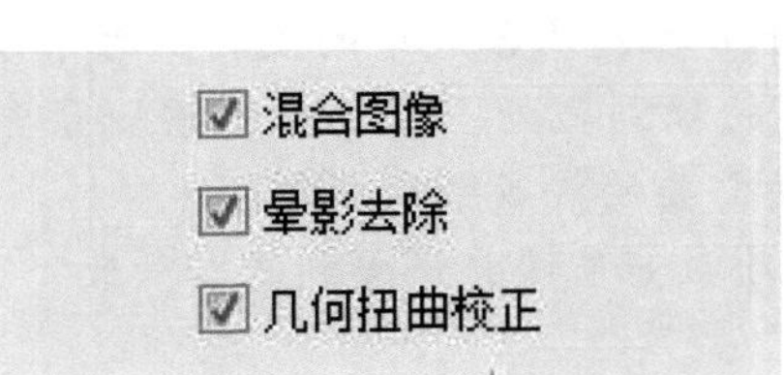

(3) Photomerge对话框中还提供了“混合图像”、“晕影去除”和“几何扭曲校正”的选项。我们将这些选项都勾选，如左图所示。

(4) 执行Photomerge后，自动产生一个混合图层，如左图所示。

Step 2

观察拼合后的全景图像，发现在素材高度不太一致的边缘被用透明图像填充。下面我们用常规的方法继续对其进行编辑、修整。

（1）执行“图层/拼合图像”命令，新建“图层 1”。

（2）用“矩形选框工具”拖曳出一矩形选区，然后执行“选择/反向”命令，产生一矩形环状选区，如右图所示。

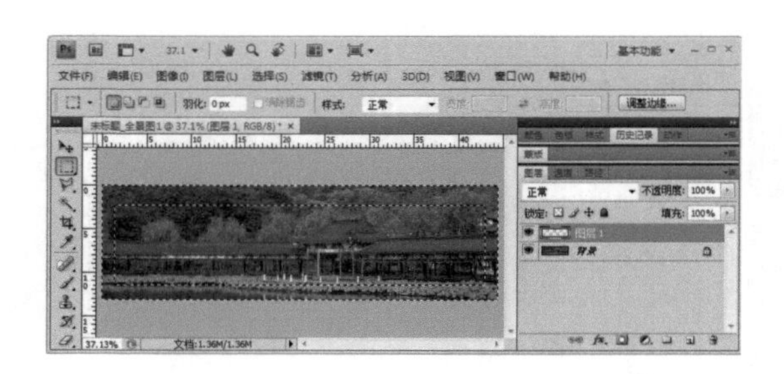

（3）将前景色设置为白色，用“油漆桶工具”填充选区，并执行“滤镜/纹理/颗粒”命令，效果如右图所示。

（4）执行“图层/图层样式/斜面和浮雕”命令。

（5）将作品存储为“锦绣长廊.jpg”。

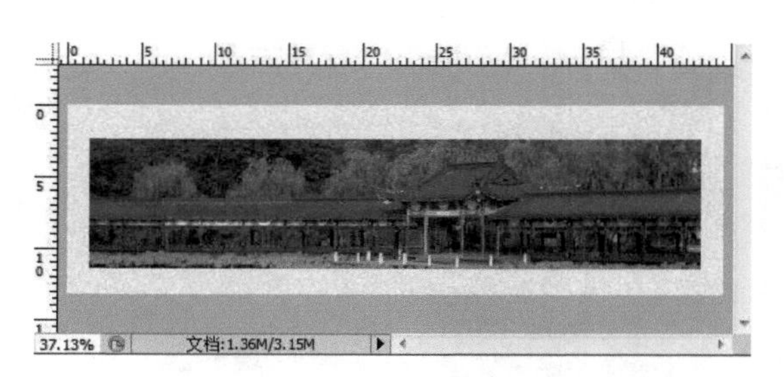

范例项目小结

在本范例项目中，我们已经体会到了 Photomerge 在图像合成中的便利。对于分段拍摄的图像合成，Photoshop 的这一功能确实有它的独到之处。它等于是用一条命令“自动化”地替代了我们用常规方法解决此类问题所需要的许多繁琐操作。

需要注意的是，在 Photomerge 命令中，素材大小最好能事先调整到基本一致。

小试身手——“我的书房”全景图制作

路径指南

本例作品参见下载资料“第 9 章\第 3 节”文件夹中的“我的书房.psd”。需要的图像素材为下载资料“第 9 章\第 3 节”文件夹中的“SC9-3-7.jpg”～“SC9-3-9.jpg”。

设计结果

本项目效果如右图所示。

设计思路

在本例中，我们将学习用“自动对齐图像”和“自动混合图像”命令制作全景图。

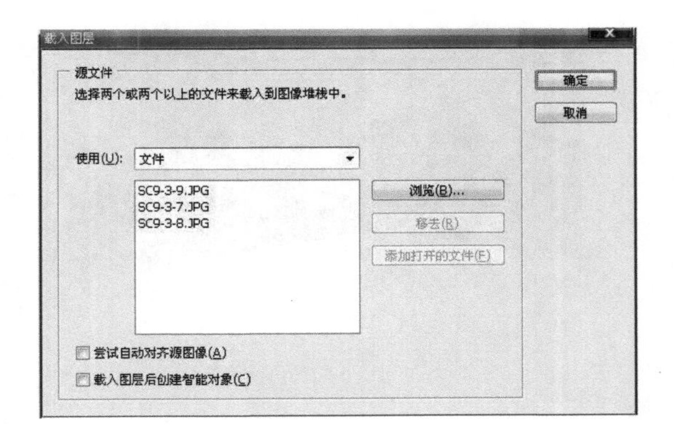

操作提示

（1）执行“文件/脚本/将文件载入堆栈”命令，在“载入图层”对话框中点选“浏览”，找到素材照片“SC9-3-7.jpg”～“SC9-3-9.jpg”，如左图所示。

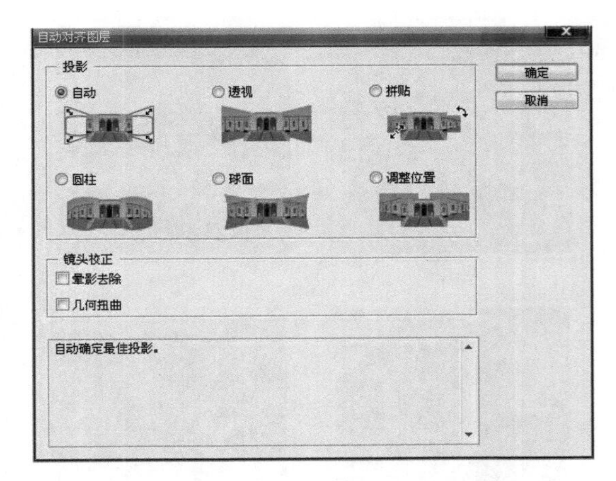

（2）选择“图层”面板中的所有图层，然后执行“编辑/自动对齐图层”命令，在“自动对齐图层”对话框中，选择“自动”投影，如左图所示。

（3）单击“确定”按钮，效果如左图所示。

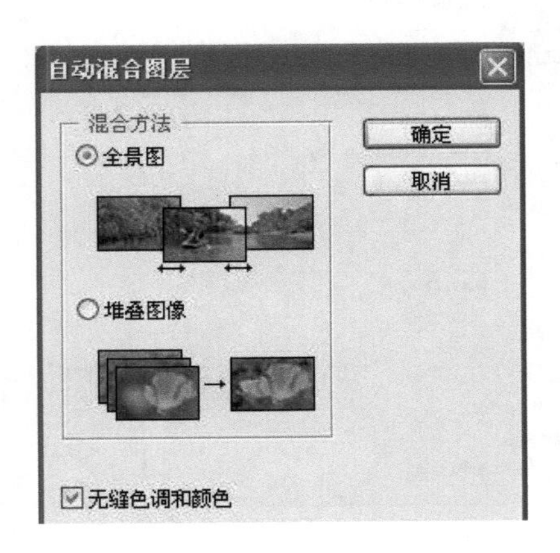

（4）执行“编辑\自动混合图层”命令，在“自动混合图层”对话框中，选择“全景”作为“混合方法”，选择“无缝色调”和“颜色”选项，如左图所示。

（5）单击“确定”按钮，效果如右图所示。

（6）最后用“裁剪工具”对全景图进行裁剪。

（7）将作品保存为“我的书房.jpg”。

初露锋芒——“长堤”效果制作

设计结果

本项目效果如右图所示。

SC9-3-3

SC9-3-4

SC9-3-5

SC9-3-6

设计思路

利用 Photoshop CS4 的“图像处理器”功能，不需要事先设计动作，就可以方便地对一批图像做出处理。

操作提示

（1）在桌面上建立“图像处理”文件夹，启动 Photoshop CS4，执行“文件/脚本/图像处理器”命令，弹出如右图所示对话框。

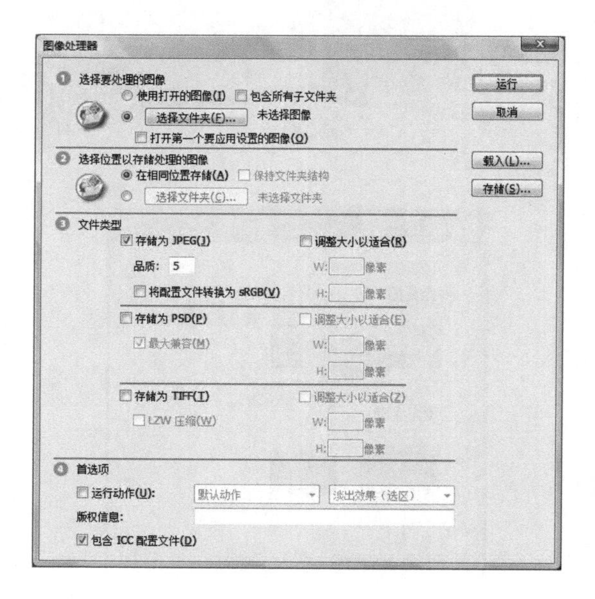

■ 小贴士

“图像处理器”可以转换和处理多个图像文件。与“批处理”不同，不必先创立“动作”，就可以使用“图像处理器”来处理文件。

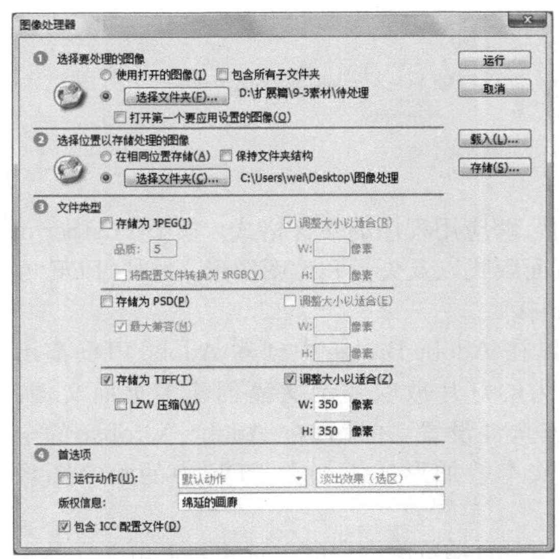

（2）在“选择要处理的图像”栏内点击“选择文件夹”，选择下载资料“第 9 章\第 3 节\待处理”文件夹；在“选择位置以存储处理带图像”栏内点击“选择文件夹”，存储位置为桌面上的“图像处理”；在“文件类型”栏内选择“存储为 TIFF”格式，并勾选“调整大小以适合”，设置高、宽都为 350 像素；在“版权信息”栏内输入“绵延的画廊”，如左图所示。

（3）单击“运行”按钮，Photoshop 将依次处理指定文件夹中的图像，并将处理结果存储在指定的目标文件夹中。

SC9-3-3　SC9-3-4
SC9-3-5　SC9-3-6

（4）打开桌面上的“图像处理”文件夹，可以观察到其中已经有了经处理的四个 Tif 格式图像，如左图所示。

SC9-3-5　SC9-3-6

（5）右击图像，在图像属性对话框中，我们可以观察到图像的格式、版权、大小、压缩率等有关信息，如左图所示。

9.4 制作 PDF 文件和 Web 画廊

知识点和技能

便携文档格式 (PDF) 是一种灵活的、跨平台、跨应用程序的文件格式。基于 PostScript 成像模型,PDF 文件精确地显示并保留字体、页面版式以及矢量和位图图形。另外,PDF 文件可以包含电子文档搜索和导航功能(如:电子链接)。

使用 Adobe Output Module 脚本,我们可以在 Adobe Bridge 中创建 Adobe PDF 演示文稿。PDF 演示文稿允许我们使用多种图像为幻灯片放映演示文稿创建多页面文档。我们可以设置 PDF 中的图像质量选项,指定安全性设置,并设置在 Adobe Acrobat 的全屏模式中自动打开文档。还可以将文件名以文本叠加形式添加在 PDF 中的每个图像下方。

Web 照片画廊是一个 Web 站点,它具有一个包含缩览图图像的主页和若干包含完整大小图像的画廊页。每页都包含链接,使访问者可以在该站点中浏览。例如,当访问者点按主页上的缩览图图像时,关联的完整大小图像便会载入画廊页。使用"Web 照片画廊"命令可依据一组图像自动生成 Web 照片画廊。

Photoshop 提供了画廊的各种样式,可以使用"Web 照片画廊"命令进行选择。如果是了解 HTML 的高级用户,则可以创建一种新样式,或通过编辑一组 HTML 模板文件来自定样式。

范例——制作"美丽山水"PDF 文件

设计结果

旅游归来,带回了许多用镜头记录下的美好景色。把它们传到网上去,让朋友分享我们旅行中的所见所闻吧!

本项目效果如右图所示。(参见下载资料"第 9 章\第 4 节"文件夹中的"美丽山水. pdf"。需要的图像素材为下载资料"第 9 章\第 4 节"文件夹中的"SC9-4-1. jpg"~"SC9-4-4. jpg"。)

设计思路

事先准备好一组图像,然后利用 Photoshop Bridge 制作我们的 PDF 演示文档。

范例解题导引

（1）单击窗口上方的“启动 Bridge”按钮，切换到 Bridge 窗口，如左图所示。

（2）单击“文件夹”，打开下载资料“第 9 章\第 4 节”文件夹，可以观察到其中的素材图像。

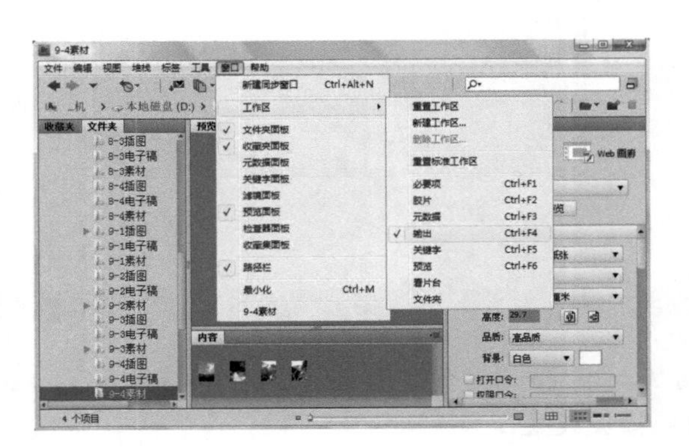

（3）执行“窗口/工作区/输出”命令，打开输出面板，如左图所示。

小贴士

如果未列出“输出”工作区，可执行“编辑/首选项/启动脚本”命令，在首选项中选择“Adobe Output Module”。Adobe Bridge 在窗口右侧显示“输出”面板，在左侧显示“文件夹”面板。“内容”面板和所选照片显示在窗口底部，“预览”面板显示在中部。

（4）在“输出”面板中选择“PDF”。从“模板”菜单中选择一个版面选项，在本例中我们选择“美术框”模板。在“内容”面板中选择“9-4 素材”文件夹中的素材之后，单击“刷新预览”；可在“输出预览”面板中查看预览效果，如左图所示。（注意：“输出预览”面板仅显示一页 PDF。）

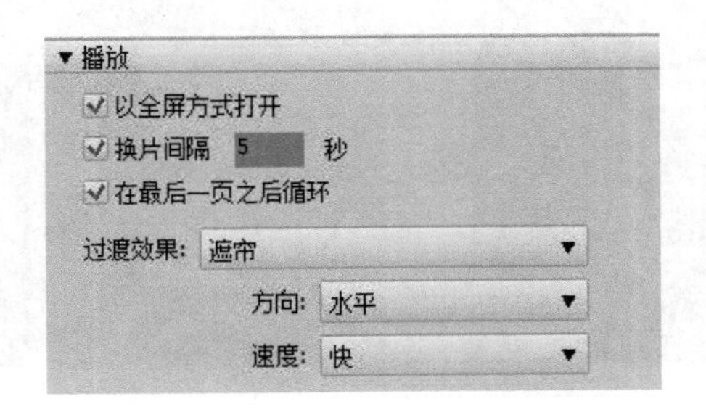

（5）在“输出”面板的“播放”栏中，我们设置“切换间隔”为默认的 5 秒并勾选“在最后一页之后循环”，使得 4 张图片循环重复播放；在“过渡效果”栏中选择“水平遮帘”，如左图所示。

（6）在“水印”区域中输入文字“美丽山水”，字体为华文新魏，大小为 50 pt，颜色为白色，“不透明度”为 80%，如右图所示。

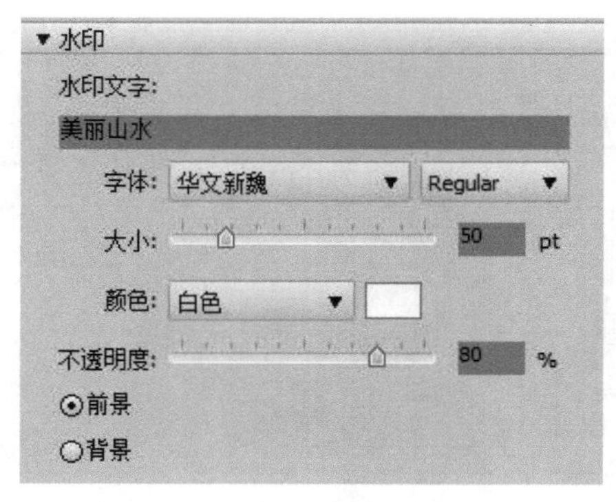

（7）单击“存储”按钮，将文件存储为“美丽山水.pdf”。

（8）当存储完成后，出现如右图所示对话框，点击“确定”按钮即可。

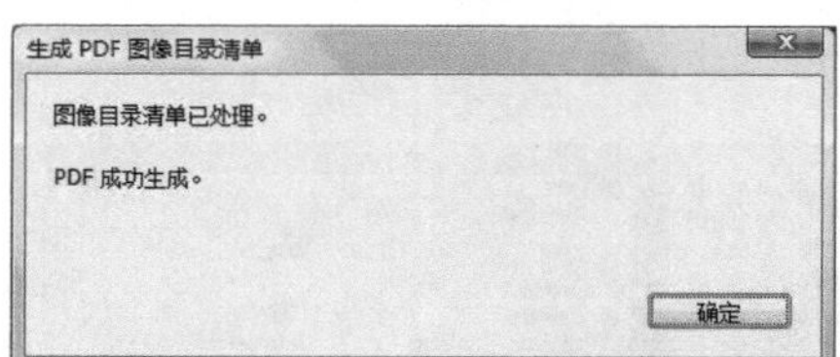

范例项目小结

在本范例项目中，我们初步学习了利用 Adobe Bridge 创建和编辑 PDF 演示文稿；知道了可以选择不同的 PDF 模板设置不同的播放效果。

小试身手——“欧洲风情”Web 画廊设计

路径指南

本例作品参见下载资料“第 9 章\第 4 节”文件夹中的“欧洲风情”网页站点。需要的图像素材为下载资料“第 9 章\第 4 节\Web”文件夹中的“SC9-4-5.jpg”～“SC9-4-8.jpg”。

设计结果

本项目效果如右图所示。

设计思路

Photoshop 的 Web 画廊功能卓越且操作十分简便，对于希望尝试制作一个图像浏览网站而又对于网站技术不太熟悉的人来说，这不失为一个简单便捷的方法。

操作提示

（1）单击“启动 Bridge”按钮，在“输出”窗口中选择“Web 画廊”选项，如左图所示。

（2）源图像使用的“文件夹”选择下载资料“第 9 章\第 4 节\Web”中所有图像文件。

（3）在“模板”栏中选择“左侧连环缩览幻灯胶片”，在“样式”中选取“中缩览图”，单击“刷新预览”按钮，在预览框中可观察到相应的效果，如左图所示。

（4）将画廊标题改为“欧洲风情”输入一个电子邮件地址作为画廊的联系信息。

（5）在“创建画廊”栏内选择“存储到磁盘”，将画廊名称设置为“欧洲风情”，单击“存储”按钮，如左图所示。

（6）当存储完成后，弹出如左图所示对话框。

（7）观察存储目标处的“欧洲风情”文件夹，可以发现其中产生了一个名为“Index. html”的网页文件以及相应的网页资源文件夹，如右图所示。

（8）双击“Index. html”，浏览器会打开“欧洲风情”Web 画廊网页。

初露锋芒——“三清峰峦”Web 画廊设计

路径指南

本例作品参见下载资料“第 9 章\第 4 节”文件夹中的“三清峰峦”网页站点。需要的图像素材为下载资料“第 9 章\第 4 节\Web2”文件夹中的“SC9-4-9.jpg”～“SC9-4-13.jpg”。

设计结果

本项目效果如右图所示。

设计思路

仿照前例，利用下载资料“第 9 章\第 4 节\Web2”文件夹中的“SC9-4-9.jpg”～“SC9-4-13. jpg”素材，使用 Adobe Bridge 建立一个展示三清山风光的画廊站点。

操作提示

（1）观察下载资料“第 9 章\第 4 节\Web2”文件夹中的“SC9-4-9. jpg”～“SC9-4-13. jpg”，如右图所示。

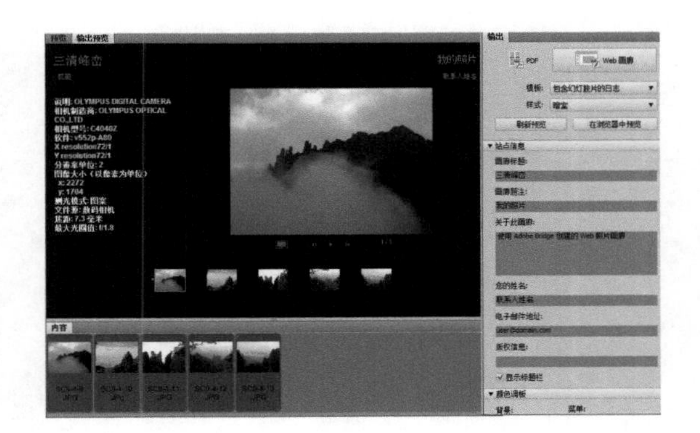

（2）切换到 Adobe Bridge，在“输出”窗口选择“Web 画廊”。在“模板”栏内选择“包含幻灯胶片的日志”，“样式”栏内选择“暗室”，源图像使用下载资料“第 9 章\第 4 节\Web2”中的所有图像，如左图所示。单击“刷新预览”按钮。

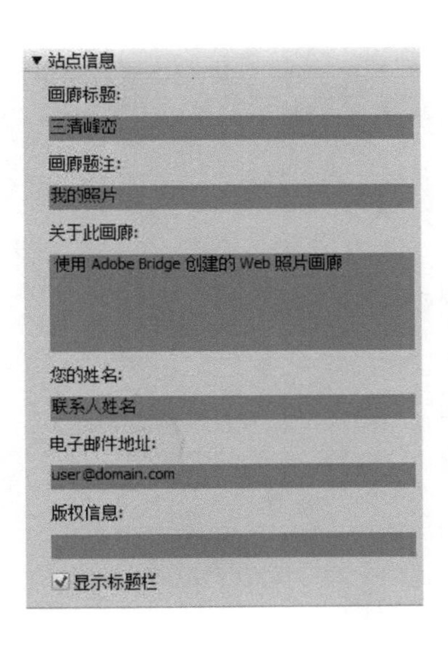

（3）在如左图所示的“站点信息”栏内，设置画廊标题为“三清峰峦”，“画廊题注”为“我的照片”；可根据需要，分别设置“您的姓名”、“电子邮件地址”，以及“版权信息”。

（4）仿照前例，在“创建画廊”栏内选择“存储到磁盘”并设置画廊名称为“三清峰峦”，单击“存储”按钮。

（5）单击“在浏览器中预览”按钮后，系统会自动启动 IE 浏览器，并打开“三清峰峦”站点中的首页。